上海财经大学富国 ESG 系列教材

# 编 委 会

### 主 编

刘元春 陈 戈

### 副主编

范子英

### 编委会成员

（以姓氏拼音为序）

郭 峰 黄 晟 靳庆鲁 李成军
李笑薇 刘詠贺 孙俊秀 杨金强
张 航 朱晓喆

上海财经大学富国ESG研究院
Fullgoal Institute for ESG Research, SUFE

上海财经大学富国ESG系列教材

# ESG法治前沿十二讲

叶榅平　　朱晓喆 ◎ 主编

上海财经大学出版社
SHANGHAI UNIVERSITY OF FINANCE & ECONOMICS PRESS

上海学术·经济学出版中心

**图书在版编目（CIP）数据**

ESG 法治前沿十二讲 / 叶榅平，朱晓喆主编．
上海：上海财经大学出版社，2025.6. -- (上海财经大
学富国 ESG 系列教材). -- ISBN 978-7-5642-4629-7

Ⅰ.X322.2

中国国家版本馆 CIP 数据核字第 2025U0K544 号

□ 责任编辑 顾丹凤
□ 封面设计 李 敏

**ESG 法治前沿十二讲**

叶榅平 朱晓喆 主 编

上海财经大学出版社出版发行
（上海市中山北一路 369 号 邮编 200083）
网 址：http://www.sufep.com
电子邮箱：webmaster@sufep.com
全国新华书店经销
上海华业装潢印刷厂有限公司印刷装订
2025 年 6 月第 1 版 2025 年 6 月第 1 次印刷

787mm×1092mm 1/16 13.75 印张(插页:2) 292 千字
定价:78.00 元

# 总　序

ESG,即环境(Environmental)、社会(Social)和公司治理(Governance),代表了一种以企业环境、社会、治理绩效为关注重点的投资理念和企业评价标准。ESG 的提出具有革命性意义,它要求企业和资本不仅关注传统盈利性,更需关注环境、社会责任和治理体系。ESG 的里程碑意义在于它通过资本市场的定价功能,描绘了企业在与社会长期友好共存的基础上追求价值的轨迹。

关于 ESG 理念的革命性意义,从经济学说史的角度,它解决了个体道德和宏观向善之间的关系,使得微观个体在“看不见的手”引导下也能够实现宏观的善。因此,市场经济的伦理基础与传统中实际整体社会的伦理基础发生了革命性的变化。这种变革引发了“斯密之问”,即市场经济是否需要一个传统意义上的道德基础。马克斯·韦伯在《新教伦理与资本主义精神》中企图解决这一冲突,认为现代市场经济,尤其是资本主义市场经济,它很重要的伦理基础来源于新教,但它依然存在着未解之谜:如何协调整体社会目标与个体经济目标之间的冲突。

ESG 之所以具有如此深刻的影响,关键在于价值体系的重塑。与传统的企业社会责任不同,ESG 将企业的可持续发展与其价值实现有机结合起来,不再是简单呼吁企业履行社会责任,而是充分发挥了企业的价值驱动,从而实现了企业和社会的“双赢”。资本市场在此过程中发挥了核心作用,将 ESG 引入资产定价模型,综合评估企业的长期价值,既对可持续发展的企业给予了合理回报,更引导了其他企业积极践行可持续发展理念。资本市场的“用脚投票”展现长期主义,使资本向善与宏观资源配置最优相一致,彻底解决了伦理、社会与经济价值之间的根本冲突。

然而,推进 ESG 理论需要解决多个问题。在协调长期主义方面,需要从经济学基础原理构建一致的 ESG 理论体系,但目前进展仍不理想。经济的全球化与各种制度、伦理、文化的全球化发生剧烈的碰撞,由此导致不同市场、不同文化、不同发展阶段对于 ESG 的标准产生了各自不同的理解。但事实上,资本是最具有全球主义的要素,是所有要素里面流通性最大的一种要素。它所谋求的全球性与文化的区域性和环境的公共属性之间产生了剧烈的冲突。这种冲突导致 ESG 在南美、欧洲、亚太产生了一系列差异。与传统经济标准、经济制度中的冲突相比,这种问题还要更深层次一些。

在 2024 年上半年,以中国特色为底蕴构建 ESG 的中国标准取得了长足进步。财政部和三大证券交易所都发布了各自的可持续披露标准,引起了全球各国的重点关注,在政策和实践快速发展和迭代的同时,ESG 的理论研究还相对较为缓慢。我们需要坚持高质量的学术研究,才能从最基本的一些规律中引申出我们在应对和解决全球冲突中最为坚实的理论基础。在目前全球 ESG 大行其道之时,研究 ESG 毫无疑问是要推进 ESG 理论的进步,推进我们原来所讲的资本向善与宏观资源配置之间的弥合。当然,从政治经济学的角度讲,我们也确实需要使我们这个市场、我们这样一个文化共同体所倡导的制度体系能够得到世界的承认。

考虑到 ESG 理念的重要性、实践中的问题以及人才培养的需求,为了更好地推动 ESG 相关领域的学术和政策研究,同时培养更多的 ESG 人才,2022 年 11 月上海财经大学和富国基金联合发起成立了"上海财经大学富国 ESG 研究院"。这是一个跨学科的研究平台,通过汇聚各方研究力量,共同推动 ESG 相关领域的理论研究、规则制定和实践应用,为全球绿色、低碳、可持续发展贡献力量,积极服务于中国的"双碳"战略。我们的目标是成为 ESG 领域"产、学、研"合作的重要基地,通过一流的学科建设和学术研究,产出顶尖成果,促进实践转化,支持一流人才的培养和社会服务。在短短一年多时间里,研究院在科学研究、人才培养和平台建设等方面都取得了突破进展,开设 ESG 系列课程和新设了 ESG 培养方向,组织了系列课题研究攻关,举办了一系列学术会议、论坛和讲座,在国内外产生了广泛的影响。

特别是从 2023 年 9 月开始,研究院协调全校师资力量,开设了多门 ESG 课程,并组建 ESG 奖学金班,探索跨学科人才培养的新模式。为更好发挥 ESG 人才培养的溢出效应,研究院总结 ESG 人才培养和课程教学中的经验做法,推出了这套"上海财经大学富国 ESG 系列教材"。该系列教材都是研究院课程教学、案例大赛、系列讲座等相关内容转化而来的。通过这一系列教材,我们期望为全国 ESG 人才培养贡献绵薄之力。

刘元春

2024 年 7 月 15 日

# 序　言

自 20 世纪下半叶开始,全球范围内就涌现出了生态环境保护、消费者维权、企业社会责任等理论和实践,为 ESG 概念框架的诞生提供了原始理论和现实基础。具体而言,ESG 概念中对于环境和社会议题的关注可以溯及 20 世纪六七十年代,当时西方国家在经历工业化带来的经济高速增长的同时,也面临着来自资源、环境和气候方面日益严峻的挑战,这引发了欧美各国的公众环保运动,抵制、抗议企业因过度追求利润而破坏环境的行为。这些运动整体上奠定了以欧洲为代表的西方国家可持续发展的价值取向。随后,消费者通过选择产品或服务,将劳工保护和环保理念传递给企业,企业出于自身利益也开始考虑关注劳工权益和环保问题。在经济发展的同时,员工歧视、企业治理财务丑闻、企业造成的外部严重污染等问题不断出现,促使人们开始思考可持续的商业发展模式。在此背景下,企业社会责任投资行为逐渐进入商业活动领域。20 世纪 90 年代以后,社会责任投资的理念在发达资本市场趋于成熟。1997 年,在联合国环境规划署金融倡议组织(UNEP FI)发布的《关于可持续发展的承诺声明》中,提出了企业要将环境和社会因素纳入运营和战略的建议。2004 年,联合国全球契约组织(UNGC)在其报告《在乎者赢》(Who Cares Wins)中首次完整提出了 ESG 概念。报告同时指出,将 ESG 理念更好地融入金融分析、资产管理和证券交易将有助于构建更有韧性的投资市场,并推动全球契约原则在商界的实施。2006 年,联合国成立责任投资原则组织(PRI),正式提出 ESG 投资需要遵守六项基本投资原则,推动投资机构在决策中纳入 ESG 考量。2008 年,高盛基于 ESG 研究框架推出了高盛可持续权益资产组合(GSSUSTAIN)。此后,国际组织和全球知名机构持续深化 ESG 理念并推出相关披露标准、评估方法及投资产品,促进 ESG 理念、原则和标准体系的发展与深化。2015 年之后,随着《巴黎协定》的签署,全球对于气候变化的共识进一步推动了 ESG 的深入发展,越来越多的投资者对 ESG 表现出浓厚的兴趣,从而进一步推动了 ESG 的快速发展。

在联合国大力推动、国际组织积极参与以及资本市场对信息披露需求不断增加的带动下,可持续金融实施范式经历了从 CSR(企业社会责任)到 ESG(环境、社会、治理)的转型和跃升。实际上,融入 ESG 体系已是我国可持续金融发展的必然趋势。早在 2007 年银监会就发布了《节能减排授信工作指导意见》《关于加强银行业金融机构社会责任的意见》等文件。2012 年,银监会发布《绿色信贷指引》,要求银行业金融机构加大对绿色、低碳、循环经济的支持,并提升自身的环境和社会表现。2016 年 8 月,七部委联合发布的《关于构建绿色金融体系的指导意见》明确提出了绿色金融的概念。2018 年 11 月,证监会发布《绿色投资指引(试行)》,推动基金行业发展绿色投资。2022 年 6 月,银保监会印发《银行业保险业绿色金融指引》,明确将"环境、社会、治理(ESG)"因素纳入绿色金融标准,要求金融机构防范 ESG 风险并提升自身的 ESG 表现,并在 1 年内建立和完善相关内部管理制度和流程以确保绿色金融管理工作符合监管规定。2022 年 7 月,国资委印发《提高央企控股上市公司质量工作方案》,要求探索建立健全 ESG 体系,推动更多央企控股上市公司披露 ESG 专项报告。在一系列政策措施的推动下,主动披露 ESG 信息的 A 股上市公司数量逐年增加。2024 年 4 月 12 日,上交所、深交所和北交所分别就规范 A 股上市公司可持续发展相关信息披露要求正式发布了《上市公司可持续发展报告指引(试行)》,自 2024 年 5 月 1 日起已经生效实施,上市公司 ESG 披露要求也处于趋严态势。一系列政策的出台和 ESG 实践的快速发展,意味着加快可持续金融 ESG 转型已成为我国社会各界的普遍共识。

为了持续跟踪 ESG 法治理论与实践的前沿问题研究,推进科学研究和人才培养工作的深入融合,并为政府部门、资本市场投资者及其他参与者、上市公司等科学决策提供理论基础和相应的政策建议,上海财经大学法学院在上海财经大学富国 ESG 研究院支持下,搭建了一系列 ESG 学术交流平台,举办 ESG 责任投资与法治发展国际论坛·系列讲座就是其中重要的形式之一。本系列讲座以"学科交叉、成果创新、服务社会,推动 ESG 法治建设"为宗旨,以学术讲座为形式,邀请国内外著名学者和知名企业分管 ESG 工作的高管集中讨论 ESG 法律政策的理论与实务问题。本系列讲座开设以来,得到了国内外许多著名学者和企业管理领域知名人士的支持,如徐国栋教授、朱慈蕴、郑少华、京都大学山下徹哉、弗莱堡大学 Jan Lieder 教授、海德堡大学 Marc-Philippe Weller 教授、比利时圣路易斯大学 Sophie Schiller 教授、巴黎多芬纳大学 Sophie Schiller 教授等著名学者都曾做客论坛并发表主题演讲,多数演讲者随后都在演讲稿的基础上形成了学术论文刊发在各类期刊上。此外,我们也通过组稿方式推动 ESG 专题研究,近两年里,我们组织有志于推动 ESG 法治研究的青年学者撰写了一系列与 ESG 法治有关的论文,其中部分稿件被《东方法学》《新文科教育研究》选用,两个刊物专门开辟了 ESG 法治专题刊发了我们组稿的 7 篇论文。上述两个系列学术活动都受到了社会各界的广泛关注,获得了良好的社会效果,反映出社会各界关注 ESG 法治问题的极大热情。

为了进一步促进 ESG 法治理论研究,满足社会各界对 ESG 法治问题思考和研究上的需求,我们计划以丛书的方式将讲座和专题研究的系列成果陆续推出,以飨读者。《ESG 法治前沿十二讲》以上述两个系列为基础,优先将其中已经形成的比较成熟的 12 篇稿件或演讲稿予以辑录。总体上,收录的 12 篇稿件主要聚焦在 ESG 法治的内涵与演进逻辑、ESG 与公司治理、ESG 信息披露、数字时代的 ESG 监管、ESG 合规与法律风险防范五个方面。

## 一、ESG 的内涵与演进逻辑

ESG 是在 CSR 的基础上发展起来的,两者的基本内涵具有一致性,都不同程度地以利益相关者理论为基础,从而引导企业在追求经济利益之外关注环境、社会和治理问题,即要求企业为股东创造价值、赚取利润的同时,承担起社会责任,但两者的核心理念也经历了从尽责行善到义利并举、从收益关切到价值关怀的转变。那么,实现这种转变的内在逻辑是什么? 是什么因素推动着 ESG 体系发展和演变? 法治在其中发挥着什么样的功能和作用? 对此,有以下三篇论文从不同的角度进行了探讨和分析。

郑少华教授和王慧教授在《ESG 的演变、逻辑及其实现》一文中指出,企业社会责任很大程度上是服务于股东至上的经营策略,而 ESG 则旨在弱化股东至上本身。ESG 历来受到投资者的极力反对,认为其是施加在公司身上的成本较高的伦理道德。当下,投资者逐渐接受甚至推动 ESG。公司投资者从 ESG 的反对者转向 ESG 的拥护者,背后有深层的经济、政治等逻辑。从经济层面看,ESG 不能被视为外界强加给企业的负担,而是公司实现可持续盈利的重要保障机制。从政治层面看,ESG 可以让公司获得政府强有力的政治支持。从公司治理结构改革维度看,应当改革公司现有的董事会委员会架构,选择合理的董事会委员会负责 ESG 的实施,将 ESG 明确规定为董事会成员的法定义务内容。从信息披露维度看,应当选择合理的 ESG 信息披露模式,确保信息的及时准确披露,同时确保公司 ESG 信息披露方法实现统一化。最后,积极推行 ESG 诉讼制度,借此防止公司管理者对 ESG 的不当操纵。

叶榅平教授的《可持续金融实施范式的转型:从 CSR 到 ESG》则从可持续金融发展的视角指出,在可持续金融发展过程中,企业社会责任始终是一个基础和核心概念,是推动可持续金融发展的理论根基,也是实现可持续金融治理的核心工具。当下可持续金融实施范式正在经历从 CSR 到 ESG 的转型。在法治意蕴上,从 CSR 到 ESG 意味着可持续金融核心理念的演进、概念的拓展以及责任的强化;在功能定位上,从 CSR 到 ESG 展现出可持续金融从风险防范到系统治理、从促进可持续转型到促进社会创新的扩张;从 CSR 到 ESG,可持续金融在实施模式上经历着从一元规制到多元共治的演进,在规范配置上表现为从问题性思考到体系性安排的优化和升级。之所以出现这些范式转型,除了各国政府和社会组织的推动,离不开可持续发展全球治理法制化转型的影响。推动我国可持续金融实施范式从 CSR 到 ESG 转型,要有国际视野和中国立场,应以当代中国的新发展理念为引领,以促进中国式现代化建设为指向,推动可持续金融从政策驱动向依法治理转型。

陈洪杰教授的《"有为政府"如何协同"有效市场"推进 ESG 目标》则从结构耦合视角指出,经济系统对外部环境激扰的回应是以偶联的方式发生共振的,在 ESG 的社会目标压力下,"泛绿""反绿""漂绿"都是企业在市场逻辑驱动下发生选择分化的正常现象。以此观之,对于我国所追求的 ESG 目标而言,最为关键的问题则在于,如何通过结构耦合的共振机制和市场选择分化的内在逻辑,恰当界定企业在进行 ESG 决策时的行为边界和选择激励。结构耦合具有双重表现形式:一方面,系统通过结构耦合增强了对外部环境特定激扰的感知能力;另一方面,对特定信息敏感的系统也相应表现出对其他外部环境信息的漠然。当社会体制尝试运用政治、法律、经济的多重手段推进 ESG 的多重目标时,必须在系统之间对各自的敏感和漠然进行调适,提供选择激励,在差异化的结构耦合机制中实现分化整合。

## 二、ESG 与公司治理

ESG 经营活动与过去传统的经营活动相比很多是非财务的一些经营活动,随着越来越多的公司践行 ESG,这样就使得公司的治理必须要适应公司经营活动的新变化,将 ESG 纳入公司治理是完善公司治理的新趋势,是践行 ESG 的重要内容之一。那么,如何在践行 ESG 理念中融入我国公司治理体系的新发展? 如何将 ESG 治理融入我国公司治理的法律体系? 又如何在遵循全球大的规律和共同特征的基础上,不断健全中国特色的公司治理体系? 针对这些问题,我们选择的两篇论文从现代公司治理与信义义务两个角度展开了探讨。

朱慈蕴教授和吕成龙博士在《ESG 的兴起与现代公司法的能动回应》认为,ESG 与现代公司法的演进方向具有一致性,皆在追求可持续发展之目标,其将在"有限责任"与"两权分离"之后,成为促进公司永续发展的新制度工具。究其原因,随着现代公司制度与实践的日益发达,现代公司本质正在向"公司公民"跃迁,而 ESG 实践正在有力回应和支持着这种变化。ESG 抓住了现代公司治理的核心,不仅对传统的公司目的、信义义务提出了新要求,而且为公司治理质量提升指引了前进方向。基于此,现代公司法应当对 ESG 的制度化做出能动回应。我们应当藉由公司法基本原则的确立为 ESG 实现提供方向指引,通过对上市公司信息披露规则和相应法律规范的建构,循序渐进地推动 ESG 与公司经济发展相得益彰。

倪受彬教授在《受托人 ESG 投资与信义义务的冲突及协调》中指出,在全球高度重视可持续发展议题及中国积极践行绿色发展理念的背景下,中国及各国立法、规范性文件开始要求管理人在受托投资时应关注标的"环境、社会与治理"(ESG)等非财务表现。将环境、社会等非受益人利益因素纳入投资决策范围,这与信托法中受托人应为受益人单一与最大化利益服务的经典信义义务理论存在冲突。如何通过理论更新与制度变革应对受益人中心主义与ESG投资之间的冲突,是资产管理业绿色转型的现实要求。该文通过分析ESG投资义务的理论演进、理论创新及相关国家、地区和国际组织的ESG制度表达,在理论上引入外部性定价、共同所有权和福利最大化原则,修正原有的受益人财务回报最大化的缺陷,在对ESG投资义务的相关质疑观点进行回应的基础上,应基于信托分类,从委托人授权、信托财产类别和信托目的属性等角度协调传统信义义务与ESG投资之间的冲突。私益信托可以基于受益人同意和授权原则,解决信义义务与ESG投资之间的冲突。而对于养老金信托、慈善信托和国有资本信托,应该通过特别法予以规定,防止ESG投资和信义义务冲突处理的简单化和任意化。

### 三、ESG 信息披露

作为ESG体系的起点,信息披露是ESG制度构建的核心,也是后续ESG评级、ESG投资等资本市场活动的基础。国际上,以联合国负责任投资原则(UNPRI)、气候相关财务信息披露工作组(TCFD)、可持续会计准则委员会(SASB)、气候披露标准委员会(CDSB)等为代表的国际组织通过框架制定等形式敦促全球积极开展ESG信息披露。同时,欧盟、英国、美国、日本、新加坡等国家相继出台多项政策,引导国内企业开展ESG信息披露,部分国家已进入强制披露阶段。我国2024年施行的新《公司法》第20条要求公司经营考虑ESG要素,承担社会责任,鼓励披露ESG信息,及时公布社会责任报告。2024年4月12日,上交所、深交所、北交所正式发布《上市公司可持续发展报告指引》,并自2024年5月1日起实施。以上立法变迁对我国上市公司ESG信息披露提出了全新要求。由此可见,促进ESG信息披露的发展成为全球共同趋势,法治是现代市场经济的制度基础,建立完善的ESG信息披露法律制度,是各国各地区提升ESG信息披露质量的重要措施。当前,我国上市公司在ESG信息披露方面依然面临诸多挑战,例如,ESG信息披露的法律基础、披露模式的选择以及监管要求等有待进一步完善。

李传轩教授和张叶东博士的《上市公司ESG信息披露监管的法理基础与制度构建》深入剖析了ESG信息披露监管的法理,并指出ESG信息披露监管外在表现形式上应当以强制披露理念为主,以自愿信息披露理念为辅,以遵循重大性要求为原则,以重大突发公共事件等情形直接披露为例外。ESG信息披露监管的价值维度包含证券法维度的投资者保护和资本市场发展、公司法维度的公司绿色治理与可持续发展,以及环境法维度的生态环境保护与气候变化应对。应以 ESG 信息披露监管的法理基础为指引,以多元维度价值为目标,设计 ESG 信息披露监管的总体思路,构建强制与半强制相结合的监管制度,完善法律体系,形成 ESG 信息披露监管的中国方案。彭雨晨博士则重点研究了强制性披露的法理和规则,他在《强制性 ESG 信息披露制度的法理证成和规则构造》中认为,我国现行以自愿披露为主的 ESG 信息披露制度存在诸多实践问题,亟须建立强制性 ESG 信息披露制度进行应对。在法理层面,强制披露制度具有充分的正当性,强化 ESG 信息披露具有重要价值,强制披露的制度效果优于自愿披露。在规则层面,我国应建立"真正的"强制性 ESG 信息披露制度,构建双重重大性原则、统一 ESG 信息披露标准、ESG 信息强制鉴证规则、披露豁免规则、差异化披露规则等具体规则,促进 ESG 投资理念落地以及经济社会可持续发展。

## 四、数字时代的 ESG 监管

从全球范围观察,数字技术与 ESG 理念的深入融合是当今可持续金融转型与发展的时代主题及驱动力。随着国际 ESG 标准体系的快速发展和金融市场对 ESG 信息披露需求的不断加强,在数字技术的加持下,可持续金融实施范式逐渐向更加规范化、标准化的 ESG 模式转型。企业是 ESG 理念的主要践行者,一方面,在数字技术的加持下,ESG 理念能够更好地融入企业治理的全过程;另一方面,数字技术的发展,也使企业践行 ESG 理念带来的新契机,特别是数字化为 ESG 相关数据和信息的收集、处理、存储提供了技术支持,极大地提高了 ESG 信息的透明性、可得性、可比性及可靠性。当然,在促进数字技术与 ESG 融合发展的过程中,需要法治提供强有力的保障,法治既是数字时代企业 ESG 治理的现实需求,也是为促进其健康发展的动力和保障。

叶榅平教授在《数字时代我国可持续金融融入 ESG 体系的法治路径》中认为,ESG 体系在数字技术的加持下,以强大的信息供给能力满足了资本市场各类主体对企业可持续发展信息的紧迫需求,从而成为当下各国金融发展的基本范式。在"双碳"目标背景下,积极融入 ESG 体系不仅是我国可持续金融发展的必然趋势,而且是加快解决我国可持续金融发展面临的标准缺乏、信息不对称、"漂绿"现象严重等问题的重要途径。以法治引导和规范可持续金融融入 ESG 体系必须立足我国国情,应在深刻理解和把握 ESG 国际发展趋势的基础上,以完善可持续金融法制为根本,以增强透明度为核心,以提升披露和管理能力为保障,促进我国可持续金融在 ESG 理念与数字时代交融背景下获得高质量发展。

倪受彬教授的《数字化背景下企业 ESG 转型的法治保障》也认为,数字化为企业 ESG 转型提供动态的数据支撑。当前,绿色发展和"双碳"目标的要求,为企业 ESG 数字化转型提供政策支持。然而,国内企业 ESG 数字化转型存在动力不足的问题,具体体现在统一的

ESG 信息披露监管缺失、缺乏有力的政策支持来应对绿色发展的外部性。基于前述问题，借鉴境外实践经验，可以采取建立统一的 ESG 信息披露格式，推进环保、证券和企业管理等跨部门协同管理与信息联动机制完善，并通过 ESG 评级评价制度实施差异化的企业激励政策。

## 五、ESG 合规与法律风险防范

随着 ESG 法律政策的快速发展，国内外 ESG 监管趋势均有所趋严。在国际层面，欧盟、英国、新加坡等通过加大了对企业漂绿行为的监管力度；在国内层面，继各交易所陆续在股票上市规则、各项自律监管指引等行业规定中对上市公司 ESG 信息披露要求进行规范后，2024 年 4 月 12 日，上交所、深交所和北交所分别就规范中国 A 股上市公司可持续发展相关信息披露要求正式发布了《上市公司可持续发展报告指引（试行）》。自 2024 年 5 月 1 日起生效实施，上市公司 ESG 披露要求也处于趋严态势。随着 ESG 法制的不断完善，ESG 诉讼在全球兴起，西方诉讼基金的重点逐步转向 ESG 诉讼，气候变化应对、供应链注意义务、消费者保护、劳工保护、投资者保护等方面成为 ESG 诉讼高发领域。因此，如何将 ESG 纳入合规管理、减少 ESG 合规风险不仅是 ESG 企业面临的挑战，也是律师业务创新的新方向。

朱晓喆教授的《ESG 与企业合规的发展》系统梳理了 ESG 合规的法理内涵、ESG 合规的法理依据以及 ESG 合规的基本范畴。ESG 合规制度的正确落实能够帮助公司股东降低法律风险和经营风险，实现长期主义下公司盈利性的目标。现阶段反"ESG"浪潮的来势汹汹，一方面是 ESG 处于初始试行阶段未出现立竿见影的经济收益，另一方面是在全球开展轰轰烈烈"ESG 运动"下，各国采取激进措施导致的行为异化。在经济学领域已有较多研究证明，企业的经济效益会在初始推进 ESG 改革时受到一定波动，并在 ESG 制度逐步完善下完成对传统投资收益的超越。近年来，ESG 与企业合规的理论研究和制度实践的蓬勃兴起不仅源于公司法对二者优势的认可和采纳，也是对企业从"自治"走向"他治"层面所要接受企业外部审视的制度回应。综合来看，理论层面企业合规的发展之所以能够与 ESG 改革交汇，本质上是顺应公司内部权责配置改革和外部经营活动可持续发展的趋势。

高琪副教授的《气候变化应对类 ESG 诉讼：对策与路径》主要聚焦于气候应对类 ESG 诉讼。该文认为，以气候变化领域为代表，全球 ESG 运动的发展潮流体现为通过多样化司法渠道监督和敦促公司实现治理模式转型。与之相比，国内目前的理论重心聚焦于生态损害赔偿类诉讼，不仅在基础理论上的障碍尚未克服，也忽略了积极的事前事中环境保护理念和市场促进资源可持续利用与利益协调的潜力。在 ESG 的框架研究和国内外案例检索的基础上,应当注意合同法中待审批合同规则、商法中受托人信义义务以及消费者保护法的虚假广告对"漂绿营销"的限制等救济手段均可以为应对气候变化和环境保护提供多元的有效路径。将产能指标转让合同认定为待审批合同,在审批通过前未生效更有利于保障交易安全和维护交易秩序。即使基于最佳利益原则对信义义务进行扩张性解释,考虑了ESG因素的投资也并非一定要做出积极的ESG投资决策。在认定虚假宣传和广告时,应当将"碳中和"解释为可以通过采取补偿和抵消性措施实现,这并不违背一般认知,也有助于碳交易市场的发展。但是,有必要对企业所采取的补偿和抵消措施进行适当检验,避免"碳中和"的滥用。

高桂林教授与张浩楠博士的《ESG与律师业务的创新》则从律师业务创新的角度探讨了ESG法治发展带来的新的法律问题及其对律师的机遇与挑战。随着全球对可持续发展的关注日益增加,环境、社会和治理(ESG)已成为企业和社会发展的关键议题。律师作为法律服务的提供者,在这一过程中扮演着不可或缺的角色。ESG涉及的法律问题复杂多样,包括环境保护法规、劳工权益保护、公司治理结构等,这些都需要专业的法律知识和经验来处理。例如,企业在制定ESG战略时,需要确保其符合当地的环保法规,避免因违规操作而遭受法律制裁。律师可以通过提供专业的法律意见,帮助企业规避潜在的法律风险,确保其ESG战略的合法性和合规性。

随着全球化和数字技术的高速发展,风险社会背景下的企业正面临比以往任何时候都更加复杂的环境、社会、治理风险。这些风险本质上可被定义为以系统的方式应对由现代化自身引发的危险和不安,即因生产或消费商品或服务而对第三方产生的成本或利益,一般与公共健康、社会治理等问题有关。ESG理念和体系的发展是人类应对这种系统性风险影响的积极举措。随着ESG的勃兴,特别是《巴黎协定》之后,经济社会向低碳转型和绿色发展已然成为共识。政府可以通过监管或对负外部性征税来纠正市场自发行为造成的负外部性的缺陷。而践行ESG责任的企业则可以此为契机减轻负外部性,从而吸引投资,获得可持续发展。在这种背景下,资本市场形成了对可持续发展特别是ESG信息的强大需求,带动ESG体系和法治的快速发展。而法治的快速发展也拓展了ESG理念的空间,实施ESG实施范式的创新,并促进了ESG体系的优化,从而为现代公司治理和监管创造了制度条件。随着ESG实践的发展和创新,ESG法治议题也在不断更新和涌现,希望以上研究能为繁荣ESG学术研究,促进ESG法治理论和实践的发展贡献绵薄之力。

# 目　录

# 第一讲　ESG 的演变、逻辑及其实现[†]

郑少华[*]　王　慧[*]

## 一、引言

我国《公司法》第 20 条规定:"公司从事经营活动,应当充分考虑公司职工、消费者等利益相关者的利益以及生态环境保护等社会公共利益,承担社会责任。国家鼓励公司参与社会公益活动,公布社会责任报告。"《公司法》第 20 条是原《公司法》(2018)第 5 条的拓展和升级,即公司社会责任概念进一步的制度化[①],其可以被视为 ESG(Environmental, Social, Governance,以下简称 ESG)全球化背景下的中国立法版本。近年来,公司如何回应 ESG 的议题在全球范围内引人瞩目,特别是 2007 年的金融危机以及全球疫情的暴发成为 ESG 的重要推动力,人们普遍认为公司认真对待 ESG 可以改善公司的风险管理,进而让公司对社会更加有益。[②] 全球范围内,约有 60 多个国家或地区正在谋划改革其金融法律制度、公司法律制度和证券法律制度以积极回应 ESG 的呼声。[③] 立法变革往往是现实需求的体现,ESG 立法动议的一大推动力量是投资者,ESG 在股东提交的提案中占比越来越大。[④] 2021年,《纽约时报》刊文呼吁商学院应该改变其课程设计,满足学生对 ESG 的需求[⑤],可见 ESG 有强大的现实需求基础。一定程度上受域外国家 ESG 政策影响,我国近年来积极开展

† 郑少华、王慧:《ESG 的演变、逻辑及其实现》,《上海财经大学学报》2024 年第 26 卷 04 期,第 124—138 页。

\* 郑少华,上海政法学院教授;王慧,上海海事大学法学院教授。

① 公司社会责任较早便是我国《公司法》研究中的一个重要议题,参见卢代富:《国外企业社会责任界说述评》,《现代法学》2001 年第 3 期(该文对国外具有代表性的企业社会责任界说进行了评价,并在此基础上抽象出企业社会责任的应有之义),第 138 页;朱慈蕴:《公司的社会责任:游走于法律责任和道德准则之间》,《中外法学》2008 年第 1 期,第 30页;施天涛:《〈公司法〉第 5 条的理念与现实:公司社会责任何以实施?》,《清华法学》2019 年第 5 期,第 57 页。

② Max M. Schanzenbach, Robert H. Sitkoff. Reconciling Fiduciary and Social Conscience: The Law and Economics of ESG Investing by a Trustee, *Stanford Law Review*, 2020, 72(2), p. 395.

③ Virginia Happer Ho, Stephen Kim Park. ESG Disclosure in Comparative Perspective: Optimizing Private Ordering in Public Reporting, *University of Pennsylvania Journal of International Law*, 2019, 41(2), p. 264.

④ Virginia Harper Ho. Nonfinancial Risk Disclosure and the Costs of Private Ordering, *American Business Law Journal*, 2018, 55(3), p. 422.

⑤ Lisa M. Fairfax. Dynamic Disclosure: An Expose on the Mythical Divide Between Voluntary and Mandatory ESG Disclosure, *Texas Law Review*, 2022, 101(2), p. 285.

ESG 的探索,如人民银行、市场监管总局、银保监会、证监会 2022 年印发的《金融标准化"十四五"发展规划》提出建立环境、社会和治理的评价标准体系。[1]

从法律视角看,由于 ESG 覆盖的主题几乎包罗万象,其入法几乎涉及所有的法律部门。比如,ESG 中的 E(环境)就涉及宪法、行政法、民法和刑法等。虽然 ESG 影响的法律部门较广,但是它们的中心是围绕重塑公司的目的而展开。诚如商业圆桌会议(Business Roundtable)所言,ESG 的引入会重新界定公司的目的,使得公司的服务对象包含各种利益相关者。[2] 由于 ESG 需要重塑公司的目的,因此 ESG 入法一直伴随争议:公司要不要承担利润最大化之外的社会责任。ESG 的反对者认为 ESG 会带来过多的诉讼,影响公司的经营活动,ESG 概念过于宽泛会导致一些投资者根据自己的需求和偏好来使用这一概念[3],ESG 不够民主会导致投资者成为事实上的规制者。[4] 反对者又认为公司的主要使命甚至唯一使命是追求公司利润最大化,公司围绕这一目标经营运行便是公司的社会责任。[5] 更有论者指出,ESG 立法最终会导致公司法的终结。[6]

尽管 ESG 不乏反对的声音,但是人们倾向于认为 ESG 是公司良好治理未来需要认真对待的议题。针对 ESG 这一新事物,我国学界给予了越来越多的关注,不同学科从不同角度对其进行了研究。有学者论证了 ESG 与企业社会责任的联系和区别[7],有学者从公司的目的、利益相关者保护[8]、《公司法》的绿色愿景[9]、ESG 投资原则[10]等宏观角度讨论了 ESG 相关的法律问题,有学者研究了 ESG 背景下公司的董事会改造、董事信义义务[11]、ESG 与企业合规的关系、ESG 信息披露[12]、ESG 诉讼[13]等微观法律问题。不过,我国学界对 ESG 的研究未充分解释说明 ESG 中的一些重要问题。ESG 相关研究的一个重要前提是 ESG 是一种能够带来多赢的制度设计,特别是能够为投资者带来好处。问题是既然 ESG 会给投资者

---

① 刘俊海:《论公司 ESG 信息披露的制度设计:保护消费者等利益相关者的新视角》,《法律适用》2023 年第 5 期,第 19 页。

② Lisa M. Fairfax. Dynamic Disclosure: An Expose on the Mythical Divide Between Voluntary and Mandatory ESG Disclosure, *Texas Law Review*, 2022, 101(2), p. 284.

③ Amanda M. Rose. A Response to Calls for SEC-Mandated ESG Disclosure, *Washington University Law Review*, 2021, 98(6), p. 1826.

④ Eric C. Chaffee. Index Funds and ESG Hypocrisy, *Case Western Reserve Law Review*, 2021, 71(4), p. 1312.

⑤ Milton Friedman. A Friedman Doctrine—The Social Responsibility of Business Is to Increase Its Profits, *N. Y. Times Mag.*, Sep. 13, 1970, at 32.

⑥ John C. Coffee, Jr. The Future of Disclosure: ESG, Common Ownership and Systematic Risk, *Columbia Business Law Review*, 2021(2), p. 650.

⑦ 叶榅平:《可持续金融实施范式的转型:从 CSR 到 ESG》,《东方法学》2023 年第 4 期,第 125 页。

⑧ 李燕:《利益相关者保护的〈公司法〉表达:结构与可能》,《华东政法大学学报》2023 年第 5 期,第 110 页。

⑨ 赵万一:《论我国〈公司法〉的绿色愿景及其法律实现》,《法学评论》2023 年第 2 期,第 150 页。

⑩ 季立刚、张天行:《"双碳"背景下我国绿色证券市场 ESG 责任投资原则构建论》,《财经法学》2022 年第 4 期,第 5 页。

⑪ 倪受彬:《受托人 ESG 投资与信义义务的冲突与协调》,《东方法学》2023 年第 4 期,第 139 页。

⑫ 彭雨晨:《强制性 ESG 信息披露制度的法理证成和规则构造》,《东方法学》2023 年第 4 期,第 154 页。

⑬ 高琪:《气候变化应对类 ESG 诉讼:对策与路径》,《东方法学》2023 年第 4 期,第 166 页。

带来好处,那么投资者为什么之前极力反对 ESG? 投资者改变 ESG 态度的背后逻辑是什么? 针对 ESG 这一新的议题,公司法制应当对其提供何种法治保障使其"开花结果"? 本文尝试作答。

### 二、ESG 的演变:公司目的之进化

据研究发现,2004 年 ESG 一词在具有里程碑意义的报告《在乎者赢》中被提出。但是,ESG 所强调的价值观可追溯到早期的社会责任投资(Socially Responsible Investing,以下简称 SRI)。18 世纪,卫理公会(Methodist Church)创立者约翰·卫斯理(John Wesley),要求他的追随者不要从伤害他人的商业行为中获益,特别强调不要从事酒精和奴隶贸易。[①]很多人认为这是 SRI 的早期形态,具有强烈的宗教伦理色彩。20 世纪 80 年代,SRI 从宗教伦理向社会伦理转变,其代表是为了化解南非的人权危机,不少人要求投资者从南非撤资。[②]这一时期的 SRI 被认为是 ESG 的雏形,要求投资者的行为不具有反社会性。早期的 SRI 虽然具有强烈的道德说教的色彩,但对实践也产生了一定的积极影响。一些投资基金尽可能避免从事有道德问题的投资,典型代表是先锋投资(Pioneer Investments),其作为 SRI 基金承诺遵守其创立者的基督教价值。

到了 20 世纪晚期和 21 世纪早期,SRI 被认为包装成了 ESG,因为公司治理元素受到了重视。在 20 世纪晚期,公司治理被视为影响公司价值的重要元素,特别是安然公司等大型公司的破产丑闻,使得人们发现公司治理与投资风险密切相关。[③]在这一时期,投资人士对 SRI 表现出浓厚兴趣,投资者对负责投资的需求日益高涨,大量的 SRI 基金启动,其管理的资产数量也不断增加。同时,投资者将 SRI 逐渐命名为 ESG,并将良好的公司治理视为公司应当承担的社会义务,投资者开始将公司治理状况纳入其投资决策。

或许源于 ESG 的源头与 SRI 相关,不少人认为 ESG 是 SRI 的另外一种说辞,是将 SRI 重新包装而已。[④]毫无疑问,ESG 与 SRI 在很多方面存在关联,但是将 ESG 视为 SRI 的另外一种说法,则忽视了两者之间的差异。受股东利益优先原则的限制,SRI 长期以来呈现边缘性的特质,公司管理者通常对其并未给予特别关注。以 SRI 的典型企业社会责任(Corporate Social Responsibility,下文简称 CSR)为例,公司管理者之所以重视 CSR,是因为其主要服务于公司品牌建设等公关活动,CSR 很大程度上是公司履行慈善事业的一种方式。CSR 侧重关注公司商业行为的可持续性,将其置于公司治理结构和股东优先性之后。在这

① Russell Spapkes. *Socially Responsible Investment*: A Global Revolution, New York : J. Wiley, 2002.

② John C. Coffee, Jr. The Future of Disclosure: ESG, Common Ownership and Systematic Risk, *Columbia Business Law Review*, 2021(2), p. 631.

③ Max M. Schanzenbach, Robert H. Sitkoff. Reconciling Fiduciary and Social Conscience: The Law and Economics of ESG Investing by a Trustee, *Stanford Law Review*, 2020, 72(2), p. 395.

④ John C. Coffee, Jr. The Future of Disclosure: ESG, Common Ownership and Systematic Risk, *Columbia Business Law Review*, 2021(2), p. 633.

种公司治理价值观指引下,公司通常不大会追逐那些无法给公司带来收益的项目,公司要不要履行 CSR 跟公司能不能赚钱直接挂钩。

与 CSR 遵循的价值观不同,ESG 的价值观是试图改变公司运营的方方面面,从公司的原材料选购、能源消费、产品包装设计及产品分配,到公司与员工良好关系的营造,再到公司供应链管理和第三方合作等诸多方面。按照 ESG 的价值观逻辑,公司能不能赚钱并未置于公司运营的最优先位置,公司过往坚守的盈利本质和股东优先原则应当被限制甚至被摒弃。① 按照 ESG 的基本原则,公司的一切商业活动必须在环境、社会和经济方面实现协调统一,公司的经营活动不得破坏生态环境系统的长期稳定,不得容忍损害人权的现象出现,公司的经营活动与社会稳定所需的经济需求能够有效匹配。②

从当下政策制定者及学界对 ESG 的讨论来看,ESG 几乎成为一个无所不包的伞概念,从不同维度我们会发现 ESG 的不同意蕴。从内容维度看,ESG 中的 E(Environmental)指向环境和气候变化等环境事项,S(Social)指向劳工文化、劳动安全、雇员多样化、雇员升职、人权、童工、供应链等社会议题③,G(Governance)指向董事会多样化、投票、特别会议、利害人参与、管理者补偿等公司治理事项。④ 从主体维度看,ESG 涉及股东之外的各种主体,包括但不限于公司的雇员、公司产品的消费者、公司所处的社区以及整个社会。⑤ ESG 不仅涉猎不同的领域和主题,更具有制度进化的特征,可以不断吸收新的社会议题,如数据安全逐渐成为 ESG 的关注对象。⑥ 随着社会经济的不断发展,ESG 作为一个开放性较高的概念,具有较强的应变能力。

从表象上看,ESG 似乎聚焦如何让公司不要"唯利是图",强调公司承担更多的社会义务。但是,ESG 的实质是重塑公司的目的,特别是试图改变投资者投资公司的目的期待:投资不能"唯利是图"。正因如此,ESG 通常与伦理投资、可持续或负责任投资、影响与投资等概念交织在一起。不过,与早期的 ESG 强调投资应当避免诱发道德问题不同,后期的 ESG 更多强调追求更佳的风险调整回报(Risk-adjusted Returns)。ESG 不该被视为强加给投资者的"道德绑架",而应当被视为保障投资者长期获益的"灵丹妙药"。例如,ESG 要求投资

① Stavros Gadinis, Amelia Miazad. Corporate Law and Social Risk, *Vanderbilt Law Review*, 2020, 73(5), p. 1418.

② Christopher M. Bruner. Corporate Governance Reform and the Sustainability Imperative, *Yale Law Journal*, 2022, 131(4), p. 1248.

③ 有学者将雇员保护单列,变成了 EESG,第一个 E 代表 Employee,第二个 E 代表 Environmental,S 代表 Social,G 代表 Governance,如此凸显员工保护的重要性。参见 Leo E. Strine, Jr. , Kirby M. Smith, Reilly S. Steel. Caremark and ESG, Perfect Together: A Practical Approach to Implementing and Integrated, Efficient and Effective Caremark and EESG Strategy, *Iowa Law Review*, 2021, 106(4), p. 1885。

④ Max M. Schanzenbach, Robert H. Sitkoff. Reconciling Fiduciary and Social Conscience: The Law and Economics of ESG Investing by a Trustee, *Stanford Law Review*, 2020, 72(2), p. 388.

⑤ Lisa M. Fairfax. Dynamic Disclosure: An Expose on the Mythical Divide Between Voluntary and Mandatory ESG Disclosure, *Texas Law Review*, 2022, 101(2), p. 281.

⑥ Leo E. Strine, Jr. , Kirby M. Smith, Reilly S. Steel. Caremark and ESG, Perfect Together: A Practical Approach to Implementing and Integrated, Efficient and Effective Caremark and EESG Strategy, *Iowa Law Review*, 2021, 106(4), p. 1902.

者不要投资化石燃料行业,不是因为投资该行业不道德,而是因为投资该行业会给投资者带来风险。该行业在气候变化背景下面临较多风险,投资者避免投资该行业可以规避相关风险,进而增加其风险调整回报。[①]

总之,从历史演进维度看,ESG 所蕴含的哲学元素具有悠久的历史,其经久不变的话题是投资者投资的公司如何定位其目的。ESG 的早期版本深受宗教伦理影响,随后受到了社会伦理的影响,ESG 当下更多体现了经济理性:保护投资者的投资回报。ESG 满足了人们特别是投资者的两种需求:一是满足投资者关爱第三人的道德和伦理的需求,这是传统的SRI 所一直追求的目标;二是改善投资者风险调整回报,这是当下 ESG 主要扮演的角色:基于风险的投资管理。

### 三、ESG 的逻辑:股东至上原则弱化的经济理性

ESG 的演进很大程度上是围绕公司目的——公司应当为谁服务——而展开的制度变迁。[②] 长期以来,人们认为公司的目的服务于投资者,服务于投资者的利益并追求利润最大化是公司的第一原则。正如米尔顿·弗里德曼所言,公司只需要遵守法律明确规定的社会和道德价值,否则它应该追求利润最大化。[③] 按照这一逻辑,公司对社会的最大贡献是不断赚钱且通过税收服务全社会,除此之外的事项不该是公司考虑的事项。不过,公司仅仅服务投资者的理念受到了挑战,ESG 在全球的迅速发展便是证明,投资者关注 ESG 已成为一大趋势。[④] 投资者越来越接受 ESG,影响深远的是 2019 年 8 月商业圆桌会议改变了其有关公司目的的声明,承诺公司应当向利益相关者服务而不能局限于股东。[⑤] 有些国家甚至立法明文规定 ESG,如英国的治理法典要求公司必须关注劳工的权益,采取适当措施实现可持续治理,以符合伦理要求的方式来对待利益相关者。[⑥] 让人颇为费解的是,政府和投资者对待 ESG 的态度似乎偏离了公司治理以往坚守的基本原则:股东至上且利润最大化,特别是投资者从 ESG 的反对者转变成为 ESG 的支持者。这种制度变迁背后的动力是什么? 必要性是发明之母[⑦],任何制度的变迁必有其对应的逻辑,下面将尝试对 ESG 的进化逻辑予以解释说明。

---

[①] Max M. Schanzenbach, Robert H. Sitkoff. Reconciling Fiduciary and Social Conscience: The Law and Economics of ESG Investing by a Trustee, *Stanford Law Review*, 2020, 72(2), p. 388.

[②] 林少伟:《公司目的之演变与制度实现》,《法治研究》2023 年第 4 期,第 21 页。

[③] Stavros Gadinis, Amelia Miazad. Corporate Law and Social Risk, *Vanderbilt Law Review*, 2020, 73(5), p. 1405.

[④] Eric C. Chaffee. Index Funds and ESG Hypocrisy, *Case Western Reserve Law Review*, 2021, 71(4), p. 1296.

[⑤] Bus. Roundtable. Statement on the Purpose of a Corporation (Aug. 19, 2019).

[⑥] Leo E. Strine, Jr., Kirby M. Smith, Reilly S. Steel. Caremark and ESG, Perfect Together: A Practical Approach to Implementing and Integrated, Efficient, and Effective Caremark and EESG Strategy, *Iowa Law Review*, 2021, 106(4), p. 1903.

[⑦] John C. Coffee, Jr. The Future of Disclosure: ESG, Common Ownership, and Systematic Risk, *Columbia Business Law Review*, 2021(2), p. 633.

### (一)ESG 的公司本质逻辑

公司本质理论是公司及其治理研究中的一个重要议题,其主要关注的是公司为谁服务:股东抑或股东之外的各种主体? 公司本质理论之所以受到学者经久不衰的讨论,是因为人们如何认知公司本质直接关系公司形象的塑造。公司如果以股东为中心,那么公司的一切活动应当以股东利益最大化为中心;如果公司并非仅仅为了满足股东的需求,那么公司应当积极提升公众的利益。ESG 近年来的快速发展,一定程度上受到公司本质理论发展的影响。在关于公司本质的诸多理论中,股东优先理论的影响最为深入人心,其强调公司的目的就是服务股东,公司法律制度的首要任务是保护股东的权益。股东优先理论将股东置于公司治理的核心,认为股东拥有公司,股东雇用管理者为股东的利益经营管理公司。在股东优先理论看来,公司的各类管理者本质上作为公司股东的雇员,对作为雇主的股东负有直接责任,管理者的使命便是在符合社会基本法律规则的前提下尽可能为股东多赚钱。在股东优先理论看来,公司管理者考虑股东之外主体的利益的做法缺乏正当性,除非公司的设立目的完全是慈善。在股东优先理论的语境下,ESG 显然没有多少生存空间。

受法经济学理论启发,公司合约网络(Nexus of Contracts)理论对股东优先理论进一步升级。合约网络理论认为公司是私人合约组成的网络,其目的是获得各种资本。按照公司合约网络理论,没有哪个团体可以说完全拥有公司,因为公司是抽象的法律联结,各种公司利益相关者协商达成公司的相关条款。依据合约网络理论,各种公司利益相关者原则上地位平等,但最终之所以强调股东利益优先,是因为股东作为剩余价值索取者,必然会协商符合自己利益的公司治理结构。公司的其他利益相关者,如雇员、债权人、消费者和供货商等,因为有各种固定的合同索取权,所以自然会对公司投票权关注较少。公司利益相关者对自己的权利可通过其他方式保护,如跟公司签订合理的合约,或通过行政救济途径保护自己[1],无须通过控制公司来保护自己的权益。在股东优先理论和公司合约网络理论的影响下,长期以来,公司管理者、机构投资者以及政策制定者都认为公司应当首先服务于公司的股东,股东至上因此成为公司法的默认原则。但是,一味强调股东至上滋生了诸多社会问题。过度关注公司股东的利益,容易导致公司"唯利是图",公司的经营行为出现风险过度化和成本外部化现象。实践中,公司在股东利益至上原则的指导下,漠视其行为对地球及人类健康所造成的各种负面影响。[2]

针对股东至上理论诱发的诸多社会问题,团队生产(Team Production)理论做出了回应。团队生产理论认为公司本质上是一种投资组合,各种利益相关者提供不同类型的投资,保证公司顺利生产。公司的健康发展不仅需要资本投入,而且需要其他各种资源投入,

---

①　Christopher M. Bruner. Corporate Governance Reform and the Sustainability Imperative, *Yale Law Journal*, 2022,131(4),p. 1231.

②　Lisa M. Fairfax. Dynamic Disclosure: An Expose on the Mythical Divide Between Voluntary and Mandatory ESG Disclosure, *Texas Law Review*,2022,101(2),p. 271.

公司的长远发展需要各种公司参与主体做出贡献。在组建公司的过程中,人们放弃资源的控制权来获取参与公司决策程序的权利,并希望共同分享公司获得的各种利益。在团队生产理论看来,公司是一种由各种投资构成的社会机构,它不能仅仅为股东利益最大化服务,还需考虑诸如公司员工之类的公司利益相关者[1],否则公司的正当性便丧失殆尽。

受团队生产理论的影响,公司公民理论随后诞生。公司公民理论认为公司有为股东创造价值的社会契约,股东不该是公司唯一的剩余价值索取者。按照公司公民理论,良善公民应当成为公司努力的方向,即公司应当有利于全社会。在公司公民的法理内涵中,公司社会责任是其重要组成部分。[2] ESG 与公司公民理论较为契合,强调公司应当服务于社会公共利益和所有公司利益相关者,而不能局限于公司的股东。在公司公民理论看来,公司只有服务于全社会而非股东时,公司的发展才能得到全社会的祝福,得到社会祝福的公司才能生存。[3]

### (二)ESG 的经济结构逻辑

如上所述,公司的目的长期以来聚焦服务股东利益最大化,投资者对诸如 ESG 的社会议题较为反感。投资者之所以长期反感 ESG,是因为他们认为 ESG 会增加公司的经营成本,影响投资者的经济回报。正是源于 ESG 增加公司运营成本的担忧,过去只有以宗教组织和慈善组织为核心的小部分投资者关注 ESG 议题。时过境迁,如今我们发现大多数投资者关注且拥抱 ESG。[4] 譬如,研究表明,70%～80%的机构投资者做出投资决策时会考虑 ESG。2019 年,1 900 多家资产管理者签署了《负责任投资原则》(Principles of Responsible Investment)。投资界影响力巨大的贝莱德(BlackRock)、道富(State Street)和先锋领航(Vanguard)均强调 ESG 在其投资决策中的重要地位,其中,贝莱德承诺将确保其名下的投资组合公司在 2050 年实现净零目标。[5] 受投资者关注 ESG 议题的影响,2019 年,商业圆桌会议发布了《公司目的声明》(Statement on the Purpose of a Corporation),它向公司的消费者、雇员、供应商和投资者等利益相关者做出承诺,强调每个利益相关者对公司的成长都至关重要,公司会服务于每个利益相关者。[6]

让人颇为费解的是,公司的投资者为什么从之前的 ESG 反对者摇身一变成为 ESG 的

---

① William T. Allen. Our Schizophrenic Conception of the Business Corporation, *Cardozo Law Review*, 1992, 14 (2), p. 261.

② 朱慈蕴、吕成龙:《ESG 的兴起与现代公司法的能动回应》,《中外法学》2022 年第 5 期,第 1243 页。

③ Leo E. Strine, Jr., Kirby M. Smith, Reilly S. Steel. Caremark and ESG, Perfect Together: A Practical Approach to Implementing and Integrated, Efficient, and Effective Caremark and EESG Strategy, *Iowa Law Review*, 2021, 106(4), p. 1895.

④ Lisa M. Fairfax. Dynamic Disclosure: An Expose on the Mythical Divide Between Voluntary and Mandatory ESG Disclosure, *Texas Law Review*, 2022, 101(2), p. 282.

⑤ John C. Coffee, Jr. The Future of Disclosure: ESG, Common Ownership, and Systematic Risk, *Columbia Business Law Review*, 2021(2), p. 629.

⑥ Christopher M. Bruner. Corporate Governance Reform and the Sustainability Imperative, *Yale Law Journal*, 2022, 131(4), p. 1220.

支持者? 这是投资者的良心发现使然,还是源于政治和社会压力? 投资者对 ESG 的态度变化,或许与内在良心和外部压力有关,但更多的是经济因素使然:投资者所面临的系统性风险和所有权集中现象使得投资者关注 ESG 可帮助他们获得丰厚的经济回报。下文将对此进行详细说明。

所谓系统性风险是投资者无法通过投资多样化来化解的风险①,下面以气候变化为例加以说明。之所以选择气候变化为研究样本,一方面是因为气候变化所要求的绿色低碳转型被视为人类当下和未来很长一段时间内急需直面的经济转型和工业革命②,另一方面是因为气候变化已逐渐成为 ESG 的组成部分。气候变化通常会给公司带来物理性风险、转型风险和规制风险,其中物理性风险是指气候变化会给公司带来资产损失,转型风险是指气候变化政策导致公司的现有资产成为搁置资产,规制风险是指气候变化政策导致公司面临诉讼风险等。气候变化所导致的上述各种风险是典型的系统性风险,投资者无法通过投资多样化来加以有效控制,因为气候变化风险覆盖所有的行业,而不是影响某一行业。当下,投资者往往投资较多的行业,气候变化会对投资者投资的一些行业造成负面影响。面临以气候变化为典型代表的重大系统风险时,ESG 有助于投资者减缓相关的系统性风险,具体理由如下:

首先,ESG 可以帮助投资者识别和管理公司的社会风险。③ ESG 覆盖诸多社会或伦理风险,公司如果对相关风险处理不当,则会导致公司陷入经营困境,损害公司的盈利能力,最终影响公司的股票价格。投资者借助 ESG 可以分析目标公司值不值得投资,帮助投资者构建合理的投资组织。ESG 之所以能够帮助投资者识别最佳投资公司,是因为 ESG 可以反映目标公司的管理品质,成为投资者做出投资决策的重要考虑因素。一般而言,ESG 表现不佳的公司往往存在较高的社会风险,而较高的社会风险又面临较大的政治、规制和诉讼风险④,对投资者而言这是不良的投资对象。

其次,ESG 可以改善公司的风险监测能力。对于公司的可持续发展而言,良好的风险监测能力有助于公司早日识别并避免相关风险,因此受到公司的高度重视。以往,公司的风险监测主要是合规方面的监测,具体由内部控制、会计和合规部门负责。合规监测在公司治理中发挥了一定的积极作用,但是其存在一定的局限。公司合规监测主要是一种向后看的监测,即通过合规监测对违法行为进行惩罚。ESG 监测则有向前看的特征,其旨在激发人们发现违法行为,帮助公司克服责任风险。更为重要的是,ESG 关注的对象不是局限于公司中某一类人,而是关注涉及公司治理的各种利益主体。ESG 的重点不在惩罚某一违

---

① Virginia Harper Ho. Modernizing ESG Disclosure, *University of Illinois Law Review*, 2022(1), p. 277.

② George S. Georgiev. The SEC's Climate Disclosure Rule: Critiquing the Critics, *Rutgers Law Record*, 2022, 50, p. 103.

③ Stavros Gadinis, Amelia Miazad. Corporate Law and Social Risk, *Vanderbilt Law Review*, 2020, 73(5), p. 1410.

④ Max M. Schanzenbach, Robert H. Sitkoff. Reconciling Fiduciary and Social Conscience: The Law and Economics of ESG Investing by a Trustee, *Stanford Law Review*, 2020, 72(2), p. 435.

法行为,而是创设一个注重可持续发展的公司价值观。ESG 能够帮助公司不断适应社会经济发展的需要,使得公司治理具有动态适应的进化特质。ESG 所追求的目标不是通过诉讼保护公司的权益,而是帮助公司不断在产品研发、公司文化以及企业管理等方面实现转型。[①]

最后,ESG 可以帮助公司董事会做出良好的决策。公司董事会能不能做出良好的决策,一个重要前提是它们能否获得足够多的事关公司运营的有用信息。ESG 通过让公司的外部人成为公司的合作者,可以帮助公司董事会掌握大量有助公司做出合理决策的信息。ESG 通过消费者提供的有关产品品质的有用信息,帮助公司生产更具市场竞争力的产品。ESG 可以激励员工对公司的发展做出贡献,帮助员工树立良好的规则意识,并与公司董事会建立良好的信任关系。由于 ESG 让员工可以深度参与公司治理,使其对公司更加忠诚,并为公司董事会做出的决策提供强有力的支持。

ESG 既然有上述诸多益处,投资者以及公司的管理者之前为何对 ESG"敬而远之"? 对此,投资界出现的"所有权集中"现象提供了较为合理的解释说明。现在的投资者比过往接受和拥抱 ESG 的根本原因在于近年来大型公司的股东结构发生了剧变,大型公司的股东现在主要由机构投资者和资产管理者把持。机构投资者和资产管理者对系统风险非常敏感,他们无法像小股东一样随意转移投资,ESG 一定程度上有助于化解系统风险。

一方面,资本市场机构化现象明显,即机构投资者在交易和股票市场上的占比较大。所谓的资本市场的机构化是指,全球资本市场主要由机构投资者把持。研究表明,5~10 家机构投资者对大型上市公司拥有事实控制权。譬如,贝莱德、道富和先锋领航持有世界 500 强企业中 20% 的股份、25% 的投票权,2038 年预计将拥有 40% 的投票权。[②] 与资本市场机构化现象相伴的是公司所有权集中,即大型公司拥有大多数公司的股权。另一方面,所有权集中导致投资策略的转变。随着资本市场机构化导致的所有权集中,机构投资者关注的风险是投资组合公司导致的外部性,而不是局限于某一公司导致的外部性。在所有权集中背景下,资产管理者持有股票的某一公司导致的外部性,会影响该资产管理者持有股票的其他公司的效益。比如,机构投资者投资的化工公司污染某一海滩,可能会影响该投资者持有的海滩附近的其他产业。所有权集中导致资产管理者难以通过传统的多样化投资来应对系统性风险,ESG 则被视为可以化解相关的系统性风险。投资者关注 ESG 除了受经济等因素的影响,也有其政治逻辑。譬如,随着全球环境危机的不断加剧,特别是气候变化带来的灾难性后果,投资者关注 ESG 的政治算计不容忽视。确保公司承诺并认真落实 ESG,某种程度上可以帮助公司获得政治红利。其一,ESG 体现了公司管理者的政治经济

---

① Stavros Gadinis, Amelia Miazad. Corporate Law and Social Risk, Corporate Law and Social Risk, *Vanderbilt Law Review*, 2020, 73(5), p. 1411.

② John C. Coffee, Jr. The Future of Disclosure: ESG, Common Ownership, and Systematic Risk, *Columbia Business Law Review*, 2021(2), p. 606.

承诺,满足了公司管理者的政治偏好。<sup>①</sup> 其二,公司主动拥抱 ESG 可以帮助公司避免成为政府的规制对象。如果政府不满意公司的环境破坏行为,政府则可能会制定严格的环境保护法规来规制公司的行为。ESG 一定程度上可以帮助公司获得政府的信任,拖延甚至避免政府出台更加严格的环境保护法规。<sup>②</sup> 其三,ESG 可以帮助公司获得良好的社会声誉。ESG 使得公司的所作所为通常高于法律最低要求,以更加符合伦理要求的标准对待利益相关者。公司如此行事使得其违法的风险最小化,确保公司避免进入对其不利的法律灰色区域。

### 四、ESG 的实现:改革公司结构 优化 ESG 治理机制

如上所述,ESG 一定程度上重塑了公司的目的:公司不仅需要为股东服务,更需要为构成公司合约的各种利益相关者服务。ESG 固然有诸多好处,但是当下流行的公司治理结构更多基于传统的股东至上原则加以构建。ESG 作为一种新的公司理念能否落实,有赖于公司结构的改革,需要解决谁负责管理 ESG、谁负责 ESG 的监督实施和董事会的哪一个委员会负责实施 ESG 等重要问题。从公司结构维度看,ESG 管理很大程度上是一种风险管理机制。对于何种机构适合管理 ESG,学界存在一定的争议。有学者认为由于大多数公司的审计委员会负责监督公司的合规和风险管理体系<sup>③</sup>,审计委员会管理 ESG 较为合理。为了确保审计委员会的管理契合 ESG 的特殊性,审计委员会的构成应有处理 ESG 的技能,需要确保审计委员会构成人员中有相应的 ESG 专家。与此同时,应当确保审计委员会在完成 ESG 任务时不要承担过多负担,否则会导致审计委员会的效率低下。<sup>④</sup> 不过,公司的审计部门管理 ESG 存在明显的不足。第一,公司审计部门的核心任务重在会计和金融业务,这些事务对审计部门而言已足够复杂,耗时耗力,让审计部门管理 ESG 可能会导致其出现力不从心的现象:它们不大可能花费大量时间来管理 ESG。第二,ESG 管理更多涉及非金融业务问题,审计部门的管理者往往不具备 ESG 管理所需的非金融知识,让他们来管理 ESG 未必专业对口,同样容易出现力不从心的问题。

针对审计委员会管理 ESG 的不足,有学者建议改革公司机构来确保有效实施 ESG,如在公司不同委员会之间分配 ESG 管理责任,让公司提名委员会和治理委员会参与监督 ESG 的执行。实践中不少公司确实让提名委员会和公司治理委员会参与负责 ESG,高乐氏(Clorox)将 ESG 监测融入其诸多有影响力的公司委员会,包括提名委员会和治理委员会。

---

① Amanda M. Rose. A Response to Calls for SEC—Mandated ESG Disclosure,*Washington University Law Review*,2021,98(6),p. 1824.

② Stavros Gadinis,Amelia Miazad. Corporate Law and Social Risk,*Vanderbilt Law Review*,2020,73(5),p. 1411.

③ 唐凯桃、宁佳莉、王垒:《上市公司 ESG 评级与审计报告决策》,《上海财经大学学报》2023 年第 2 期,第 109 页。

④ Leo E. Strine,Jr.,Kirby M. Smith,Reiley S. Steel. Caremark and ESG,Perfect Together:A Practical Approach to Implementing an Integrated,Efficient,and Effective Caremark and EESG Strategy,*Iowa Law Review*,2021,106(4),p. 1918.

不过,在不同委员会之间分配ESG管理责任,涉及较高的协调成本。针对这种不足,有学者建议创设一个新的委员会负责公司方向管理、公司合规管理以及ESG管理。[①] 实践中,确有公司创设了专门的委员会来处理ESG。譬如,大约有10%的美国公共公司创设独立的可持续董事会委员会,负责与可持续专家沟通,向董事会汇报相关事项的进展。[②]

以改革公司机构的思路设立公司委员会,对于确保ESG有效实施固然重要,但仅仅改革公司委员会仍无法确保ESG对公司管理者的决策产生重大影响。为了确保ESG成为影响公司决策的重要考量因素,公司需要相应的制度设计,确保ESG完全融入董事会的行为策略。为了让ESG影响公司管理者的决策,公司的董事会也需要进行相应的改革。一是为了确保ESG能够顺利抵达公司的董事会,公司应当制定负责ESG的委员会将相关信息反馈给董事会的程序机制,使得董事会和负责ESG的委员会之间能够经常进行有效的信息沟通,让公司董事会第一时间知悉并关注ESG风险。公司董事会成员获知ESG信息后,应当认真识别并预防ESG风险,否则便是公司管理者的失职行为。二是改革公司董事会结构来保证ESG的实现,关键一环是实现董事会的多样性,董事会的多样性包括但不限于性别多样化[③]和组成人员专业知识背景的多样化,需要强调的是注重工人在董事会中占据一席之地。[④] 当然,改变公司决策者构成未必一定导致公司的做法符合ESG,大众汽车尾气排放丑闻便是如此。但是,改变公司决策者构成确实是确保公司决策者及时获得ESG信息的有效手段之一。

为了确保公司机构设置有效契合ESG的需要,公司董事会的改造除了确保董事会构成人员合理,还需要给董事会构成人员施加强制性的ESG义务,使其承担考虑所有利益相关者权益的法定义务。[⑤] 比如,德国立法明文规定董事会成员对公司的利益相关者承担一定的法定义务。[⑥] 在法律没有明文规定董事会成员具有ESG强制义务的背景下,要求董事会成员考虑ESG会使得他们面临违反信义义务的危险:没有实现股东利润最大化的目的。长期以来,董事会成员作为受托人被认为仅需为股东利益服务,通常不允许基于伦理牺牲股东利益。比如,在前文所提及的南非种族隔离政策运动中,参与相关运动的公司董事会成员被批评违反其确保委托人利益最大化的信托义务。[⑦] ESG之所以会使得董事会成员有违反信义义务的嫌疑,是因为ESG短期内可能减少公司的市场价值和股东的财富增长。

---

① Leo E. Strine, Jr., Kirby M. Smith, Reilly S. Steel. Caremark and ESG, Perfect Together: A Practical Approach to Implementing and Integrated, Efficient, and Effective Caremark and EESG Strategy, *Iowa Law Review*, 2021, 106(4), p. 1915.

② Stavros Gadinis, Amelia Miazad. Corporate Law and Social Risk, *Vanderbilt Law Review*, 2020, 73(5), p. 1423.

③ 其代表是加州的性别配额制度。

④ 其代表是德国,在德国,员工在公司管理中有很大的参与权。

⑤ Accountable Capitalism Act, S. 3348, 115th Cong. §5(2018).

⑥ Christopher M. Bruner. Corporate Governance Reform and the Sustainability Imperative, *Yale Law Journal*, 2022, 131(4), p. 1238.

⑦ Max M. Schanzenbach, Robert H. Sitkoff. Reconciling Fiduciary and Social Conscience: The Law and Economics of ESG Investing by a Trustee, *Stanford Law Review*, 2020, 72(2), p. 391.

有学者认为董事会成员考虑 ESG 的行为没有违反其信义义务,因为 ESG 不但不会让受托人受损,而且会使其受益,因为 ESG 可以改善投资者的风险管理,有助于股东获得更好的经济回报;相反,董事会成员不考虑 ESG 的行为恰恰违反其信义义务,因为公司管理如果不顾 ESG 会导致公司长期的经济回报变差,反而让公司的股东遭受损失。不过,ESG 有时确实有非经济理性的一面,即公司的 ESG 可能并非出于经济目的,这时董事会成员考虑 ESG 确有违反信义义务之嫌。解决董事会成员 ESG 信义义务迷局的根本之道是法律明文规定 ESG 义务,如 2018 年美国特拉华州明确允许董事会成员为了 ESG 可以牺牲股东的经济回报。[①]

为了让董事会成员认真对待 ESG,除了需要将 ESG 上升为董事会成员的法定义务,还需要一定的管理激励机制确保董事会成员积极主动落实 ESG。长期以来,董事会成员的收入往往与短期的盈利挂钩[②],董事会成员赚钱多少决定其工资的高低,这会导致董事会成员更多地关注赚钱而不是 ESG。为此,企业必须改革董事会成员的酬金激励机制,将 ESG 纳入董事会成员的绩效评估之中。企业可以考虑改革公司高管薪酬,将 ESG 作为决定董事会成员奖金发放的考虑因素。实践中,已有公司将高管的薪酬与 ESG 要素结合起来,如壳牌公司的高管薪酬与温室气体减排目标挂钩。研究表明,高管薪酬的设定确实与碳削减、环境投资以及绿色革命等相关[③],合理设计高管薪酬会激发董事会认真监督和推动 ESG。

我国《公司法》第三章和第五章分别规定了有限责任公司、股份有限责任公司以及上市公司的组织机构,就公司股东会、董事会和监事会之间的权力配置进行了较为详细的规定。《公司法》第 68 条和第 69 条有关董事会和审计委员会中职工代表的规定,一定程度上体现了 ESG 理念。《公司法》第 69 条规定,有限责任公司可以按照公司章程的规定在董事会中设置由董事组成的审计委员会,由其行使《公司法》规定的监事会的职权。《公司法》第 78 条对有限责任公司监事会的职权做出了规定。不过,从《公司法》第 69 条有关审计委员会的规定来看,审计委员会主要扮演了监事的作用,其对董事会 ESG 决策的影响也许较为有限。此外,从《公司法》第 67 条和第 75 条有关董事会和董事职权的规定来看,其并未明确 ESG 在董事会管理公司时的重要性。董事会未来如果想要将 ESG 纳入其职权范围,需要对现有法律文本有关董事会职权的概念进行扩张解释,这意味其存在较大的不确定性。

从《公司法》第五章第三节有关股份有限公司组织机构特别是董事会和经理的规定来看,其与《公司法》有关有限责任公司的规定较为相似。《公司法》第 120 条、第 121 条对董事会和审计委员会构成中的职工代表做了规定,这一定程度上体现了公司治理的 ESG 理念。但是,《公司法》中有关有限责任公司的规定对于 ESG 的落实远远不够,一是审计委员

① Max M. Schanzenbach, Robert H. Sitkoff. Reconciling Fiduciary and Social Conscience: The Law and Economics of ESG Investing by a Trustee, *Stanford Law Review*, 2020, 72(2), p. 417.

② Virginia Harper Ho. Risk-Related Activism: The Business Case for Monitoring Nonfinancial Risk, J. Corp. L., 2016(41), p. 647,685.

③ Stavros Gadinis, Amelia Miazad. Corporate Law and Social Risk, *Vanderbilt Law Review*, 2020, 73(5), p. 1421.

会主要扮演监事会的角色,二是有关董事会职权的规定没有明确提及 ESG。此外,《公司法》第五章第五节有关上市公司组织机构的特别规定中,对上市公司董事会和审计委员会并未提出 ESG 要求。

### 五、ESG 的实现:通过信息披露激励 ESG 治理

ESG 某种程度上是一种让公司变得更好进而可持续盈利的机制,除了需要改革公司的组织架构,ESG 信息披露也是确保 ESG 目标实现的重要工具选项。信息披露机制在社会风险治理领域历来具有积极意义,是因为社会风险的治理往往面临信息不对称、市场效率低、守法积极性弱、治理透明度欠佳等问题①,信息披露制度对于解决相关问题效果较好。具体而言,ESG 信息披露会给公司施加压力,使其认真对待公司造成的环境风险等社会问题,促使公司对自己行为造成的负面社会影响负责,否则公司会面临声誉惩罚和诉讼风险等不利局面。

信息披露制度固然对于风险治理具有积极意义,但是公司通常对信息披露制度持有较为敌对的态度,没有公司愿意将自己更多暴露于信息披露制度之下。在 ESG 信息披露制度的构建过程中,NGO 和投资者发挥了积极作用。NGO 之所以关注公司 ESG 信息披露,是因为希望借助信息公开来控制公司的不良行为,确保公司的经营行为对社会更加负责。投资者之所以关注公司的 ESG 披露,是因为希望借助信息披露来筛选最佳的投资对象,确保投资对象是盈利能力和经济回报良好的公司。伦敦证券交易所研究表明,ESG 现在已成为投资者决策分析中的核心考虑因素,投资者将其作为投资风险和回报分析的重要考虑因素。② 在投资者看来,公司的 ESG 信息如果披露不当,短期会影响公司的股票价格,长期会影响公司的股东利益。③ 当下,ESG 被视为直接影响公司的可持续发展,联合国、OECD、G20、IOSCO、IASB、ISO 等诸多组织均将 ESG 作为公司非金融信息披露的重要组成部分。④

公司 ESG 信息披露制度迫使将公司披露之前未必愿意跟第三人分享的信息,有助于公司之外的主体监督公司的运营行为,无形之中对公司管理者的行为构成压力。但是,公司 ESG 信息披露制度所披露的信息由于专业性较强,公司如何披露 ESG 信息对于这一制度能否实现预期的目标极为重要。如果对公司的 ESG 信息披露方式没有合理的规范,ESG 信息披露无法帮助公司之外的主体合理评估公司的 ESG 信息质量,无法根据 ESG 信息做出合理的决策。从全球 ESG 信息披露的发展来看,目前的 ESG 信息披露大致呈现为如下

---

① Lisa M. Fairfax. Dynamic Disclosure:An Expose on the Mythical Divide Between Voluntary and Mandatory ESG Disclosure,*Texas Law Review*,2022,101(2),p. 289.

② Virginia Happer Ho,Stephen Kim Park. ESG Disclosure in Comparative Perspective:Optimizing Private Ordering in Public Reporting,*University of Pennsylvania Journal of International Law*,2019,41(2),p. 259.

③ Eitan Arom. Hidden Value Injury,*Columbia Law Review*,2021,121(3),p. 942.

④ Virginia Happer Ho. Modernizing ESG Disclosure,*University of Illinois Law Review*,2022(1),p. 277.

模式:自愿模式、强制模式和混合模式。

ESG 信息自愿披露是当下全球 ESG 信息披露的主要模式,该模式的主要特点是在法律没有对公司 ESG 信息披露明文做出强制规定的背景下,公司自发披露自己的 ESG 信息。公司 ESG 信息披露自愿模式很大程度上源于私人力量的推动①,主要是因为公司的股东积极关注公司 ESG 信息,迫使公司自愿披露相关的 ESG 信息。在公司股东的积极推动下,公司 ESG 信息自愿披露发展迅速。2019 年,90%的 S&P 500 成分股公司开始发布独立的 ESG 报告, 2018 年这一占比只有 86%,2011 年仅有 20%。② ESG 自愿披露模式很大程度上是 ESG 的私人治理模式,其具有 ESG 信息披露的灵活性和适应性等优点。但是,ESG 信息自愿披露模式存在内容准确性不够、误导性较强和可比较性较弱等特性。问题的根源在于 ESG 自愿披露模式下,为了满足不同投资者的信息需求,ESG 信息披露报告方法千差万别。正是由于 ESG 信息自愿披露模式的不足,ESG 信息披露无法保证合理的投资分析、风险定价以及资本分配,更是诱发层出不穷的 ESG"绿洗"丑闻③,2021 年的德意志银行丑闻便是典型事件代表。④

鉴于 ESG 信息自愿披露模式存在不足,人们对 ESG 信息强制披露模式寄予厚望。ESG 信息强制披露模式是指通过立法明确规定 ESG 信息披露相关事宜,是一种标准化信息披露制度。ESG 信息强制披露模式的优点在于让信息接收者容易有效识别和比较相关公司。⑤ 欧盟是 ESG 信息强制披露模式的代表,英国和新西兰等国也通过立法明文规定 ESG 信息的强制披露义务。正是认识到 ESG 信息强制披露模式的比较优势,美国在积极尝试将其 ESG 信息披露从自愿模式转向强制模式。美国的政策制定者越来越认为 ESG 信息是一种对公司经营会产生实质性影响的信息,公司披露相关信息应当成为其强制性的法定义务。美国立法者对此做了大量尝试,2019 年针对证券市场提出了《气候变化披露法》(Climate Disclosure Act of 2019)提案, 2021 年提出了《公司治理改善和投资者保护》(Corporate Governance Improvement and Investor Protection)提案以及《ESG 信息披露简化法》(ESG Disclosure Simplification Act)草案⑥,相关的提案和草案均要求公司披露 ESG

① Virginia Happer Ho. Stephen Kim Park,ESG Disclosure in Comparative Perspective:Optimizing Private Ordering in Public Reporting,*University of Pennsylvania Journal of International Law*,2019,41(2),p. 252.

② Lisa M. Fairfax. Dynamic Disclosure:An Expose on the Mythical Divide Between Voluntary and Mandatory ESG Disclosure,*Texas Law Review*,2022,101(2),p. 277.

③ 王慧、金权:《"双碳"目标背景下企业"绿洗"行为法律问题研究》,《贵州大学学报(社会科学版)》,2024 年第 4 期,第 111 页。国内有时将"绿洗"称为"漂绿",参见上官泽明、张媛媛:《企业 ESG 表现与金融资产配置:刺激还是抑制?》《上海财经大学学报》2023 年第 6 期,第 47 页。

④ 刘俊海:《论公司 ESG 信息披露的制度设计:保护消费者等利益相关者的新视角》,《法律适用》2023 年第 5 期,第 27 页。

⑤ Brett McDonnell, Hari M. Osofsky, Jacqueline Peel, Anita Foerster. Green Boardrooms?,*Connecticut Law Review*,2021,53(2),p. 260.

⑥ Amanda M. Rose. A Response to Calls for SEC—Mandated ESG Disclosure,*Washington University Law Review*,2021,98(6),p. 1830.

信息。2022 年,美国证券交易委员会拟定强制性的气候变化信息披露规则,要求相关公司在注册申请表和定期报告中披露气候变化等信息,特别是其公司的商业、运营和金融条件可能带来的负面影响。

ESG 信息披露的混合模式是指 ESG 信息披露具有公私合作的特征,融合了 ESG 信息自愿披露模式和强制披露模式的诸多方面,其典型代表是中国香港的 ESG 信息披露遵守或者解释(Comply or Explain)制度。[①] 所谓 ESG 信息披露遵守或者解释制度是指,公司如果认为新的披露要求与自己无关,可以选择不遵守相关规定,但是需要解释为什么不遵守相关规定。[②]

ESG 信息披露模式选择是确保信息接收者及时获得信息的关键一环,但是各种模式均需要解决的核心问题是如何编制 ESG 信息披露报告,其是保证信息接收者接收信息是否有用的核心所在。实践中,由于缺乏统一适用的 ESG 信息披露报告编制方法,相关的公司无所适从,只能自说自话,甚至变相鼓励公司更多关注这一话语而不是认真服务利益相关者和全社会。正是由于 ESG 信息披露报告过于灵活,公司 ESG"绿洗"行为层出不穷。为了确保公司披露的 ESG 信息有用,政策制定者应当编制统一标准的 ESG 信息披露报告方法。编制统一标准的 ESG 信息披露报告方法现已成为全球共识,不仅私人层面的私人标准设定者、国家层面的金融规制者和证券规制者,甚至国际层面的联合国、WEF、IOSCO 和 G20 等均围绕这一目标而努力。[③]

我国有关公司信息披露的法律依据主要是《公司法》和《证券法》。《公司法》有关信息披露的规定主要散见于保护股东知情权的相关规定中,如《公司法》第 209 条规定公司应当向股东送交公告和其财务会计报告。《证券法》有关公司信息披露的规定则更为综合全面,其覆盖了公司的年度报告和重大事件等事项。从 ESG 信息披露的角度来看,不管是《公司法》中旨在保护股东知情权的信息披露,还是《证券法》中旨在保护投资者合法权益的信息披露,均没有明确规定 ESG 信息披露。不过,我国证券监管机构近年来出台诸多与 ESG 信息披露相关的政策文件,特别是环境保护领域的信息披露制度较为成熟。譬如,生态环境部发布的《企业环境信息依法披露管理办法》(生态环境部令第 24 号)、证监会发布的《上市公司信息披露办法》(中国证券监督管理委员会令第 182 号)《上市公司治理准则》等成为上市公司环境信息披露的主要依据。我国证券交易所针对上市公司出台了专门的环境信息披露方面的指引,如上海证券交易所出台了《上市公司环境信息披露指引》。

近年来,随着我国双碳战略目标的提出以及域外 ESG 快速发展的影响,相关信息披露制度建设也取得了快速发展。我国三大证券交易所先后出台了可持续发展报告指引文件,

---

① Virginia Happer Ho,Stephen Kim Park. ESG Disclosure in Comparative Perspective:Optimizing Private Ordering in Public Reporting,*University of Pennsylvania Journal of International Law*,2019,41(2),p. 309.

② Brett McDonnell,Hari M. Osofsky,Jacqueline Peel,Anita Foerster. Green Boardrooms?,*Connecticut Law Review*,2021,53(2),p. 402.

③ Virginia Happer Ho. Modernizing ESG Disclosure,*University of Illinois Law Review*,2022(1),p. 277.

上海、深圳和北京三地证券交易所发布了《上海证券交易所上市公司自律监管指引第 14 号——可持续发展报告（试行）》(上证发〔2024〕33 号)、《深圳证券交易所上市公司自律监管指引第 17 号——可持续发展报告（试行）》(深证上〔2024〕284 号)、《北京证券交易所上市公司持续监管指引第 11 号——可持续发展报告（试行）》(北证公告〔2024〕14 号)。可持续发展报告所涉及的内容与 ESG 内容高度重合，值得一提的是相关的可持续发展报告对气候变化议题的重视前所未有。[①]

不过，从我国公司已有的信息披露制度实践看[②]，公司 ESG 信息披露制度能否有效运行还面临不少挑战。未来，公司信息披露监管部门应当细化 ESG 信息披露的标准，让公司和投资者可有效发布和接收 ESG 信息，借助完善的 ESG 信息披露损害赔偿诉讼机制对公司 ESG 信息披露进行事后监督。

### 六、ESG 的实现：通过诉讼实现 ESG 监督

公司结构改革和信息披露制度从制度层面为 ESG 的实现提供了保障，但是再好的制度也需要在实践中被认真落实。公司机构改革固然有利于 ESG 信息在公司各管理机构之间的流通，但是如果管理者对 ESG 信息缺乏认真对待的态度，围绕 ESG 的公司机构改革也没有多大意义。同理，ESG 信息披露尽管可以威慑公司的管理者不要随意撒谎，但是它未必能够确保公司管理者解决各种管理盲点。[③] ESG 信息披露可以告诉人们公司在 ESG 方面的信息，但是无法告诉人们公司管理者到底对 ESG 关注的程度有多大。为了防止 ESG 信息披露成为公司要求政府干预最小化的托词，给人一种公司已经开始着手解决相关问题的错觉，需要相应的 ESG 诉讼机制确保公司管理者认真对待 ESG。

ESG 诉讼首先需要解决的问题是谁可以提起 ESG 诉讼。基于文义解释的视角，鉴于 ESG 涉及环境、社会和治理等方面，那么与公司环境、社会和治理相关的主体似乎都可以提起 ESG 诉讼。以 E 所代表的环境保护为例，如果公司在销售产品的过程中对产品的环境性能做虚假宣传，那么产品的消费者有权对公司提起赔偿诉讼，因为消费者因公司的消费操纵行为而遭遇欺骗。[④] 企业如果在经营管理过程中对气候变化等环境议题没有认真对待，那么企业因此有可能成为气候变化诉讼的被告。[⑤] 以包含于 S 中企业供应链管理为例，如果企业没有严格保护供应链企业中的劳动者权益保护问题，那么企业的股东可以起诉企业，因为企业的做法容易让股东的利益遭受损失。以 G 中的董事会组成成员多样性为例，利益关系人如果认为公司董事会的组成没有体现多样性，则可以依据劳动歧视法规起诉公

---

① 王慧、姜彩云：《我国证券市场气候变化信息披露制度的完善措施探析》，《环境保护与循环经济》2022 年第 5 期，第 2 页。

② 郭峰：《资本市场信息披露双层规范体系的基本构建》，《中国法学》2024 年第 3 期，第 257 页。

③ Stavros Gadinis, Amelia Miazad. Corporate Law and Social Risk, *Vanderbilt Law Review*, 2020, 73(5), p. 1471.

④ David G. Yosifon. The Consumer Interest in Corporate Law, U. C. *Davis Law Review*, 2009, 43(1), p. 283.

⑤ 王慧、邱韵菡：《气候变化诉讼的法域、类型及新发展》，《法治社会》2022 年第 5 期，第 58 页。

司。只有赋予利益相关者可以起诉公司违反 ESG,公司管理者才有可能将对待 ESG 的态度从被动转向主动。

ESG 诉讼其次需要解决的问题是依据何种法律提起 ESG 诉讼。从概念维度来看,ESG 主要覆盖公司的环境、社会和治理议题,ESG 诉讼对应涉及一国的环境法、社会法和公司法等诸多法律。事实上,ESG 诉讼涉及的法律范围较广,除了环境法、社会法和公司法,还涉及一国的消费者保护法和证券法等诸多法律法规。以 E 所代表的环境保护为例,如果原告是公司产品的消费者,其提起 ESG 诉讼的请求权基础主要是消费者保护法,环境法主要作为证明被告行为违法的依据。如果原告是公司的股东,那么原告提起诉讼的请求权基础主要是证券法,原告的核心诉求是被告的行为对其投资构成误导并造成损失。公司因 ESG 中的环境不当行为成为环境公益诉讼的被告,检察院和 NGO 可以以公司违反环境法的强制性规定为由,要求公司承担相应的法律责任。

ESG 诉讼最后需要解决的问题是原告可以提起何种诉求。从域外现有的 ESG 诉讼实践来看,ESG 原告所提起的诉讼请求主要有两类:赔偿诉讼和非赔偿诉讼,前者主要是因 ESG 事宜遭受损失的主体提起民事损害赔偿诉讼,后者主要是因不满公司 ESG 管理的主体提起股东诉讼。赔偿诉讼的代表是被告对其生产的产品做了不当的环境宣传,产品购买者对被告提起诉讼,要求被告赔偿原告因被告的虚假环境宣传造成的损失。除此之外,ESG 诉讼主要是公司的股东提起的相关诉讼,比如公司股东要求针对公司管理者没有披露 ESG 信息[1]或者选择披露 ESG 信息[2]的行为提起诉讼。

## 七、结语

ESG 的快速发展意味着资本市场从股东资本主义向相关者资本主义迈进。[3] ESG 一定程度上重构了人们对公司形象的想象,公司不仅服务于股东,还须服务于利益相关者乃至全社会,这是公司作为一种重要社会机构的基本功能。ESG 不仅因其服务于全社会在伦理上具有正当性,更是因为其通过与利益相关者的有效沟通,成为公司重要的风险控制工具,帮助公司实现盈利的可持续性。得益于 ESG,可以确保公司与其他主体更加流畅地交流,帮助公司及时发现潜在的危险行为,避免公司未来遭受更大的损失。ESG 通过帮助公司不断进化并迎接各种新挑战,可确保公司获得长期的发展而不是当下的短期回报。

从投资的维度来看,ESG 不是外界强加的道德绑架,而是一种新的投资策略:公司做好事可以让公司更加赚钱。在投资者看来,公司之所以应当注重消费者的权益,不是出于道

---

[1] Emily Strauss. Climate Change and Shareholder Lawsuits,*New York University Journal of Law and Business*,2023,20(1),pp. 95—162.

[2] Adam B. Badawi,Frank Partnoy. Social Good and Litigation Risk,*Harvard Business Law Review*,2022,12(2),p. 360.

[3] Hajin Kim. Can Mandating Corparate Social Responsibility Backfire?,*Journal of Empirical Legal Studies*,2021,18(1),pp. 189—251.

德方面的良心发现,而是因为这样做有利可图:帮助公司进行技术革新和赚取更多的金钱。当然,ESG 的美好承诺能否兑现,依赖于法律做出回应性改革。首先,需要改革公司的决策机构,选择合理的机构负责 ESG 的实施,并确保在不同管理团队之间分配 ESG 管理责任。其次,需要改革公司董事会成员的法律义务结构,让 ESG 成为董事会成员法定信义义务范畴。再次,需要创设标准化的 ESG 信息披露制度,信息披露无形之中迫使公司管理者认真对待 ESG。最后,ESG 诉讼作为强有力的工具选择,通过法律责任机制防止公司管理者侵蚀公司 ESG。ESG 制度的理想状态是未来帮助公司创设一种新的文化和精神:公司行为必须符合伦理道德和公平正义等要求。

# 第二讲　可持续金融实施范式的转型：
## 从 CSR 到 ESG[†]

叶榅平[*]

## 一、引言

　　诞生于 20 世纪 70 年代的可持续金融，最初只是指"绿色金融"或"环境金融"，即要求银行业金融机构在经营活动中体现环境保护意识，通过引导资金流向促进经济社会与环境保护的协调发展。[①] 经过几十年的发展，可持续金融逐渐成为具有影响环境、经济、社会和全球治理的社会创新力量。这种创新力量的形成建立于企业社会责任理论之上，又为企业社会责任的创新和履行所反哺，进而推动经济社会的可持续转型。进入 20 世纪 90 年代后，国际社会开始加快企业社会责任（Corporate Social Responsibility，CSR）标准体系建设，可持续金融逐渐迈向规范化和法制化的发展轨道。2004 年，ESG（环境、社会、治理）的概念一经提出，就受到资本市场的热捧，并逐渐成为各国政府实施可持续金融监管的重要抓手和工具。随着 ESG 标准体系和评级服务的快速发展，CSR 逐渐融入更为标准化、规范化的 ESG 模式，这在一定意义上意味着可持续金融实施范式的代际更迭。本文试图揭示可持续金融从 CSR 到 ESG 发展的若干面向，分析其在规范意义、功能定位、实施机制和规范配置等层面的范式转型，并剖析促成这些范式转型背后可能隐含的机理。范式转型意味着可持续金融法治观念的更迭与在全球化浪潮中的发展趋势，同时，需要思考在这种更迭与发展浪潮中，我国可持续金融实施范式转型的路径。

### 二、法理意蕴的转型：理念演进、概念拓展及责任强化

　　形成初期的可持续金融是指绿色金融，讨论的重点是企业社会责任中的环境责任，功

---

　　[†]　叶榅平：《可持续金融实施范式的转型：从 CSR 到 ESG》，《东方法学》2023 年第 4 期，第 125－137 页。

　　[*]　叶榅平，上海财经大学法学院教授、博士生导师。本文系上海财经大学富国 ESG 研究院公开招标重点课题"ESG 与法治模式研究"的阶段性研究成果。

　　[①]　郭濂：《低碳经济与环境金融理论与实践》，中国金融出版社 2011 年版，第 3 页。

能上强调银行信贷资金对绿色技术创新和环境治理的支持和贡献。在实施模式上,通过对银行业金融机构课加社会责任的伦理道德要求及其形成的社会压力机制来达成对资金流向绿色技术创新和环境治理领域的目标。<sup>①</sup>但显然,进入 21 世纪特别是《巴黎协定》签署后,这幅图景正在发生改变。放眼国际,ESG 正以日益旺盛的生命力,被国际组织和各国政府频繁纳入可持续金融治理体系,并在全球资本市场上广泛传播,受到理论界和实践界的高度认可。在这发展过程中,无论是理念的演进、内涵和外延的拓展还是责任的强化,都显示着可持续金融实施范式从 CSR 到 ESG 的转型和跃升。

**(一)核心理念的演进**

ESG 是在 CSR 的基础上发展起来的,两者的基本内涵具有一致性,都不同程度地以利益相关者理论为基础,引导企业在追求经济利益之外关注环境、社会和治理问题,即要求企业在为股东创造价值、赚取利润的同时,承担起社会责任。但两者的核心理念也经历了从尽责行善到义利并举、从收益关切到价值关怀的转变。尽管 CSR 的概念在不断演进,但它本质上仍然具有明显的伦理色彩,"尽责行善堪称 CSR 的核心要义"。<sup>②</sup>而 ESG 更强调交互性,其强调企业在支持环境、社会可持续发展的同时,实现自身更好的可持续发展。因此,ESG 不仅强调企业应承担社会责任,而且关注承担社会责任对企业的影响。<sup>③</sup>在可持续发展报告准则中,企业对环境、社会的影响称为影响重要性,环境、社会对企业的影响称为财务重要性。欧盟 2014 年公布的《非财务性指令》只关注 ESG 事项对企业运营的影响,而2022 年通过的《可持续性报告指令》不仅关注 ESG 事项对企业运营的影响,而且关注企业运营对各种可持续性发展相关因素的反作用。换言之,新指令更重视 ESG 事项本身的价值,即采纳了一种所谓"双重重要性的观念"。<sup>④</sup>因此,ESG 范式下的可持续金融是提倡责任投资和弘扬可持续发展的投资方法论,本质是在考虑财务回报之余,将环境、社会、公司治理因素纳入决策过程,形成投资策略,是一种价值取向投资。<sup>⑤</sup>

**(二)概念的拓展**

出于对经济、社会与环境发展不充分、不协调的关切,从 20 世纪 70 年代起联合国就开始推动解决经济社会发展与环境资源之间的冲突。1972 年的《联合国人类环境会议宣言》首次提出"筹集资金来维护和改善环境"。随后,德国于 1974 年成立第一家"生态银行",专门为污染治理和环境保护项目提供融资,由此形成"绿色金融"的初始含义,即"为绿色发展提供融资的途径和方法"。<sup>⑥</sup>1992 年联合国环境规划署(UNEP)发表《银行界关于环境可持

---

① 方桂荣:《集体行动困境下的环境金融软法规制》,《现代法学》2015 年第 4 期,第 118 页。
② 李诗、黄世忠:《从 CSR 到 ESG 的演进——文献回顾与未来展望》,《财务研究》2022 年第 4 期,第 15 页。
③ 张慧:《ESG 责任投资理论基础、研究现状及未来展望》,《财会月刊》2022 年第 17 期,第 144 页。
④ 《德国公司治理法典》(DCGK)2022 年修改理由书,对前言部分第二款的说明。
⑤ 屠光绍:《ESG 责任投资的理念与实践(上)》,《中国金融》2019 年第 1 期,第 13 页。
⑥ 魏丽莉、杨颖:《绿色金融:发展逻辑、理论阐释和未来展望》,《兰州大学学报(社会科学版)》2022 年第 2 期,第 66 页。

续发展的声明》,创立金融自律组织,可持续金融的概念正式诞生。1995 年联合国环境规划署将该计划延伸到保险业,发表《保险业关于环境可持续发展的声明》。随后,绿色金融投资国际组织和原则相继设立,如 2006 年成立的联合国责任投资原则组织(UN PRI)。2015年的《巴黎协定》要求"资金流动符合温室气体低排放和气候适应型发展的路径",气候融资取得重大进展。2019 年联合国携手全球领先的 130 家银行发布《负责任银行原则》。时至今日,可持续金融的概念涵盖了绿色金融、气候金融、转型金融等所有以经济、社会、环境可持续发展为目标的融资方式和活动。

早期的可持续金融主要考量环境因素的根本原因在于,随着环境资源问题的日益严重,国际社会对建立严格的制度保护环境形成共识,各国颁布了大量的环境法规,设置了严格的环境责任,这不仅对金融机构履行环境责任形成了压力,也为其履行环境责任提供了规范指引和要求。相反,由于缺乏具体内容、衡量标准及规范要求,金融机构对环境责任之外的社会、治理问题缺乏足够关注。然而,随着 ESG 的兴起,可持续金融的内涵已大大溢出环境保护的范畴。联合国大会于 2015 年发布的《2030 可持续发展议程》设置了 17 项可持续发展目标(SDGs),包括环境、社会、治理的多个方面,可持续发展的内容实现了拓展。金融机构需要关注的环境事项从传统的污染治理、自然资源保护,扩展到清洁生产、循环经济、生物多样性保护,再到控制温室气体排放、遏制全球变暖等;社会事项从传统的劳资关系协调扩展到性别平等、包容残障人士、与企业所在地社群对话等领域;治理事项传统上主要是合规管理涉及的反腐败、反贿赂,但随着法律强化金融机构需要履行的环境、社会义务,良好的金融治理也必须增加新的治理内容。[①] 英国 2010 年财务报告委员会(FRC)首次专门针对 ESG 发布的《尽责管理守则》(UKSC),对 ESG 完整要素的要求进行了明确规定。欧盟《可持续报告指令》要求披露的信息完整涵盖环境、社会、治理三个方面。关注环境议题的绿色金融已经实质性地演化为内容更丰富的可持续金融。

### (三)责任的强化

尽管 CSR 理论和原则经历了不断演变,但其核心理念仍然具有浓厚的道义色彩。欧盟委员会 2001 年发表的《欧洲关于企业社会责任的基本条件》绿皮书,将企业社会责任定义为"从主动性出发,把社会问题和环境问题纳入企业活动以及利益相关者关系的一种构想"[②],强调企业履行社会责任的自发性。在此意义上,人们认为可持续金融本质上是社会要求金融机构承担的一种道义责任,这种责任主要由国际合作倡议、国家政策以及软法规范承载。[③] 然而,随着可持续金融的发展,人们逐渐认识到,相较于环境规制手段,可持续金融需

① Savva Shanaev & Binam Ghimire. When ESG Meets AAA:The Effect of ESG Rating Changes on Stock Returns,46 *Finance Research Letters*,Part A(2022),p. 6.

② Duncan L. Edmondson,Florian Kerm & Karoline S. Rogge. The Co-Evolution of Policy Mixes and Socio-Technical Systems:Towards A Conceptual Franework of Policy Mix Feedback in Sustainability Transitions,*Research Rolicy*,2019(48),p. 6.

③ 管斌、万超:《中国商业银行环境责任的法治回应》,《经济法论丛》2018 年第 2 期,第 172 页。

要通过市场机制引导资金有效配置来解决经济社会发展中出现的环境污染和资源损耗问题,而规范此种对社会、经济、环境具有重大影响的金融行为有赖于高效的社会控制。在社会控制视角下,可持续金融本质上是政府、社会与企业秉持可持续发展理念对金融行为的法定社会控制。[①] ESG 的崛起,一定程度上反映了金融监管和资本市场对加强可持续金融监管和控制的要求,而各国政府围绕 ESG 出台的一系列政策和法律实质性地强化了金融机构的社会责任,并为其履行创设了多种法律执行机制。

总而言之,从 CSR 到 ESG,代表着可持续金融核心理念的转型、内涵和外延的拓展以及责任的加强,同时也昭示着可持续金融实施范式从敦促伦理道义责任的履行到监督规则和法律责任的落实,这种转变证实了 ESG 正推动可持续金融的规范化发展。

### 三、功能定位的转型:从风险防范到社会创新

可持续金融之所以形成具有影响经济、社会、环境、治理的社会创新力量,首先有必要交代它在传统意义上作为促进金融机构践行 CSR 的功能定位,以此为基础审视其在 ESG 语境中的功能转型和拓展。从 CSR 到 ESG 演进过程中,可持续金融功能定位的转型体现在微观和宏观两个方面,在微观上,经历了从金融风险防范到系统治理的演进;在宏观上,经历了从促进可持续转型到促进社会创新的跃进。

#### (一)从风险防范到系统治理

本质上,可持续金融是一种风险防范和金融治理工具。可持续金融的产生与环境日益恶化、环境法律责任日趋严厉密切相关。环境责任表现差的企业可能会遭受公众排斥、政府罚款甚至被强制关闭,从而面临经营风险、声誉风险以及法律风险[②],这些风险不仅事关债权人、股东、员工及其他利益相关者的利益,而且事关银行贷款安全。银行业金融机构应承担起社会责任,避免对环境责任表现差的企业和项目投资,防范环境风险,维护银行和利益相关者权益。[③] 可持续金融通过构建环境风险治理和绿色金融实施机制,在一定程度上实现了投资、风险和环境资源的优化配置,在社会价值与经济价值上取得了一定平衡。[④] 随着 ESG 的兴起,环境、社会、治理的风险被纳入金融治理体系,可持续金融具有了超越风险防范的系统治理功能,具体表现在以下几个方面:

首先,在 ESG 范式下,企业能够将社会责任与核心业务紧密相连。CSR 强调企业对社会的回馈,与企业的核心业务缺乏必要关联,难以与企业整体战略和主流业务实现整合。[⑤] 而 ESG 强调企业商业价值与社会价值的统一。ESG 报告的内容通常与企业的财务绩效有

---

① 杨峰、秦靓:《我国绿色信贷责任实施模式的构建》,《政法论丛》2019 年第 6 期,第 49 页。

② Egede Tamara & Robert Lee. Bank Lending and the Environment: Not Liability but Responsibility, *Journal of Business Law*, 2007(8), pp. 868−883.

③ 管斌、万超:《中国商业银行环境责任的法治回应》,《经济法论丛》2018 年第 2 期,第 162 页。

④ 魏庆坡:《商业银行绿色信贷法律规制的困境及其破解》,《法商研究》2021 年第 4 期,第 76 页。

⑤ 李诗、黄世忠:《从 CSR 到 ESG 的演进——文献回顾与未来展望》,《财务研究》2022 年第 4 期,第 15 页。

比较"实质性"的关联，要求透明的、以目的为导向的业务实践，并与自己的优先事项保持一致。因而，组织上强调从策划至落实的整个过程都要将 ESG 治理嵌入企业核心战略。在此意义上，ESG 不是边缘化的概念，而是与企业核心业务深度融合在一起。

其次，ESG 为可持续金融治理提供了更好的监管视角和工具。CSR 是从企业管理的角度出发，往往被企业作为展现自身积极形象的抓手[①]；ESG 则是投资者评估企业投资价值的标准，需要接受市场检验，得到市场更多关注也意味着受到更多监管。欧盟《可持续性报告指令》第 9 点权衡理由明确指出，欧盟立法者着重考虑的可持续性信息接收者有两类：一是企业的投资者；二是关注企业履行 ESG 责任表现的非政府组织（NGO）。换言之，ESG 能够为市场主体特别是投资者及社会组织提供更好的监督工具，促进企业将环境、社会问题纳入治理体系，全面提升 ESG 表现。

最后，ESG 范式能够提升可持续金融治理体系和治理能力。ESG 范式强调将企业的环境、社会、治理责任统一纳入整体的指标体系，本质上源于环境责任、社会责任在治理上具有融合性，最终需要体现在企业治理层面。日本经济产业省于 2017 年发布第一份关于 ESG 的重要报告书——《面向可持续成长的长期投资（ESG、无形资产投资）》，阐述了 ESG 的核心内容及三者之间的关系：为达成 E（环境）和 S（社会）的目标，有必要对 G（治理）进行完善，也可以说 G 是 ESG 投资中最重要的内容。[②] 由此可见，环境、社会责任的履行本身就是企业治理的重要内容，需要通过提高治理体系和能力来实现。践行 ESG 本质上就是可持续金融治理机制的革新，提高了可持续金融的整体治理能力。

### （二）从促进可持续转型到实现社会创新

尽管维护环境资源的可持续发展并非可持续金融的唯一功能，但不可否认，绿色金融是 CSR 范式下最典型的可持续金融形态。随着可持续转型理论和实践的发展，可持续金融的实质性议题逐渐发生了变化。由于金融机构在资源配置上具有独特功能，社会要求其承担更多的社会责任，即要求金融机构在追求利润最大化的同时对环境、社会、治理承担相应的责任。[③] ESG 的崛起为可持续金融促进可持续转型的功能定位提供了更充分的制度和机制保障。一是"可持续性"内涵在 ESG 及其评价指标体系中得到了全面体现。在 ESG 范式下，可持续金融的"可持续性"议题受到充分关切，并通过环境、社会、治理三个方面的评价标准得到具象化、清晰化的表达。二是 ESG 有利于引领可持续性投资，促进社会全面可持续转型。在 ESG 范式下，金融机构不仅可以根据企业的 ESG 表现决定是否投资，而且可以根据企业的 ESG 表现实行差别化的利率来引导资金更多地流向可持续发展领域。从欧盟

① 吴定玉：《国外企业社会责任研究述评》，《湖南农业大学学报（社会科学版）》2017 年第 5 期，第 88 页。

② 石岛博、水谷守「ESG 投資汇関する法的論点の整理と一考察」中央ロー・ジ中一十儿第 18 卷第 1 号 72 页（2021）。

③ Gerald Spindler, Verantwortlichkeit und Hafung in Lieferantenketten-das Lieferkettensorgfaltspflichtengesetz aus nationaler und europaischer Perspektive, ZHR, 2022(186), S. 79.

委员会的政策性文件和欧洲议会的决议可以看出,要求企业更多地披露环境、社会相关信息的目的是促进欧洲经济的包容和可持续发展。而披露企业这两方面的风险、提高相关信息的可及性有利于增强投资者、消费者等利益相关方对企业负责任行为的信心,反过来也有利于企业自身。① 因此,ESG范式为金融机构进行投资决策和践行责任投资提供了市场化机制和工具,使可持续金融能够更好地带动社会的各个领域提高环境、社会、治理表现能力,实现社会经济全面可持续发展。

　　上述责任投资机制表明,ESG范式下的可持续金融将环境、社会、治理联结在一起的同时,也将社会各个要素,如市场、组织、资源、制度等要素链接在一起,实现了一种社会团结和创新。根据熊彼特的研究,创新是实现生产要素的新组合,也可以理解为组织采用能创造价值的新东西。② 据此,欧盟委员会把社会创新定义为:"符合社会需求、创造社会关系和形成新合作模式的新思想。"③社会创新概念超越了传统的CSR,在于它为包括金融机构在内的所有市场主体履行社会责任添加了积极主动和前瞻性的内容。④ CSR的传统目标是做良好的企业公民,并做对的事情。然而,社会创新要求为市场创造解决方案,并为参与其中的利益相关者创造共同价值。⑤ ESG为社会创新概念融入企业核心业务和创新过程提供了理论、资金、制度支持。一方面,在价值创造上,ESG不仅考虑利润和增长等财务指标,而且综合考虑环境、社会和治理层面的可持续性指标,即ESG投资将环境、社会和治理因素纳入投资决策,并在财务分析的基础上综合考虑ESG相关的风险和机遇。欧盟从"非财务性报告"到"可持续性报告"的用语变迁反映了欧盟立法者对ESG相关事项与企业之间关系的认识发生了深刻变化。与之前的非财务性信息只关注CSR事项对企业运营的影响不同,可持续性报告还关注企业运营对各种可持续性发展相关因素的反作用。换言之,新指令更重视ESG事项本身的价值,即采纳一种所谓"双重重要性的观念"。因此,金融机构基于ESG的投资行为能够激励企业履行社会责任,从而形成价值闭环,促进企业更加积极地创造经济、社会、环境的综合价值。另一方面,在ESG范式下,金融机构使金融资本与企业资产(包括企业资源、创新能力、治理能力)实现紧密合作,共同创造突破性的解决方案,以解决影响可持续发展的复杂的环境、社会、治理问题。⑥ 换而言之,在ESG范式下,可持续金融实现了资本、利润、价值与环境、社会、治理方面的组织、制度、机制的有机结合,它不仅是一种实现可持续发展的投融资模式,而且是实现社会创新的一种思想、模式和方法。这种思想、模式、方法聚焦于解决环境、社会、治理问题,并以ESG信息披露及治理为抓手和工具带动全

---

① 欧盟《非财务性报告指令》第1～3点权衡理由。
② 陶秋燕、高腾飞:《社会创新:源起、研究脉络与理论框架》,《外国经济与管理》2019年第6期,第85页。
③ 林洁珍、黄元山:《从企业社会责任到社会创新:发展和伦理问题》,《伦理学研究》2018年第6期,第94页。
④ 林洁珍、黄元山:《从企业社会责任到社会创新:发展和伦理问题》,《伦理学研究》2018年第6期,第95页。
⑤ 盛亚、于卓灵:《论社会创新的利益相关者治理模式——从个体属性到网络属性》,《经济社会体制比较》2018年第4期,第188页。
⑥ 李云新、刘然:《环境—制度—行为分析框架下中国社会创新的动力机制研究》,《学习与实践》2021年第9期,第112页。

社会践行社会责任,实现社会整体创新和转型。

### 四、实施模式的转型:从一元规制到多元共治

传统金融旨在实现资本配置的效率最优、在管理好风险的前提下实现收益最大化。一方面,受制于既定的"社会—技术"系统[①],传统金融在逐利动机驱使下投资于非可持续的传统产业,具有驾轻就熟的路径依赖,并可获取高额利润;另一方面,由于技术创新和社会转型存在多方面的风险,传统金融对可持续转型相关的技术创新、产业发展缺乏提供金融服务的动力,难以为促进经济、社会及技术的可持续转型提供高效的资源配置。[②] 因此,发展可持续金融需要打破传统金融的路径依赖,通过金融创新和制度创新形成新的发展路径。从经验来看,可持续金融主要通过三个层面的机制突破传统金融的既定"社会—技术"系统,获得发展空间:一是外部压力机制,二是内部激励机制,三是阻力破解机制。[③] 发展可持续金融本质上就是通过这三个层面的机制督促金融机构进行责任投资,将资金投向可持续创新领域,促进"社会—技术"系统可持续转型。[④] 总而言之,由于理念和功能定位不同,从CSR 到 ESG,可持续金融在实施机制上实现了从一元规制到多元共治的发展。

### (一)从自上而下到上下联动

在 CSR 范式下,可持续金融实施模式明显具有自上而下的政府规制和一元规制色彩,具体表现为:一是可持续金融的实施仰赖于政府主导的行政规制,主要通过政府和金融监管部门出台政策、发布指令要求金融机构履行环境责任来推动,行政规制色彩浓厚,资本市场主体的积极性和主动性严重不足。[⑤] 二是市场机制难以发挥作用。CSR 强调尽善履责,其内容和评价标准与企业经营业务及利益之间的相关性比较弱,企业社会责任报告难以为金融机构提供具有实质意义的投资指引,因而无法成为引导资金流动的有效机制。[⑥] 三是社会参与乏力。CSR 内容的模糊宽泛和评价标准的不统一导致信息流通和共享机制难以形成,影响社会参与的积极性。总体而言,可持续金融是一种金融创新,在传统金融范式中寻求创新,必然会受传统金融实施范式和金融资本逐利本性的影响,CSR 的原则性和自愿性使其难以形成一种自主性的创新金融范式。在此情况下,社会参与的积极性和参与机制

① "社会—技术"系统可持续转型是可持续转型的重要理论范式,该理论强调社会系统与技术系统不同要素之间的相互依存和共同演化,成熟的既定社会—技术系统会对社会、技术创新形成阻碍。陶秋燕、高腾飞:《社会创新:源起、研究脉络与理论框架》,《外国经济与管理》2019 年第 6 期,第 85 页。

② Brian Arthur. Competing Technologies, Increasing Returns, and Lock-inby Historical Events, *The Economic Journal*, 1989(99), pp. 161−131.

③ Frank W. Geels. Technological Transitions as Evolutionary Reconfiguration Processes: A Multi-Level Perspective and A Case-Study, *Research Policy*, 2022(31), p. 1257−1274.

④ 孙雅雯、孙彦红:《欧盟可持续金融促进可持续转型的作用研究——机制、实践与前景》,《欧洲研究》2022 年第 3 期,第 51 页。

⑤ 谢俊、廖明:《生态经济化视阈下的金融法律制度探析》,《东岳论丛》2016 年第 11 期,第 178 页。

⑥ 沈朝晖、张然然:《企业社会责任的反身法路向》,《首都经济贸易大学学报》2019 年第 1 期,第 105 页。

建设都受到很大限制,可持续金融的实施高度依赖政府自上而下的行政规制。

随着 ESG 政策和法律不断发展,ESG 标准体系和评级机制逐渐形成,企业社会责任日益强化,ESG 受到资本市场的追捧,各类社会主体参与践行 ESG 的积极性极大增强,可持续金融实施的一元规制局面发生了很大改变,主要表现在两个方面:

第一,多元主体共同推动构建 ESG 政策与法规体系。尽管基本架构没有本质变化,但 ESG 范式下可持续金融已经出现结构蠕变,比如参与主体结构出现变化,主体间的法律关系逐渐丰富等。一是重视相关政策和立法的社会参与。欧盟及其成员国很注重相关政策和法律实施后的社会反馈,根据社会反馈进行定期评估并及时修改,实现法律与政策、社会规范之间互动与协调,这为社会参与相关政策和法律修改提供了灵活的方式。① 二是重视行政立法。在 ESG 相关法律规范中,行政法规居多,这有利于快速地创设或修改 ESG 具体规则,以适应快速变化的市场环境。三是行业组织、专业团体的软法发挥重要作用。在 ESG 规范创设中,行业组织和专业团体发挥了积极作用,大量自治自律性规范不仅促进可持续金融发展,而且能够保证规则更快速地适应市场变化。②

第二,ESG 行动主体之间的互动。践行 ESG 不仅需要投资者责任投资意识的增强、行业协会自律性的提高,而且需要政府和监管部门对企业践行 ESG 的指引和监管,形成各主体之间的良性互动关系。为此,欧盟《可持续报告指令》授权欧盟委员会通过立法确定具体的报告标准,不再允许企业自行其是。统一标准有利于协调各方行动,并保障多方互动的有效性。③ 为了促进行动主体之间的协同,澳大利亚于 2017 年年底专门设立可持续金融倡议组织(ASFI),该组织由高级金融服务机构、学者和民间社团代表组成,旨在促进发展以人类福祉、社会公平和环境保护为优先的澳大利亚经济,巩固和提升金融系统的韧性和稳定性。④

## (二)从外部施压到内外互动

相较而言,CSR 范式下的可持续金融主要在外部压力机制的约束下展开,这种压力机制主要由两方面的路径形成:一方面,促使银行业金融机构在实施信贷时,要认真考量环境风险因素,避免贷款因贷款企业或项目的环境风险而无法收回。在环境责任的压力下,金融机构不得不考虑将更多资金投向绿色低碳的可持续发展领域。⑤ 另一方面,外部压力机

---

① Danny Busch. Sustainability Disclosure in the EU Financial Sector, in Danny Busch, Guido Ferarini and Seraina Grünewald—eds, *Sustainable Finance in Europe*, Palgrave Macmillan, 2021, pp. 397—443.

② Gerald Spindler. Verantwortlichkeit und Hafung in Lieferantenketten-das Lieferkettensorgfaltspf Lichtengesetz aus Nationaler und Europäischer Perspektive, *ZHR*, 2022(186), S. 91.

③ European Commission. Plaform on sustainable finance: https://ec. europa. eu/infol publications/sustainable-finance-plaform_nl, 2022—06—10.

④ Sakis Kotsantonis, George Serafeim, *Four Things No One will Tell You about ESG Data*, Journal of Applied Corporate Finance, 2019(31), pp. 50—58.

⑤ 斯丽娟、曹昊煜:《绿色信贷政策能够改善企业环境社会责任吗——基于外部约束和内部关注的视角》,《中国工业经济》2022 年第 4 期,第 140 页。

制对现有经济、法律、金融等体制中与发展可持续金融不相匹配、不相适应的各类要素施加压力,促进其调整及重构,从而打破现有体制的动态稳定结构,为创新和发展可持续金融并使之得以制度化巩固提供机会窗口。<sup>①</sup> 这种自上而下的外部压力机制,主要由国家战略、政策法规、行政规制等推动形成。这种约束机制存在明显不足:一是过于依赖政府行政规制,在法律没有规定金融机构直接承担环境法律责任的情况下,外部压力机制的运行囿于对道德约束的依赖;二是市场主体特别是金融机构参与可持续金融的自主性弱化,市场机制难以充分发挥作用。因此,金融机构对 CSR 的回应是被动地、响应性地履行一般性社会责任。

从国际经验来看,可持续金融的发展不仅需要外部约束机制,还需要内部动力机制,只有形成足够的内部动力激励才能动员并撬动社会投资,为创新发展提供充足高效的资本配置。ESG 的兴起和发展,为可持续金融内外联合发力提供了契机和创设了机制。

首先,在 ESG 范式下,国家和政府仍然是推动可持续金融发展的主要力量,但市场的作用更加受到重视。国家和政府通过制定政策、颁布法律、改革金融体制、加强金融监管等,形成自上而下的约束机制,推动责任投资,引导资金流向 ESG 表现好的企业和项目,推动国家可持续战略的实施。政府除了加强对 ESG 的监管外,更加重视发挥市场机制的作用,强调通过市场机制激励金融机构及各类社会主体积极推动可持续金融实施。一是完善财政、税收优惠政策和法律体系,通过财税激励、财政贴息、风险补偿、担保机制等手段,激励各类金融机构加大绿色投资,为促进可持续转型提供充足资金。二是建设市场激励机制,撬动社会资本参与可持续转型。例如,降低社会资本的市场准入门槛、加大公共事业领域开放力度,为社会投资创造公平的竞争环境。三是运用市场机制引导金融机构参与可持续金融。设立绿色产业基金、推广有示范效应的绿色创新项目、创新政府和社会资本合作融资模式等,调动社会资本参与绿色投资的积极性等。<sup>②</sup>

其次,增强了金融机构和企业践行 ESG 的自主性和积极性。一是 ESG 被纳入战略管理。越来越多的金融机构和企业,特别是跨国公司和上市公司,都在章程或经营战略中将 ESG 纳入战略管理,设立 ESG 治理机构,提升践行 ESG 的表现。<sup>③</sup> 二是 ESG 被纳入投资决策分析和决策过程。例如,日本通过《机构投资者尽责管理守则》和《公司治理准则》两部软法激励机构投资者将 ESG 纳入投资分析和决策过程,以此来鼓励企业积极地应对 ESG 问题。三是将 ESG 绩效纳入高管激励及薪酬计划。将 ESG 因素纳入高管薪酬及激励计划是董事会促使管理层对公司践行 ESG 负责的方式,也是公司向利益相关方表明其足够重视 ESG 问题的途径。从实践来看,ESG 表现好坏与能否获得高质量融资具有密切关系,各类

① 姚遂、陈卓淳:《社会—技术系统可持续转型研究:思路、批评、进展及反思》,《中国科技论坛》2020 年第 9 期,第 148 页。

② Gerald Spindler. Verantwortichkeit und Hafung in Lieferantenketten-das Lieferkettensorgfaltspf Lichtengesetz aus Nationaler und Europaischer Perspektive,*ZHR*,2022(186),S. 91.

③ Herbert D. Blank,Gregg Sgambati & Zachary Truelson. Best Practices in ESG Inwesting,*The Journal of Investing*,2016(25),pp. 103—112.

企业纷纷开始重视 ESG 治理,将提高 ESG 治理水平纳入核心战略。[①]

最后,社会参与成为推动可持续金融发展的重要力量。一是鼓励社会组织积极参与 ESG 评价指标建设和评级活动。ESG 评价指标和评级是促进企业提高可持续报告质量的重要保障,是引领可持续金融发展的重要机制。各国监管部门积极鼓励社会组织开展 ESG 评级业务,提升 ESG 信息披露质量。为了避免 ESG 评级业务垄断,《可持续性报告指令》专门规定了可持续性报告认证机构行政许可的欧盟标准与既有的合格评定机构[②]之间的过渡衔接规则,通过允许合格评定机构进入评估市场,避免审计师或审计事务所对业务的垄断,这有利于保证评估结果的公允,并降低企业负担的审计成本。2023 年,英国 FCA 宣布成立专门小组制定 ESG 评价标准和政策以整合 ESG 资本市场,预计有关 ESG 评价标准及评级服务提供者的行为准则即将出台。[③] 二是 ESG 行动主义兴起,对金融机构和企业践行 ESG 形成了强大监督。对企业践行 ESG 行为的问责监督主体不仅包括内部的股东、雇员和投资者,也包括工会、人权、环保等方面的社会组织,来自这些主体的监督压力促使企业必须认真谨慎地按法律规定披露 ESG 信息。[④] 目前,越大的企业越需要通过合规行为回应利益相关者、社会组织对践行 ESG 的关切,避免因违法行为而受到监管者惩罚,从而维护自身商誉并在资本市场上以更低廉的成本获得融资。

综上,可持续金融实施机制转型是一个包含多个参与主体、多种组成要素、涉及多个层面、面临多个模式、选择多种路径、经历多个阶段的长期互动和演化性过程。从治理主体上看,可持续金融从以政府为主的行政规制走向了多元主体参与的多元共治,实施模式也由单一的行政规制走向行政规制、金融机构实施、社会组织参与、行业自我规制等多种模式的整合,特别是市场主体的积极参与,保证了可持续金融的可持续性。当今,日益突出的环境、社会问题需要企业社会责任的战略化发展,ESG 创造共享价值的理念已被越来越多的国际组织、政府、金融机构、各类企业和社会组织所接受,可持续金融业在政策法律制定和执行中以合作协同的方式实现了 ESG 范式下的多元治理。

**五、规范配置的优化:从原则性思考到规范性安排**

可持续金融本质上是一系列金融工具、市场机制和监管机制的制度安排,需要借助法律、政策及其他规范推进实施。规范体系既是可持续金融理念、功能、机制的载体,也是可持续金融理念落实、功能实现和机制运行的根本保障。可持续金融实施范式的转型,既体

---

① Stavros Gadinis & Amelia Miazad. Corporate Law and Social Risk, *Vanderbilt Law Review*, 2020(73), pp. 1401—1477.

② "合格评定机构"指依照"欧洲议会和欧洲理事会第 765/2008 号条例(EC)"由每个成员国唯一的国家审定机构确定的进行合格审定的机构。例如,德国的国家审定机构是德意志银行股份有限公司(DAkkS)。

③ Feedback Statement on ESG Integation in UK Capital Markets(FS22/4),https://www.fca.orguk/publications-fedback-statements/fs22-4-esg-integration-uk-capital-markets,Accessed Feb 17,2023.

④ Doron Avramov,et al. Sustainable Investing with ESG Rating Uncertainty, *Journal of Financial Economics*, 2022(145), pp. 642—664.

现在规范配置变迁上,也通过规范配置优化得以实现和发展。

总体而言,CSR 范式下的可持续金融规范配置深受企业社会责任理论的影响,具有典型的原则性、灵活性和软法性等特征。一是在规范形式上以政策规范为主。在 CSR 范式下,政策一直是促进可持续金融实施的最主要规范。政策具有原则性和灵活性,有利于适应可持续金融实践发展的需求。同时,政策性规范也具有模糊性、不确定性及效力上软法性等不足,不利于激发金融机构开展可持续金融的积极性。二是在内容上以环境规范为主。尽管企业社会责任的内容非常丰富,但是 CSR 范式下的可持续金融规范主要是环境规范。三是在规范结构上以原则性规定为主。相关规范涉及对金融机构发展可持续金融的部署、规划、保障措施、工作要求等,原则性较强而规范性较弱。四是在规范对象上以金融机构为主。在此范式下,可持续金融规范的适用对象主要是金融机构,主要是关于要求金融机构践行社会责任、发展绿色金融的规定。[①] 五是在效力上以软法规范为主。CSR 范式下的多数规范只有行为模式的规定而缺乏法律后果的安排,因而难以通过正式的行政处罚和司法适用维持其强制效力。[②] 总而言之,由于企业社会责任本身的伦理性、模糊性、原则性,相关的政策、法律等规范配置也体现出原则性、灵活性和软法性,规范的灵活性而非稳定性特点使可持续金融实施存在较大风险,而高度依赖政策推动和行政规制也容易引发"漂绿"问题。[③]

2004 年 ESG 概念正式被提出后,联合国和国际组织发布了一系列责任投资原则和可持续金融评价标准;各国政府颁布了一系列促进可持续金融发展、实施和监管的政策法规;金融行业也推出一系列自治性规范,包括社会规范、技术标准等,其中包括国际法与国内法、软法与硬法、公法与私法、管制规范与自治规范、道德原则与法律原则等。尽管不同主体制定的规范类型、性质、效力不同,但这些规范都将企业社会责任聚焦在提升环境、社会、治理的表现上,在这三个方面实现了规范的目标协同和功能协同。相较而言,ESG 范式下的可持续金融规范配置在规范类型、规范内容、规范对象、规范结构和规范效力上都有了进一步的优化和提升,这种优化和提升既是 ESG 超越 CSR 的表现,也是保障可持续金融高质量发展的制度基础。

第一,规范类型上的多样化发展,特别是法律规范获得系统发展。随着气候变化国际治理共识的达成和落实,可持续金融发展进程加快,相关规范也获得了快速的发展,政策规范、法律规范、社会规范、标准体系都呈现出快速发展趋势,针对不同市场主体的 ESG 规范齐头并进,共同推动了可持续金融的发展,特别是法律规范的极大发展使 ESG 的治理水平得到了很大提升。可持续金融法律规范呈现出以下系统性的发展:一是软法与硬法协同发

———————————

① 翁孙哲:《美国贷款人环境责任立法历程及其对我国的启示》,《理论月刊》2014 年第 3 期,第 181 页。
② 魏庆坡:《商业银行绿色信贷法律规制的困境及其破解》,《法商研究》2021 年第 4 期,第 84 页。
③ 李建、窦尔翔:《绿色金融发展的现实困境与塔福域治理模式构建》,《福建论坛(人文社会科学版)》2020 年第 8 期,第 114 页。

展。在 ESG 范式下,可持续金融的硬法规范增强,出现硬法和软法协调发展的趋势。[①] 二是公法与私法交互发展。从立法技术来看,ESG 法制是典型的公私法交融的领域。其核心法律主体是作为组织体的企业,因此核心规制工具属于企业组织法。但是组织的决策必然落实到决策者、管理者、监督者个人,所以在企业内部的行为法层面要细化这些个人的审慎管理义务和对企业、对股东的法律责任。此外,在 ESG 范式下,企业与其他民事主体间法律关系的重新调整也需要与民商法紧密结合。除了这些私法性机制外,ESG 执行和监管离不开公法性的执行机制,这就需要公法特别是行政法提供支持。

第二,规范内容上的平衡发展,除了环境因素,社会、治理因素也是规范的重要内容。随着可持续金融功能的扩张,其规范配置也逐渐从以环境责任规范为中心向环境、社会、治理责任规范平衡的方向发展。ESG 范式下的可持续金融评价指标涉及面更广,考量因素更多,更充分地体现了"可持续"的内涵和要求。英国通过立法形式强制其国内上市公司披露与环境、人权等问题相关的战略信息,如温室气体排放、能源使用、性别薪酬差距、现代奴隶等。[②] 劳资关系在欧盟《可持续报告指令》中得到了充分体现,立法者要求企业必须就可持续报告披露的信息的查明、收集程序专门做出说明,强调企业治理中的劳资平衡、利益相关者对话原则,要求企业领导与一定级别的雇员代表沟通,向他们解释可持续性报告所涉信息的取得和审核的方式。

第三,规范结构上的具象化发展,具有权利义务构造的规范不断增加。与 CSR 规范的原则性、抽象性、宽泛性不同,在 ESG 范式下,可持续金融实施规范更加聚焦,主要围绕环境、社会、治理三个方面展开。同时,规范结构也越来越趋向具象化,表现为具有明确权利义务关系的规范所占比重增加。一是关于可持续金融的界定、分类、标准的规范明显增多,可持续金融的内涵更加清晰,类型更加明确。[③] 二是可持续金融监管规范趋向程式化,监管过程中的权利义务关系更加清晰。随着资本市场主体对 ESG 信息需求的日益增长,欧盟立法者认为需要扩展披露义务的适用范围、细化披露义务的内容控制和强化审计认证来更好地满足这些需求,同时通过联盟统一立法避免成员国各自为政,徒增企业经营的合规成本。[④] 三是 ESG 信息披露义务明确化,披露机制和披露规则更加具体。为了提升可持续性报告的信息质量及其可信度,各国的立法者多措并举,在 ESG 信息的产生方式、传播方式、内容控制和第三方监督四个方面设计了一系列规则和机制。通过这些规则体系,可持续金融实施机制的可执行性明显强化。

第四,规范效力上的层级化发展,法律责任受到了重视。可持续金融实施的 ESG 指标、

---

① 藤井辰朗「ESG7クターと企业价值汇関する一考察」产业经济探究 4 卷 19—30 页(2021)。

② FCA. *Code of Conduct for ESG data and ratings provider*,https://wwwfca. org. uk/news/news-stories/code-conduct-esg-data-and-ratings-providers,Accessed Feb 17,2023.

③ European Commission:Action Plan:Financing Sustainable Growth,COM(2018)97 final(8 March 2018).

④ 2019/C 209/01:Miteilung der Kommission vom 17. Juni 2019 Leitlinien fürdie Berichterstattungüber nichtinanzielle Informationen:Nachtrag zurk limabezogenen Berichterstattung.

ESG 信息披露规则、可持续报告编制要求等为金融机构和市场主体履行社会责任提出了具体要求,这些要求不仅是道德性的义务,而且是可以对投融资产生直接影响的行为义务和结果义务,其履行的好坏直接关系到投融资决策的做出。一是 ESG 信息强制披露规则的发展。近年来,各国监管部门逐渐强制 ESG 信息披露义务。欧盟采用强制信息披露原则,英国、澳大利亚等规制体系也逐步强化,由自愿披露转变为强制或半强制性规制模式,遵循"不披露就解释"规则。二是义务类型多样化。从义务类型来看,经历了从单纯的信息披露义务到越来越多、越来越细致的具体行为义务的发展。这无疑要求在企业决策者、管理者的行为层面融入更多的"公法性思维",亦即决策者不能再从企业短期经济利益这一较为单一的维度出发,而要更像当代政府决策者那样兼顾多目标间的平衡。[①] 三是强化执法机制。构成环境、社会和治理框架的法律法规通常包括一个执法制度和机制,根据这些制度和机制,对违反义务的行为可以起诉,征收罚款、罚金以及给予其他行政处罚。

第五,可持续金融标准的体系化。可持续金融从 CSR 进阶到 ESG,最显著的标志是可持续金融标准体系的建立。从可持续金融评价标准指引文件来看,ESG 标准设计理念主要有两类:一是"原则主义",即评价标准指引文件主要规定金融机构应当遵守的 ESG 重要原则,实施者的自由裁量余地很大。二是"细则主义",即评价标准指引文件事先规定了金融机构应当遵守的 ESG 详细规则。实际上,国际和国内的 ESG 评价标准文件都是这两种的混合,既有原则性标准也有具体标准。[②] 从标准发布的主体来看,主要有国际组织、政府、证券交易所、金融业协会或团体等发布的 ESG 标准。不同框架下的标准侧重于不同领域,故而理论上,金融机构和企业可根据经营范围自愿选择一个或多个标准披露 ESG 信息。在一定意义上,环境、社会、治理责任标准体系的建立和发展标志着 CSR 时代的式微与 ESG 时代的到来。

### 六、我国可持续金融实施范式转型的路径

全球化浪潮中不断勃兴的可持续金融实现了从 CSR 到 ESG 实施范式的转型,一方面迎来了跨学科对 ESG 的关注热潮;另一方面亦伴随着对 ESG 概念滥用与绿色金融"漂绿"之殇的忧虑,多个国家政府出台更加明确严格的可持续金融监管要求以打击"漂绿"行为。与此同时,ESG 的发展进程也受到了前所未有的新挑战,除了"漂绿"问题,部分国家和地区出现了 ESG 投资政治化的倾向并逐渐引发一系列"反 ESG"行动。例如,贝莱德遭到美国共和党政客的公开反对,佛罗里达州表示将从贝莱德撤回 20 亿美元的投资。[③] 当然,质疑声并没有伴随着从 CSR 到 ESG 的演进和全球发展而终结,相反,ESG 的全球化发展引发社

---

① Doron Avramov, et al. Sustainable Investing with ESG Raing Uncertainty, *Journal of Financial Economics*, 2022(145), pp. 612, 642—664.

② 董江春、孙维章、陈智:《国际 ESG 标准制定:进展、问题与建议》,《财会通讯》2022 年第 19 期,第 153 页。

③ 刘益:《ESG 年度十大事件:面对气候问题,前进还是倒退?》,《证券时报》2023 年 1 月 1 日,第 4 版。

会各界越来越多的讨论、评判和检讨。在此前提下,对可持续金融实施范式转型论需要做总结分析,探索本土化的实现路径。

**(一)基本立场:国际视野与中国话语**

ESG 作为关注环境、社会和治理绩效的可持续投资理念,已成为我国可持续金融演进的趋势。2022 年 6 月,银保监会印发的《银行业保险业绿色金融指引》明确将"环境、社会、治理(ESG)"因素纳入绿色金融标准,要求金融机构防范 ESG 风险并提升 ESG 表现。随后,国资委印发《提高央企控股上市公司质量工作方案》,要求探索建立健全 ESG 体系,推动更多央企控股上市公司披露 ESG 专项报告。这一系列部署意味着加快可持续金融从 CSR 向 ESG 转型已成为我国社会各界的普遍共识。当前,碳达峰碳中和正成为我国推进可持续发展的重要战略框架,可持续金融是实现这一目标、促进经济社会全面绿色低碳转型的有力抓手,因此,加快可持续金融实施范式的 ESG 转型已成为我国金融机构、资本市场、责任投资发展的必然趋势。

全球 ESG 的建设和发展有很多共性,我国需要关注全球 ESG 发展,借鉴成功的经验,加快我国相关政策、法律和制度建设。同时,我国的 ESG 体系建设需要依托发展环境和目标任务,解决实际问题,为中国式的可持续金融体系服务。当前,我国在经历了高速经济增长和财富积累后,经济社会正在加速转型,在这转型过程中,环境恶化、生态危机、气候变暖、城乡贫富差距、社会治理低效等问题越来越突出。为解决这些问题,我国确立了创新、协调、绿色、开放、共享的新发展理念,实施生态文明建设和碳达峰碳中和战略,全面推进社会经济可持续转型,奋力推进中国式现代化建设。因此,我国可持续金融实施范式的转型,需要以当代中国的核心价值理念为指引,建设中国特色的 ESG 标准体系,发展符合中国可持续金融实践发展的评级市场,加强 ESG 监管体制机制建设,助力国家战略实施,推进中国式现代化建设。

**(二)转型的法理:理念更新与价值重塑**

促进我国可持续金融实施范式从 CSR 向 ESG 转型,首先要以习近平新时代中国特色社会主义思想为指导,加快可持续金融理念更新和价值重塑,为可持续金融的迭代升级奠定法理基础。一是以新发展理念指导可持续金融的 ESG 转型。创新、协调、绿色、开放、共享的新发展理念深刻阐述了可持续发展的目的、动力、方式、路径等一系列理论和实践问题,阐明了我国关于发展的政治立场、价值导向、发展模式、发展道路等重大政治问题。一方面,"新发展理念"必然要求包括金融机构在内的各类市场主体增强环境、社会、治理的责任意识,将践行社会责任上升为企业文化,促使企业主动践行环境、社会、治理责任。[①] 另一方面,ESG 也是贯彻落实新发展理念的重要抓手和保障,应以新发展理念指导 ESG 规范体系、监管机制和指标体系建设,促进新发展理念的贯彻落实。二是以人类命运共同体理论

---

① 刘志云:《新发展理念下中国金融机构社会责任立法的参与机制探讨》,《政法论丛》2020 年第 5 期,第 12 页。

夯实可持续金融 ESG 转型的法理根基。人类命运共同体理念以更加宏大的视野、更为深刻的思想、更加宽广的胸怀、更加长远的目光看待、思考和谋划人类的现在和未来，包含相互依存的共同利益观、可持续发展观和全球治理观[①]，符合人类发展进步的思想观念，成为全球环境治理、气候治理和经济社会可持续转型的共同价值规范。ESG 以实现环境、社会的可持续发展为价值追求，与人类命运共同体的理念相契合，是践行人类命运共同体理念的行动和范式。以人类命运共同体理论诠释可持续金融 ESG 转型，可以为可持续金融的长远发展夯实法理根基，铆定发展方向。三是以中国式现代化引领可持续金融 ESG 转型。中国式现代化既是对中国特色现代化理论的概括，也是我国现代化走向未来的实践要求。[②] 基于中国式现代化的经验，我国在发展的理念、动力、比较优势、约束条件、瓶颈问题、任务目的等一系列重大发展议题上，形成了具有中国特色的理论体系[③]，为我国社会经济发展全面绿色低碳转型奠立了理论基础。中国式现代化是一种典型的社会创新，需要不断推进理论创新、制度创新、科技创新、文化创新，全面提高创新能力，实现高质量发展。社会创新既引领金融创新也需要金融创新扶持。以中国式现代化引领可持续金融 ESG 转型，有利于提升可持续金融质量，更好地为中国式现代化服务。

### (三)转型路径：由政策驱动向依法治理转型

党的二十大报告关于中国式现代化的重要论述为我国 ESG 发展奠定了重要的理论基础，也为可持续金融的转型和发展指明了方向。随着碳达峰碳中和"1＋N"政策体系的日益完善，可持续金融的"三大功能""五大支柱"逐渐形成，一系列政策规范和指引也相继出台，这有助于保障可持续金融顺利发展。然而，对于具有重要影响、利益关系复杂、影响深远的可持续金融而言，长期以来以政策驱动型治理为主的局面在一定程度上影响了其高质量发展。[④] 可持续金融是一项重要的社会创新机制，通过依法治理可以更好地实现它在现代社会中的可持续创新功能。一方面，法律的规范性、程序性、强制性特征使其具备固根本、稳预期及利长远的功能，能够更好地保障和规范可持续金融的健康发展和顺利实施。另一方面，ESG 范式的发展也要求可持续金融实现由政策驱动向依法治理转型。ESG 范式下的可持续金融，需要有意义的、准确的、及时的、可比较的数据来帮助投资者识别和管理 ESG 投资风险。相较而言，通过法律规则的治理，可以为数据获取、信息披露、目标管理和过程监管奠定坚实的规范基础，提升企业附加值，促进合乎道德和法律的负责任决策，维护可持续性报告的完整性，及时规范信息披露，维护股东利益，尊重社会关切，识别和管理风险，引领负责任投资等。因此，以 ESG 引领我国可持续金融高质量发展，需要实现由政策驱动向

---

① 肖唤元、秦龙：《人类命运共同体：理论溯源、价值意蕴、国际影响》，《广西社会科学》2018 年第 7 期，第 45 页。

② Mildred E. Warner. Private Finance for Public Goods: Social Impact Bonds, *Journal of Economic Policy Reform*, 2013(16), pp. 303－319.

③ 李培林：《中国式现代化和新发展社会学》，《中国社会科学》2021 年第 12 期，第 4 页。

④ 魏庆坡：《商业银行绿色信贷法律规制的困境及其破解》，《法商研究》2021 年第 4 期，第 73 页。

依法治理转型。

当前,我国可持续金融法律规范和规则体系滞后于实践发展,难以满足新时代可持续金融的发展需求。加快法律规范和规则体系建设是实现可持续金融实施范式 ESG 转型的必然选择和重要保障。概而言之,一是要将 ESG 理念融入可持续金融相关法律法规体系。随着 ESG 观念对企业经营的影响日益显著,公司法及各类企业法应调整目的条款,融入 ESG 核心理念,并通过增加有关董事义务、环境保护、气候变化应对、社区治理、员工权益、消费者权益等 ESG 因素方面的法律规定和制度安排,落实 ESG 在企业治理中的地位和实现机制。特别是要将 ESG 责任落实到金融和投资领域的相关法律法规中,修改商业银行法、保险法、证券法等金融法,将金融机构践行 ESG 责任的要求法治化,通过立法目的修改、可持续金融分类规则、信息披露规则、监管体制机制建设将可持续理念贯彻落实到具体制度中。二是要推动可持续金融立法由分散立法向体系构建转型。我国可持续金融立法还处于较为分散的状态,在中央层面没有专门立法,导致可持续金融法制体系化不足。可持续金融现有相关法律规范多散布在环境治理、金融监管、商业银行和外商投资等相关法律法规的一些零星性、原则性规定中,呈点状分散分布、碎片化状态,并且这些规定主要关注环境因素和问题,对社会、治理问题缺乏足够重视,可持续金融法律规范体系尚未形成。因此,应以 ESG 为抓手,贯彻落实新发展理念,推进现代可持续金融法治建设,推动可持续金融法制由分散点面立法向专门体系构建转型。三是要加快 ESG 核心制度和规则体系建设。ESG 作为一种体系,其制度规范应该包括:信息披露的标准和规则、ESG 评价规则、ESG 投资规则、数据运用规则、监管规范等。信息披露是 ESG 核心,可持续金融的 ESG 转型特别需要加强信息披露规则体系建设。只有完善以信息披露为核心的制度体系,可持续金融实施机制才能有效运行并发挥作用。当前我国 ESG 制度体系尚未形成,应加快以信息披露规则和监管规则为中心的制度建设,保障可持续金融真正实现 ESG 转型。四是要加强可持续金融监管执法,防范和打击 ESG 名义下的各种"漂绿"行为,及时化解风险,以法治手段为可持续金融顺利转型和高质量发展扫除障碍。

## 七、结语

随着全球化和科技的高速发展,风险社会背景下的企业正面临着比以往任何时候都更加复杂的环境、社会、治理风险。这些风险本质上可被定义为以系统的方式应对由现代化自身引发的危险和不安,即因生产或消费商品或服务而对第三方产生的成本或利益,一般与公共健康、社会治理等问题有关,例如环境污染、气候变化、劳工保护等。ESG 信息披露与可持续性报告背后的驱动力是其有助于减轻企业及社会整体的负外部性影响。在这种背景下,资本市场形成了对可持续发展特别是 ESG 信息的强大需求,带有自愿披露性质的 CSR 报告已经无法满足资本市场的需求,客观上导致 CSR 的式微和 ESG 的崛起。在 ESG 范式下,可持续金融的功能得到了拓展,实施范式实现了创新,规范配置得到了优化,从而为可持续金融顺应和适应绿色低碳的可持续发展创造了制度条件。推动我国可持续金融实施范式从 CSR 向 ESG 转型应有国际视野和中国立场，应以当代中国的新发展理念和人类命运共同体理论引领中国式的 ESG 发展，特别是要以 ESG 为抓手促进可持续金融从政策驱动向依法治理转型。

# 第三讲 "有为政府"如何协同"有效市场"推进 ESG 目标[†]

## ——基于结构耦合视角

陈洪杰[*]

## 一、引言

在经济活动中,将可持续发展、环境保护、社会责任等外部性问题纳入企业组织目标是现代企业制度发展的一个显著特点。比如,2019 年 8 月,上百家美国企业巨头的首席执行官以商业圆桌会议的方式联合发布了一份"企业宗旨宣言":"我们对所有利益相关者都有一个基本承诺。我们致力于为客户带来价值,对员工进行投资,以公平和道德的方式对待供应商,并且为我们所在的社区提供支持。"[①]在当前的时代背景下,这份商业宣言可以被视为在全球范围蓬勃兴起的 ESG 理念的一个典型注脚。不过,ESG 所追求的价值理念固然值得肯定,但其能否与企业作为市场主体所追求的商业目标兼容是不无疑问的。偏向自由市场派的经济学观点通常认为,只要不违反法律,企业唯一的社会责任是为股东增加利润。这实际上也是市场主体争夺生存资本、获得竞争优势的底层逻辑使然:如果企业只需要考虑单一目标(实现利润最大化),那么企业的效率会更高,也更利于实现有效配置资源的市场目标。这就带来一个值得追问的问题:在市场活动中追求 ESG 的多重目标是否可能,以及何以可能。

## 二、实现 ESG 多重目标的可能性路径

从市场体制的实际运作来看,实现利润最大化是理性经济人参与市场竞争的核心驱动,是市场经济获得强大生命力的活力之源。尽管如此,从市场经济发展演化的历史经验

---

[†] 陈洪杰:《"有为政府"如何协同"有效市场"推进 ESG 目标——基于结构耦合视角》,《新文科教育研究》2024 年第 3 期,第 111—123,143—144 页。

[*] 陈洪杰,上海政法学院上海司法研究所教授。本文为国家社会科学基金项目"广泛信任与具体信任相统一的司法认同机制研究"(编号:23BFX133)阶段性研究成果。

[①] 亚历克斯·爱德蒙斯:《蛋糕经济学:如何实现企业商业价值和社会责任的双赢》,闾佳译,中国人民大学出版社 2022 年版,导言第 I 页。

来看,"利润为王"的单一目标模式在客观上也带来了企业放任污染、无视员工福利、逃避社会责任等负外部性问题。而当市场运作出现外部性效应时,单纯依靠自发的市场调节机制是无法克服的,这就需要通过人为干预的方式将外部性问题内部化。企业 ESG 理念的兴起,反映的就是这样一种将企业运作的负外部性问题内部化的制度安排及社会博弈:ESG是环境、社会和治理(Environmental,Social,Governance)三个英文单词大写首字母的缩写,意在表达对企业积极践行环保保护、社会责任和透明治理等可持续发展要求的社会期望。这个概念最早出自一份名为《在乎者赢》的公共报告,"该报告认为在资本市场中嵌入环境、社会和治理因素具有良好的商业意义,可带来更可持续的市场和更好的社会成果"。[1]

从概念上来看,企业运作的外部性(外部效应)可以分为外部正效应(正外部性)和外部负效应(负外部性)。比如,企业致力于植树造林、节能减排等绿色、环保事业,就会产生有益于社会的正外部性;而如果企业不断产生有毒、有害的外部排放,就会产生不利于社会整体利益的负外部性。解决外部性问题的基本思路是将企业运作所产生的对社会有益的收益或由社会负担的成本,通过相应的制度安排转化为私人收益或私人成本,从而实现资源的优化配置和社会总体利益的最大化。

当市场这一"无形的手"失灵时,往往就需要政府这一"有形的手"进行必要的干预和管制。政府可以通过补贴、税收优惠等各种公共政策来激励企业从事正外部性的经济行为。比如,《中华人民共和国环境保护法》(以下简称《环境保护法》)第二十一条规定:"国家采取财政、税收、价格、政府采购等方面的政策和措施,鼓励和支持环境保护技术装备、资源综合利用和环境服务等环境保护产业的发展。"在实践中,比较典型的做法还有对清洁能源进行开发(风能、太阳能),对新能源汽车等行业进行产业政策积极引导。而对于负外部性企业行为,政府既可以用纯行政化的手段(命令型工具)加以规制,比如,为了达成污染物排放的削减指标,政府经常以行政指令的方式向其治下的企业直接下达减排任务;也可以通过对负外部性行为制定价格的方式(市场型工具)进行限制和调节,比如,征收排污费、资源税,进行排放权交易等。

与成熟市场经济体不同,我国正处在体制转型的过渡阶段,政府对市场活动有较强的干预能力,这表现在我国政府既掌握强有力的政策工具,也拥有强大的经济资源。这也意味着,一旦政府确立了具体的政策目标,就会积极有为地通过"有形的手"推进自己想要达到的目标。而当具有集中意志并且掌握大量可支配资源的政府参与到公共博弈中来,不合理的制度安排就可能会导致激励扭曲和资源错配。因此,当政府力图通过"有形的手"在市场活动中植入 ESG 的多重目标时,最具挑战性的问题就在于如何厘清"有为政府"和"有效市场"各自的逻辑边界。

---

[1] 朱慈蕴、吕成龙:《ESG 的兴起与现代公司法的能动回应》,《中外法学》2022 年第 5 期,第 1247 页。

### 三、"有为政府"推进 ESG 目标的路径检讨——以环境治理为例

ESG 目标中的"E"主要关注如何在发展经济的同时兼顾环境生态保障,实现可持续发展。对此,我国早在 1982 年年底颁布的《中华人民共和国国民经济和社会发展第六个五年计划(1981—1985)》(以下简称"六五"计划)中就开始予以特别重视。"六五"计划的第一编第一章明确将"环境保护"列为"基本任务"之一:"加强环境保护,制止环境污染的进一步发展,并使一些重点地区的环境状况有所改善。"在这个目标方向上,2005 年《国务院关于落实科学发展观加强环境保护的决定》(国发〔2005〕39 号,以下简称"国务院决定")首次将"环保绩效"纳入地方政府官员的升迁考核指标:"要把环境保护纳入领导班子和领导干部考核的重要内容,并将考核情况作为干部选拔任用和奖惩的依据之一。坚持和完善地方各级人民政府环境目标责任制,对环境保护主要任务和指标实行年度目标管理,定期进行考核,并公布考核结果。"另外,2006 年《中华人民共和国国民经济和社会发展第十一个五年规划纲要》(以下简称"十一五"规划纲要)也进一步强调"各地区要切实承担对所辖地区环境质量的责任,实行严格的环保绩效考核、环境执法责任制和责任追究制"。

与此同时,无论是"国务院决定",还是"十一五"规划纲要,都意识到要懂得利用"有效市场"来解决环境保护问题。"国务院决定"对"运用市场机制推进污染治理"提出了很多具体的设想,比如"全面实施城市污水、生活垃圾处理收费制度""对污染处理设施建设运营的用地、用电、设备折旧等实行扶持政策,并给予税收优惠""有条件的地区和单位可实行二氧化硫等排污权交易"等。"十一五"规划纲要也提出:"大力发展环保产业,建立社会化多元化环保投融资机制,运用经济手段加快污染治理市场化进程。"

近年来,"中央和各级地方政府对环境保护和节能减排进行目标管理和任务考核已经成为常态"。[①]《环境保护法》第二十六条规定:"国家实行环境保护目标责任制和考核评价制度。县级以上人民政府应当将环境保护目标完成情况纳入对本级人民政府负有环境保护监督管理职责的部门及其负责人和下级人民政府及其负责人的考核内容,作为对其考核评价的重要依据。考核结果应当向社会公开。"在环境保护目标责任制和考核评价制度的具体实施上,比较有代表性的政策文件是中共中央办公厅、国务院办公厅于 2016 年 12 月发布的《生态文明建设目标评价考核办法》,这主要是为了贯彻落实党的十八大和十八届三中、四中、五中、六中全会精神,对各省、自治区、直辖市党委和政府生态文明建设目标进行评价考核,考核办法在生态文明建设目标评价考核要求上实行党政同责。

直观来看,环保绩效考核的目标责任制无疑是推动地方各级政府在环境保护领域有所作为的有效制度安排。在环保绩效考核实施之前,地方政府官员的升迁考核主要是以地方经济的 GDP 增长数据为依据。因此,尽管自"六五"计划颁布之后,中央政府对环境保护的

---

① 王贤彬、黄亮雄:《中国环境治理绩效的微观政治基础——基于地方干部激励制度与行为的分析》,《深圳社会科学》2022 年第 1 期,第 87 页。

重视程度不断提高,但一些地方政府却始终缺乏积极作为的动力,我国的能源消耗量和主要污染物排放量始终居高不下。而一旦相应的制度安排将全国主要污染物排放总量和单位 GDP 能耗的总体控制目标以层层分解的方式落实到地方,并以此作为考核地方政府治理绩效的重要依据,地方政府的积极性就被调动了起来。[1]

当政府试图以"有形的手"对经济活动进行干预,推动实现节能减排的政策目标时,政府可以调用的政策工具主要有市场型工具和命令型工具。前者的特点是对能耗排放的负外部性进行定价,以此来内部化企业对环境造成负面影响的外部性成本;后者则动用行政权力直接干预或管制。从政府与市场尽可能保持必要距离的理论立场出发,一般认为"市场型工具是成本有效的,优于命令型工具"[2],这一论点是建立在经济学界诸多影响深远的系列研究基础上的。比如,科斯基于社会成本问题分析,认为解决污染问题的最优路径是通过市场机制来配置排污权;克罗克和戴尔斯也跟进指出,市场化的排污权交易是解决企业负外部性问题的可行方案;蒙哥马利的理论模型揭示了市场化的排污权交易比传统的"命令—控制"机制更有利于控制减排成本。[3]

不过,现实世界中的选择总是比理论推演更为复杂。在环保绩效考核的硬性指标压力之下,地方政府为了如期完成考核指标,最为普遍的做法是运用"关停并转"这样的命令型工具。从积极的角度来看,命令型工具对于达成节能减排的总体性目标无疑是有一定成效的,并且也能在一定程度上以压力传导促使企业进行技术升级或转型等绿色创新。尽管如此,政府如果过度依赖命令型工具,其造成激励扭曲和资源错配的风险也是值得警惕的。

其一,政府未必能够充分自觉地以符合公共利益的方式对外部性问题进行适当干预,出现在消极不作为和矫枉过正两个极端之间摇摆不定的现象。周雪光对环保绩效考核的实证研究表明,在过去,中心权威经常行使着"随意干涉"的权力,"体现在时常发生的自上而下大张旗鼓地整顿和运动等情形中"。[4] 在这个过程中,往往既有"层层加码"的现象,也有制度化了的非正式的"共谋"行为来应对上级的政策指令(即所谓"上有政策、下有对策")。[5]

其二,即便政府在主观上是尽责的,但政府也未必具有完全的理性和充分的信息,这就导致政府的干预和管制未必能够有效实现资源配置的帕累托最优。抱有良好愿望的政府在介入市场的过程中,经常表现得像一头闯入瓷器店的公牛。

其三,政府的干预和管制是需要投入成本的,由于政府只具有有限理性,也不掌握完全

① 刘磊、万紫千红:《中央环保绩效考核对地方二氧化硫排放量的影响:基于"十一五"与"十二五"时期的检验》,《中国环境管理》2019 年第 4 期,第 115 页。
② 王班班、齐绍洲:《市场型和命令型政策工具的节能减排技术创新效应——基于中国工业行业专利数据的实证》,《中国工业经济》2016 年第 6 期,第 93 页。
③ 涂正革、谌仁俊:《排污权交易机制在中国能否实现波特效应?》,《经济研究》2015 年第 7 期,第 161 页。
④ 周雪光:《中国政府的治理模式:一个"控制权"理论》,《社会学研究》2012 年第 5 期,第 70 页。
⑤ 周雪光:《基层政府间的"共谋现象"——一个政府行为的制度逻辑》,《社会学研究》2008 年第 6 期,第 1 页。

信息,政府的成本投入未必能够产生最佳收益。比如,在政府强制干预下,企业往往容易满足于环保"达标",即环保投入引致的补偿收益趋同于环保不达标所导致的强制性惩罚成本;或者是随着环保目标责任制实施的不断推进,部分发达地区的地方政府也辅以一些激励型环境规制政策。最常见的做法是针对技术创新的税收减免和补贴,由于政府只能以企业释放出来的某种信号作为判断依据,追求利润最大化的企业就可能采取一些投机取巧的策略。[①] 例如,在新能源汽车补贴政策实施早期,不少企业的做法是在老旧车型上简单粗暴地加装一个电池包,然后就可以打着推广新能源车的旗帜,用这种低水平的技术拼凑来获取政府补贴。

其四,政府的干预和管制还不可避免出现权力寻租的问题,这反而会扭曲资源配置的市场机制。

其五,就 ESG 的多重目标而言,政府在特定目标考核的压力下很可能会因为"一俊遮百丑"的晕轮效应而不合理地分配注意力和相应的资源投入。

总而言之,政府的积极干预固然能达成短期的政策目标,但长远来看,解决市场问题终究无法绕开市场机制。正如有学者指出的,"政府有为是对资源调配、政策配套、目标实现三者合一的有为,其判断标准是尊重市场规律、维护经济秩序、有效调配资源"。[②] 在功能分化的现代社会,这实际上是通过社会各大功能子系统之间的结构耦合机制来实现的。

## 四、结构耦合视角下 ESG 实践的选择分化路径

从社会演化的角度来看,去中心化的现代社会是通过功能分化的子系统来展开运作的。社会系统在组织方式上"分出政治、经济、法律、宗教、科学、教育、体育、大众传媒等地位平等、功能不等的诸功能系统"。[③] 在去中心化的功能分化背景下,每个社会子系统均通过相互分离并且自主运作的二值代码实现特定功能。[④] 比如,政治系统的功能是生产出"有集体约束力的决定"[⑤],其展开自主运作的二值代码是"有权/无权";法律系统的功能是稳定一般化社会期望,以"合法/非法"的二值代码作为内部沟通机制;经济系统则以"支付/不支付"的符码沟通来实现资源的优化配置问题;等等。

在功能分化的社会运作中,社会功能子系统根据自主的二值代码识别自己所能处理的沟通,划定系统的边界,所有不能为该系统的二值代码所识别的沟通及相关信息就会被系

① 陶锋、赵锦瑜、周浩:《环境规制实现了绿色技术创新的"增量提质"吗——来自环保目标责任制的证据》,《中国工业经济》2021 年第 2 期,第 139 页。

② 张琳琳等:《有为政府与有效市场协同的城市绿色技术创新实现路径——以山东省 16 地市 QCA 分析为例》,《科技管理研究》2023 年第 9 期,第 207 页。

③ 陆宇峰:《系统论宪法学新思维的七个命题》,《中国法学》2019 年第 1 期,第 85 页。

④ 陆宇峰:《功能分化与风险时代的来临》,《文化纵横》2012 年第 5 期,第 69 页。

⑤ 陆宇峰:《"自创生"系统论法学:一种理解现代法律的新思路》,《政法论坛》2014 年第 4 期,第 157 页。

统排除在边界之外,构成了系统的环境。① 系统与系统之间是以互为系统与环境的关系模式发生关联的。系统既能凭借特定符码区划的划界功能始终保持与环境的区分,又能在一定限度内对来自环境的激扰做出反应,按照自身特有的二值代码从无穷的信息中加以选择(现实化),并转译为自身的符码进行沟通。② 这就使得功能分化的诸系统之间能够以结构耦合的方式回应外部社会环境的变迁,协同参与社会的发展演化过程。

不难看出,ESG 理念所揭示的其实正是社会系统既发生功能分化又存在结构耦合的运作特质。功能分化意味着社会各大子系统分别拥有自主的价值沟通。比如,经济系统在市场运作层面以逐利作为首要取向;生态系统看重的是绿色与可持续发展;社会伦理系统则强调以人为本;等等。相应地,结构耦合并不是以某种终极性价值去否定或是替代社会功能子系统的自主价值沟通,而是以系统对外部环境激扰的选择性回应实现共同演化。③ 从企业 ESG 的实践来看,这就涉及两大基础性问题:其一,系统的外部环境是如何引发激扰的;其二,系统又是如何对激扰做出回应的。

### (一)环境激扰的发生机制

如前所述,结构耦合处理的是系统与环境的关系,环境对于系统的作用仅仅在于引发激扰。这种激扰既可能是两个系统在互为环境、保持认知开放的过程中彼此激扰,在某个相互对应、共同敏感的共振点上发生结构耦合;也可能是两个系统之间的结构耦合给第三个功能子系统带来一定影响。④

#### 1. 结构耦合的直接形式

以企业 ESG 理念对市场主体提出的伦理要求为例。在功能分化社会,经济和道德就是两个各有其自主价值沟通的社会子系统。经济系统的功能是实现资源的优化配置,而道德系统的功能则在于保证做人的底线。在经济和道德互为环境并保持认知开放的社会运作中,逐利的经济系统也会感知到来自道德评判的压力,但经济系统不会使用"道德/不道德"的二值代码展开运作。这就正如一部电视剧台词所表达的那样:两根金条摆在你面前,你告诉我哪根是道德的,哪根是不道德的? 反之,道德系统也会演化出一系列沟通策略来抵制经济逻辑的腐蚀。比如,中国社会自古就强调"义利之辨",道德沟通会自觉地排除不道德的利益诱惑,正所谓"君子爱财,取之有道"。不过,经济和道德也并不是永不交集的"平行世界"。事实上,道德资本对于追求利益的经济系统来说也是某种具有稀缺性的社会资源。这就使得经济与道德也会有相互对应、共同敏感的共振点——市场声誉。通过市场声誉的结构耦合,逐利的经济系统会与道德系统相互激扰,不断以选择分化的方式,确立自身

---

① 杨翠:《地方政府合作中政治与法律结构耦合的生成——基于社会系统论的视角》,《西南石油大学学报(社会科学版)》2022 年第 4 期,第 97 页。
② 鲁楠、陆宇峰:《卢曼社会系统论视野中的法律自治》,《清华法学》2008 年第 2 期,第 55 页。
③ 陈洪杰:《分化的正义:企业 ESG 的系统演化路径》,《深圳社会科学》2024 年第 1 期,第 69 页。
④ 鲁楠:《结构耦合:一种法律关系论的新视角》,《荆楚法学》2022 年第 3 期,第 93 页。

的道德边界。在企业 ESG 的实践中,市场声誉机制也是企业按照一般性的外部预期履行社会责任的重要制度保证。

2. 结构耦合的衍生方式

从系统与人的关系视角来看,所有的社会系统都是在"人心"这个信息黑箱的环境中展开运作,全社会系统与心理系统之间的相互激扰,就具体表现为各个社会功能子系统与心理系统的结构耦合。比如,在生态风险日益严峻,并且权利意识日渐凸显的现代社会,人们越来越倾向于通过生态权利、代际平等权这样的主观权利来提出自身的主张,并力图将之纳入客观法的效力体系。在这里,承认或赋予主观权利以客观法效力作为一种法律构造,就体现了法律系统作为全社会系统的功能子系统与心理系统之间的结构耦合关系。[①] 而这种获得客观法效力的主观权利还会继续对政治、经济等其他功能子系统产生影响。在法律发展史上,正是主观权利体系的延伸、拓展,造成了社会权对自由权的修正,诸如 ESG 实践这样的社会经济现象正是自由市场经济体制面对激扰和冲击发生结构耦合的产物。

### (二)系统对环境激扰的回应机制

结构耦合具有双重表现形式:一方面,系统通过结构耦合增强了对外部环境特定激扰的感知能力;另一方面,对特定信息敏感的系统也相应表现出对其他外部环境信息的漠然。也就是说,结构耦合是系统对外部环境信息的激扰进行"限缩"处理,并做出选择性回应的一种信息沟通和共振机制。通过"结构耦合"与"激扰"互为条件的社会演化形式,系统在面对外部环境无尽的复杂性时,能够发展出一些相互敏感的信息事件和共享结构,"使系统得以在屏蔽大量环境事件的同时,聚焦另一系统的特定变动,从而提升了'共振'能力"。[②]

比如,当经济系统面对 ESG 的多重价值目标等外部环境压力,其对产生激扰的信息进行涵括或排除时,最具认知敏感度的信息节点必然是追求 ESG 目标的经济效应问题。这就使得责任投资成为经济系统与其他追求多元价值目标的社会功能子系统发生结构耦合的共振点。责任投资作为一种投资选择,有别于传统资本市场仅仅关注财务绩效的投资策略,而是将投资者自身的主观价值取向也纳入投资考量。早期的责任投资主要考虑道德、伦理等价值维度,将不符合道德要求的市场行业(比如烟草、博彩、军火)排除出投资范围。而当前的责任投资则进一步将企业的社会和环境影响等多元因素纳入评价体系,关注企业治理的透明度和可问责性。这些投资导向经过整合、演化,就形成了当前的 ESG 投资理念。[③]

值得注意的是,在责任投资这个经济系统与外部环境发生结构耦合的共振点上,经济系统如何实现社会责任和可持续发展目标其实并不取决于外部环境的诉求与激扰,而是始终取决于系统自身。在经济沟通的内在维度,ESG 投资的实践效果也经常表现出相互背离

---

① 鲁楠:《结构耦合:一种法律关系论的新视角》,《荆楚法学》2022 年第 3 期,第 95 页。
② 陆宇峰:《"自创生"系统论法学:一种理解现代法律的新思路》,《政法论坛》2014 年第 4 期,第 165 页。
③ 周宏春:《ESG 内涵演进、国际推动与我国发展的建议》,《金融理论探索》2023 年第 5 期,第 7 页。

的偶在性。

一方面,随着 ESG 理念逐渐深入人心,相应的 ESG 投资大规模兴起,企业的 ESG 表现确实可以带来良好的经济效应。比如,有研究表明,上市公司的 ESG 表现与融资成本之间呈现显著相关性,ESG 表现良好的上市公司,其融资成本就会明显降低;[1]良好的 ESG 表现不仅有助于公司吸引机构投资者,降低融资成本,而且能降低上市公司跨境投资的成本,使其更好地融入国际市场;[2]从社会资本理论视角来看,良好的 ESG 表现,除了有助于企业提高获取金融资源的能力,还能帮助其获得监管部门及政府的信任和支持,这有助于企业积累社会资本,降低风险敞口。[3] 积极地看,大量研究表明,企业 ESG 投资可以利用道德资本向市场传递优质信号[4],ESG 表现对于创造企业长期价值确实有值得重视的正面作用[5]。

另一方面,在企业财务资源总体有限的前提下,将有限的财务资源投入并不直接产生经济收益的环保、社会和治理责任领域,至少从短期来看,是不利于企业财务绩效的。而即便从长期来看,ESG 投资作为一种市场行为,无疑也要面对供需波动等各种市场风险。ESG 投资具有投资期限长、沉没成本高、收益不确定和不可逆等特点,当经济面临下行压力时,企业更是需要把重心放在生存问题上。[6] 在市场反应上,企业的 ESG 决策经常面临冰火两重天的争议局面:确实有很多人认为企业应当着眼长远,追求更好地成长方式;但也有不少人认为,公众公司不应当"越俎代庖",代替股东做这种选择。企业唯一的社会责任就是给股东增加利润,而股东则可以采取意思自治原则,运用这些利润追求他们选择的社会目标。公司决策者不应当自作主张地将他们认为的更好、更长远的社会目标置于利润之前,否则就是对股东权利的不当侵害。在充分市场化的国家,推动 ESG 和反 ESG 成为并行不悖的市场浪潮。相应地,"漂绿"行为也成为不少企业有意为之的生存策略。

## 五、"多声部的合唱":从总体控制到分化整合

如前所述,基于功能分化,每个社会功能子系统都有其自成一体的时间进程和运行节奏,结构耦合既非两个系统之间的简单叠加,也不是完全一致的同步运作,也更无法使某一种结构同时发挥两个系统的功能,而是在各具自主性和差异性的系统之间形成共振。[7] 这

---

① 邱牧远、殷红:《生态文明建设背景下企业 ESG 表现与融资成本》,《数量经济技术经济研究》2019 年第 3 期,第 110 页。

② 谢红军、吕雪:《负责任的国际投资:ESG 与中国 OFDI》,《经济研究》2022 年第 3 期,第 89 页。

③ 谭劲松、黄仁玉、张京心:《ESG 表现与企业风险——基于资源获取视角的解释》,《管理科学》2022 年第 5 期,第 5 页。

④ 李国栋、蓝发钦、国文婷:《逆风而行还是顺势而为?——不确定性与企业 ESG 投资》,《华东经济管理》2024 年第 3 期,第 85 页。

⑤ 伊凌雪、蒋艺翅、姚树洁:《企业 ESG 实践的价值创造效应研究——基于外部压力视角的检验》,《南方经济》2022 年第 10 期,第 95 页。

⑥ 李国栋、蓝发钦、国文婷:《逆风而行还是顺势而为?——不确定性与企业 ESG 投资》,《华东经济管理》2024 年第 3 期,第 89 页。

⑦ 鲁楠:《结构耦合:一种法律关系论的新视角》,《荆楚法学》2022 年第 3 期,第 99 页。

就像一场多声部协作的交响音乐会,参与演出的各个声部都拥有自己的乐章和旋律,乐团的指挥通过控制节奏进行时间调节,形成"多声部的合唱"。[①] 在众声喧哗的社会交响乐中,政治系统负责生产有集体约束力的决定,这就像权威的乐团指挥打出节奏,约束各个声部的时间期待。在政治的指挥棒下,立法在某种程度上扮演着节奏器的功能,通过立法,一个政治决定转化为法律规范,这就通过政治与法律的结构耦合形成了把握节奏、控制期待的时间约束,"从而使得各有其时间观念和运行节奏的社会功能子系统也能够以共时性的方式共同参与回应层出不穷的各种社会问题"。[②]

在"多声部的合唱"这个比喻中,"指挥、节奏与各声部的旋律之间皆属于不同的沟通,彼此不可通约"。[③] 也就是说,政治的指挥棒并不能取代市场声部的旋律,前者之于后者亦只是来自外部环境的激扰,政治和经济只能以结构耦合的形式发生共振,无法以完全一致的时间和节奏实现"同步化"。这也意味着,政治的指挥棒通过目标责任制进行总体控制的行政干预模式,在解决经济外部性问题上既可能是高效的制度安排,也可能是低效的制度安排,这取决于实施干预的成本收益核算。[④]对此,"新古典经济学认为环境规制虽然能为环境保护带来立竿见影的效果,但无法避免额外增加企业生产成本,降低企业国际竞争力,对经济增长产生负面影响"。[⑤] 而就我国的实际情况而言,实证研究发现,通过环保责任制进行环境规制所使用的命令型工具主要是以国有企业作为重要的政策传导渠道("十一五"规划纲要实施以来,国家将节能减排目标层层分解,纳入国有企业的绩效考核,这是保障我国节能减排政策效果的关键所在),但一些国有企业始终存在生产效率不及非国有企业的问题。[⑥] 并且由于政府对于企业运行决策存在严重的信息不对称,其在政策实施上往往带有"一刀切"的特质,这虽然具有较强的减排效应,但在客观上会因为资源错配而导致企业经济效益下滑。[⑦] 另有研究发现,"环保目标责任制显著地促进了绿色专利申请数量的增加,但在一定程度上对绿色创新活动的质量造成负面影响"。[⑧] 这也能在一定程度上说明,旨在实施总体控制的环保目标责任制,以及其所使用的命令型工具未必是解决经济外部性的最优政策工具。

在解决经济外部性问题上,市场化理论尝试通过重新阐释外部性问题的因果链,并在此基础上提出新的问题解决思路:"经济外部性并非市场机制的必然结果,而是由于产权没

① 鲁楠、陆宇峰:《卢曼社会系统论视野中的法律自治》,《清华法学》2008 年第 2 期,第 55 页。
② 陈洪杰:《分化的正义:企业 ESG 的系统演化路径》,《深圳社会科学》2024 年第 1 期,第 72 页。
③ 鲁楠、陆宇峰:《卢曼社会系统论视野中的法律自治》,《清华法学》2008 年第 2 期,第 58 页。
④ 黄世忠:《支撑 ESG 的三大理论支柱》,《财会月刊》2021 年第 19 期,第 4 页。
⑤ 涂正革、谌仁俊:《排污权交易机制在中国能否实现波特效应?》,《经济研究》2015 年第 7 期,第 169 页。
⑥ 王班班、齐绍洲:《市场型和命令型政策工具的节能减排技术创新效应——基于中国工业行业专利数据的实证》,《中国工业经济》2016 年第 6 期,第 101 页。
⑦ 涂正革、金典、张文怡:《高污染工业企业减排:"威逼"还是"利诱"?——基于两控区与二氧化硫排放权交易政策的评估》,《中国地质大学学报(社会科学版)》2021 年第 3 期,第 92 页。
⑧ 陶锋、赵锦瑜、周浩:《环境规制实现了绿色技术创新的"增量提质"吗——来自环保目标责任制的证据》,《中国工业经济》2021 年第 2 期,第 149 页。

有界定清晰。只要产权明晰,经济外部性问题就可以通过当事人之间签订契约或自愿协商予以解决。"①我国的政策制定者同样也在尝试使用市场型工具来推进相应的政策目标,比如以排放权交易来实现二氧化硫、化学需氧量等主要污染物和二氧化碳等温室气体的减排目标。但总体上说,我国的排放权交易体系还存在市场效率不高的问题。有研究者发现:"市场型工具的效果类似于在能源价格的基础上形成一个外生加价,因此,能源价格的市场化是市场型工具有效传导的条件。对企业能源采购价格的保护和干预则会扭曲价格信号。例如,由于电力行业在保障生产和民生方面的特殊性,其在很长一段时间面对不同程度的能源价格保护。因此,市场型工具形成的碳价格对电力行业的诱发技术进步效应可能非常有限。"②这一发现也充分印证了结构耦合的双重特性,"它使系统对来自外部环境的特定激扰保持敏感,同时又对其他形式的激扰保持漠然"。③

另外,企业参与排放权交易体系的交易成本分配问题,政府对排污量监管是否到位,相关行业的成本转嫁能力(垄断行业与充分竞争行业),以及如何"增加高效率生产者在不寻求技术创新下不参与交易的机会成本"④等因素,都深刻影响着企业所面临的选择激励。而当政治的指挥棒试图带动"多声部的合唱"的节奏时,必须充分注意到结构耦合具有既敏感又漠然的双重特质,以及不同社会功能子系统之间进行结构耦合各具差异性的共振点。具言之,政治与经济的结构耦合是税收,政治和法律的结构耦合是立法,而经济与法律的结构耦合是所有权和契约。与此同时,两个系统之间的结构耦合则会给第三个功能子系统带来一定影响。比如,契约作为经济与法律系统结构耦合的机制,事实上透过法律效力衔接着私人意志与政治强制。⑤这也意味着,当社会体制尝试运用政治、法律、经济的多重手段推进 ESG 的多重目标时,必须在系统之间对各自的敏感和漠然进行调适,提供选择激励,在差异化的结构耦合机制中实现分化整合。这一点正如既有的实证研究所发现的那样,"市场型工具有效传导的条件是能源价格市场化,而命令型工具很可能通过国有企业考核来保证政策执行效果"。⑥研究者还发现,由于非国有企业对排污权市场价格信号更敏感,"ETP(即排污权交易)政策对污染企业中非国企样本的绿色创新活动诱发效应优于国企样本"。⑦而从系统之间发生结构耦合的或然性角度来看,在资源配置中获得更多政策倾斜和地位保障的国有企业正是因为对"讲政治"的敏感,从而导致其对竞争环境的不敏感。就此而言,

①　黄世忠:《支撑 ESG 的三大理论支柱》,《财会月刊》2021 年第 19 期,第 8 页。
②　王班班、齐绍洲:《市场型和命令型政策工具的节能减排技术创新效应——基于中国工业行业专利数据的实证》,《中国工业经济》2016 年第 6 期,第 102 页。
③　鲁楠:《结构耦合:一种法律关系论的新视角》,《荆楚法学》2022 年第 3 期,第 97 页。
④　涂正革、谌仁俊:《排污权交易机制在中国能否实现波特效应?》,《经济研究》2015 年第 7 期,第 170 页。
⑤　鲁楠:《结构耦合:一种法律关系论的新视角》,《荆楚法学》2022 年第 3 期,第 98 页。
⑥　王班班、齐绍洲:《市场型和命令型政策工具的节能减排技术创新效应——基于中国工业行业专利数据的实证》,《中国工业经济》2016 年第 6 期,第 105 页。
⑦　齐绍洲、林屾、崔静波:《环境权益交易市场能否诱发绿色创新?——基于我国上市公司绿色专利数据的证据》,《经济研究》2018 年第 12 期,第 135 页。

"有为政府"有必要以国企改革为抓手,深化经济体制改革,有步骤地开放市场化平等竞争,使政策工具带来的成本压力或经济激励能够更加有效地作用于市场主体,形成"有为政府"与"有效市场"协同推进的"多声部的合唱"。

## 六、结语

在结构耦合视角下,经济系统对外部环境激扰的回应是以偶联的方式发生共振,在 ESG 目标压力下,"泛绿""反绿""漂绿"都是企业在市场逻辑驱动下发生选择分化的正常现象。以此观之,对于我国所追求的 ESG 目标而言,最为关键的问题即在于恰当界定企业 ESG 决策的行为边界和选择激励,而更为深层次的挑战则在于如何通过市场选择分化和结构耦合的共振机制,优化政府和市场的协同互动。

按照主流理论分析框架,面对权利冲突和负外部性,存在六种可能的路径选择:"无为而治""自发规范""市场化机制""计划体制""政府管制""法律界权"。在不同的决策视角下,基于不同的决策变量,为了达成预期的制度目标,"就需考量不同机制各自的机会成本,并从中选择出机会成本较低的一种方案或组合方案"。① 从我国的实际情况来看,"有为政府"是"有效市场"展开运作不可忽视的结构性背景,"有为政府"的优势是可以聚焦一个特定目标,"集中力量办大事"。但当"有为政府"面对多重目标时,其在资源配置上就未必是有效率的,甚至还可能因为政府权力不受限制,而产生政府干预市场的负外部性。从结构耦合的角度来看,为了实现 ESG 的多重目标,在制度安排上还要尽可能消除政府行为的负外部性。

其一,要加强"法治界权"。因为政府的积极作为很容易破坏长期市场博弈形成的均衡状态,必须以规范选择机制来约束政府行使权力的边界,保证政府决策行为必须停留在某种规范选择空间之内。

其二,公共产品的供给模式要由政府供给的单一模式向多元化模式转化。由于政府行为的负外部性主要出现在公共产品的供给领域,为了约束这种负外部性,可以将市场化的中介力量作为替代性的公共产品供给者。这一方面可以与政府形成功能上的竞争互补,优化政府职能;另一方面也可以缩小政府干预微观经济的制度边界。②

其三,重视正式制度与非正式制度,以及正式制度的非正式运作之间的关系互动问题。在充分博弈的选择分化过程中,厘清因为政府权力介入市场活动而形成的自然边界。

---

① 艾佳慧:《科斯定理还是波斯纳定理:法律经济学基础理论的混乱与澄清》,《法制与社会发展》2019 年第 1 期,第 125 页。

② 蔡彤:《公共物品供给模式选择与政府行为负外部性的防范》,《经济管理》2005 年第 16 期,第 93 页。

# 第四讲　ESG 的兴起与现代公司法的能动回应[†]

朱慈蕴[*]　吕成龙[*]

## 一、引言

"这是一个普通的城市的早晨,这个人是你、是我、是我们。通常情况下,我们对身边的公司浑然不觉,因为一切都已经像呼吸那样自然。但是,一旦没有了空气,我们就会知道,真空中是无法生存的。"2010 年,任学安执导的大型纪录片《公司的力量》如此说道,生动而精辟地概括了公司在当今世界经济社会中的角色作用。至 2020 年,我国共有各类企业 2 505 余万家,其中,有限责任公司超过 155.7 万家,股份有限公司超过 11 万家。[①] 伴随着 1993 年《公司法》通过与后续修订,我国公司制度的现代化与国际化水平不断提高,不仅有效降低了国际贸易与投融资的交易成本,而且有利于博采众长以促进公司经济社会功能的发挥,这是我国公司制度不断成功的重要经验。目前,世界主要市场都已关注到"环境、社会和公司治理"(Environmental,Social and Governance,ESG)问题[②],关注到公司可持续战略发展的重要价值并积极以 ESG 为抓手来推动公司发展的理念与机制变革。在此宏观背景下,我们有充足的理由持续推动公司制度的现代化转型,将 ESG 嵌入具体的公司法律规范,为我国的可持续发展与建立人类命运共同体提供制度支撑。

### 二、ESG 的兴起与公司可持续发展的制度机制具有内在契合性

公司是最有利于经济可持续发展的组织架构,是人类社会的一项伟大发明。公司本身

[†]　朱慈蕴、吕成龙:《ESG 的兴起与现代公司法的能动回应》,《中外法学》2022 年第 34 卷 05 期,第 1241—1259 页。

[*]　朱慈蕴,深圳大学法学院特聘教授;吕成龙,深圳大学法学院长聘副教授。本文系国家社会科学基金项目"证券监管介入上市公司治理的体系性构造研究"(项目编号:21cfx077)的研究成果。

[①]　参见《中国统计年鉴 2021》,载国家统计局网站,http://www. stats. gov. cn/tjsj/ndsj/2021/indexch. htm,最后访问日期:2022 年 8 月 10 日。

[②]　"E"关注公司的环境影响或者可持续发展政策;"S"涉及其他重要的社会问题,例如,多样性和包容性、向雇员支付合理的生活工资、反对歧视及公共卫生问题;"G"指的是公司治理的方法,包括设立独立董事、改善对公司运营的监督、负责任的招聘和晋升做法及公司实现包容性和多样性的方法等。Thomas Lee Hazen. Social Issues in the Spotlight:The Increasing Need to Improve Publicly-Held Companies' CSR and ESG Disclosures,*University of Pennsylvania Journal of Business Law*,Vol. 23,No. 3,2021,pp. 745—746.

的制度架构已经蕴含了可永续的内在机制,契合人类经济社会可持续发展的美好愿景。公司的诞生及发展史折射了人类追求经济可持续发展目标的发展历程,我们将其分为三个阶段。

### (一)"有限责任"拉开公司可持续发展的历史帷幕

"有限责任"是公司走向可持续发展的历史起点。17 世纪时,英国王室开始将有限责任纳入其特许状[①],有限责任成为王权所赋予的特权,英国东印度公司借此走上历史舞台。在欧洲大陆,为缓解荷兰各个贸易公司之间的竞争,在约翰·范·奥尔登巴内费尔特(Johan van Oldenbarnevelt)的斡旋下,荷兰东印度公司成立并成为世界首家股份制公司。与此前各类商业组织不同的是,该公司不再是"一次性"公司,出资时间以 10 年为一期且不得擅自撤资,再加之其采取有限责任制度,使之持续经营约 200 年之久。[②] 殖民背景令其臭名昭著,不过,东印度公司显示出的公司这种商业组织的典型特征不容忽视——有限责任与股份制由此成为商法史上的重大转折。[③] 此时公司形式并非现代意义上的公司,不仅有限责任的获得需政府特许,而且公司同时代表国家权力。在新大陆的美国,随着工业革命的深入及商业发展,直至 19 世纪上半叶,政府角色才开始从商业公司中逐渐退出。[④] 纵观全球公司的发展历史,有限责任作为缔约工具和融资手段有毋庸置疑的价值[⑤],有力地促进了公众开设公司及投资公司的热情,由此所推动的资本聚集更是促进了公司的规模和持续发展,否则以拥有众多小股东为特征的公众公司根本不可能存在[⑥],无怪乎有观点提出公司有限责任是超过蒸汽机与电力的最伟大发明。[⑦]

值得一提的是,有限责任在很大程度上强调对股东利益的彰显和维护,在有限责任的激励下兴办公司与投资蓬勃发展,"股东至上"(Shareholder Primacy)甚至变成了唯一的"正确"。例如,在 1905 年极具争议的 Lochner v. New York 案中[⑧],裁判焦点落在纽约州立法要求面包师每周工作至多 60 小时的规定是否合法,最终,法院认为对商业组织权力的任何此类限制都是对自由利益的侵犯[⑨],此案折射出彼时法院对于公众利益保护的态度。从理

---

① (美)斯蒂芬·M. 班布里奇、(美)M. 托德·亨德森:《有限责任:法律与经济分析》,李诗鸿译,上海人民出版社 2019 年版,第 35 页。

② (日)浅田实:《东印度公司:巨额商业资本之兴衰》,顾姗姗译,社会科学文献出版社 2016 年版,第 11—12 页。

③ (意)F. 卡尔卡诺:《商法史》,贾婉婷译,商务印书馆 2017 年版,第 67—71 页。

④ (英)约翰·米克尔思韦特、(英)阿德里安·伍尔德里奇:《公司简史》,朱元庆译,北京大学出版社 2021 年版,第 70—71 页。

⑤ (美)莱纳·克拉克曼、(美)亨利·汉斯曼等:《公司法剖析:比较与功能的视角》(第 2 版),罗培新译,北京大学出版社 2012 年版,第 9—11 页。

⑥ Henry G. Manne. Our Two Corporate Systems: Law and Economics, *Virginia Law Review*, VoL. 53, No. 2, 1967, p. 262.

⑦ Roger E. Meiners, James S. Mofsky and Robert D. ToLLison. Piercing the Veil of Limited LiabiLity, *DeLaware JournaL of Corporate Law*, VoL. 4, No. 2, 1979, p. 351.

⑧ Lochner v. New York, 198 U. S. 45 (1905).

⑨ Kent Greenfield, Corporations Are People Too (And They Should Act Like It), *New Haven: Yale University Press*, 2018, pp. 31—33.

论上来看,"股东至上"被认为是最有效的经营原则,理由是股东是公司的剩余索取权人,股东价值最大化具有企业价值最大化的效果。[1] 1919 年美国著名的 dodgev. ford 案,直接反映了法院对股东至上的明确倾向,法院最后判决认为公司的主要目的在于实现股东利益,而如果将股东利益放置于附带性地位,则是一种权力的滥用行为。[2] 总体而言,直至 20 世纪初,有限责任更多地与股东利益相联结并由此引致了诸多社会问题。

**(二)"两权分离"为公司可持续发展开拓了空间**

公司所有权与控制权的"两权分离",为公司可持续发展拓展了发展空间和注入了持续活力,成为公司可持续发展的重要历史节点。阿道夫·A. 伯利(Adolf A. Berle)和加德纳·C. 米恩斯(Gardiner C. Means)在 1932 年《现代公司与私有财产》经典著作中,提出美国公司制度特点是所有权和控制权相分离的经典论断,认为公司已经由职业经理人的"控制者集团"所控制。尽管此后有不少研究显示其存有偏颇之处,但从"两权分离"的经济动因来看,本身反映了公司可持续发展的内在需要。

20 世纪 20 年代是美国经济非常繁荣的十年,在 1925 年至 1929 年期间,普通股的市值增长了 120%。[3] 充满生命力的股份发行与有限责任不断激励着社会资本聚合。在公司经营业务的日益专业、复杂与细分的过程中,社会公众股东已经无法有效参与公司管理及做出科学决策,而此时,专业职业管理人的崛起有效缓释了经营规模与专业提升所带来的难题,这种由层级分明的受薪管理者所塑造的实践,被小阿尔弗雷德·D. 钱德勒(Alfred D. Chandler,Jr.)认为是现代公司的重要特征。[4] 但由此一来,如何降低代理成本成为此阶段公司治理的关键问题。可以说,公司经营的专门化和专业化越来越转向与人的要素之能动性的结合,利益共享而非"股东至上"越来越成为共识,对公司普通员工的积极性调动也越来越被关注。现代评论家不再完全接受股东是公司唯一剩余索取权人的观点[5],因为股东不再被视为唯一向公众公司提供必要、专门投入的群体。[6] 在美国司法界,dodgev. ford 案后,不少法院毅然抛弃了此前观点,允许将公司资源用于公益、人道主义、教育或慈善目的,无需证明股东会直接受益。[7] 客观而论,此前密歇根州法院对该案的裁判也没有抓住问题

---

① Jill E. Fisch and Steven David off Solomon. Should Corporations Have a Purpose? *Texas law Review*,Vol. 99,No. 7,2021,p. 1319.

② Dodge v. Ford Motor Co. ,204 Mich. 459,170 N. W. 668 (1919).

③ (美)小哈罗德·比尔曼:《1929 年大迷思:应该吸取的教训》,沈国华译,上海财经大学出版社 2017 年版,第 20—21 页。

④ Alfred D. Chandler,Jr. The Visible Hand:The Managerial Revolutionin American Business,*Cambridge:Belknap Press*,1993,pp. 1—2.

⑤ Amir N. Licht. The Maximands of Corporate Governance:A Theory of Values and Cognitive Style,*Delaware Journal of Corporatelaw*,Vol. 29,No. 3,2004,pp. 652—653.

⑥ Margaret M. Blair and Lynn A. Stout. A Team Production Theory of Corporatelaw,*Journal of Corporationlaw*,Vol. 24,No. 4,1999,p. 753.

⑦ (美)克里斯多夫·M. 布鲁纳:《普通法世界的公司治理:股东权力的政治基础》,林少伟译,法律出版社 2016 年版,第 43 页。

的本质,未对公司决策到底是为了维护谁的利益进行清晰论述,因为公司决策所考虑的并不仅是股东的利益,而是"公司的最佳利益"。[①] 随着两权分离的不断演进,不仅有管理层之信义义务的深化,企业社会责任(Corporate Social Responsibility,CSR)的概念也开始萌芽[②],并在 20 世纪 50 年代被正式提出。[③] 除公司股东之外的员工、消费者、债权人、供应商等各类利益相关者得到了更多关注。

### (三)ESG 成为公司可持续发展的新方向

从 CSR 到 ESG,通过对公司经营发展与治理制度提出高标准、新要求,ESG 为公司可持续发展开创了新的演进方向。在 ESG 被正式提出之前,联合国全球契约组织、全球报告倡议组织等国际机构早已以不同形式探索了公司经营发展与社会责任、可持续发展之间的关系。[④] 2004 年,ESG 一词在具有里程碑意义的报告《在乎者赢》(Who Cares Wins)中正式提出[⑤],该报告认为在资本市场中嵌入环境、社会和治理因素具有良好的商业意义,可带来更可持续的市场和更好的社会成果。此后,联合国支持成立了负责任投资原则组织(Principles for Responsible Investment,PRI),推动将 ESG 纳入投资决策。目前,已有超过 60 个国家及国际组织关注到公司经营活动对环境与社会的重要影响,包括经济合作与发展组织、二十国集团、国际证券事务监察委员会组织、国际标准化组织等,都将如何借助非财务报告来对企业环境和社会风险的评估、促进全球可持续发展作为重要议题。[⑥] 在此,我们要特别强调,ESG 与公司社会责任虽然在内容上有重合性,但其对公司可持续性发展的价值意义更为重大,主要表现在四个方面:

第一,ESG 相较于公司社会责任而言,内容更加丰富。从富时罗素(FTSE Russell)、明晟指数(MSCI)、路孚特(Refinitiv)等国际知名 ESG 评价机构的指标体系来看,其 ESG 评价的内涵远远超过公司社会责任。富时罗素 ESG 评价内容涵括 14 个方面,包括生物多样性、气候变化、污染与资源、环境供应链、水资源安全、消费者责任、健康与安全、人权与社区、劳工标准、社会供应链、反腐败、公司治理、风险管理、税收透明度;[⑦]明晟指数一级因素

---

① 楼秋然:《股东至上主义批判:兼论控制权分享型公司法的构建》,社会科学文献出版社 2020 年版,第 107—108 页。

② 王保树:《公司社会责任对公司法理论的影响》,《法学研究》2010 年第 3 期,第 82—83 页。

③ 沈洪涛、沈艺峰:《公司社会责任思想:起源与演变》,上海人民出版社 2007 年版,第 50 页。

④ 对环境负责经济体联盟(CERES)与联合国环境规划署在 1997 年发起了全球报告倡议组织(Global Reporting Initiative),其在 2000 年发布了首个全球可持续发展报告框架。2000 年,联合国全球契约组织(United Nations Global Compact)成立,是世界上最大的推进企业可持续发展的国际组织。

⑤ The Global Compact,*Who Cares Wins-Connecting Financial Marketstoa Changing World*,June 2004.

⑥ Virginia Harper Ho and Stephen Kim Park. ESG Disclosure in Comparative Perspective:Optimizing Private Ordering in Public Reporting,*University of Pennsylvania Journal of International Law*,Vol. 41,No. 2,2019,pp. 252—254.

⑦ FTSE Russell,*FTSE ESG Index Series*,p. 2,https://research. ftserussell. com/products/ downloads/ftse-esg-index-series. pdf,last visited on 10 August2022;早先版本,参见 FTSE,*Integrating ESG intoinvestments and stewardship*,pp. 4—5,https://research. ftserussell. com/products/downloads/FTSE-ESG-Methodology-and-Usage-Summary-Full. pdf,last visited on 10 August 2022.

包括 10 大方面,即气候变化、自然资源、污染与浪费、环境机会、人力资源、产品责任、利益相关者反对、社会机会、公司治理、公司行为;①路孚特 ESG 一级指标则包括资源利用、排放、环境创新、劳动力、人权、社区、产品责任、管理、股东、公司社会责任策略事项。② 相较而言,传统公司社会责任对象主要集中于债权人、供应商、用户、消费者、当地住民等社会群体③,两者内涵显著不同。

第二,ESG 强调公司与社会的交互性,而不是单纯道义性的社会责任输出与奉献。公司社会责任曾经被定义为道德性管理目标,而不考虑公司利润如何,④因而,从事耗时的公司社会责任活动的管理者,可能会失去对核心管理职责的关注。⑤ 相比之下,ESG 更具有交互性,其侧重点在于强调公司的可持续发展,出发点在于如何通过履行环境、社会与公司治理责任来实现更好的发展,不仅仅强调公司对社会的单向度责任。换言之,ESG 不仅对公司提出了一系列高标准,同时也使公司本身受益于 ESG 带来的和谐社会与和谐环境、气候的好处,从而实现一种良性、可持续、螺旋式上升的互动模式,最终有利于实现公司发展目标。也许有观点认为,这仍属于"作为手段的利益相关人模式"(Instrumental Stakeholderism)⑥,但我们不能因为其最终有利于公司股东而漠视其在社会、环境维度的积极价值,应当给予其全面的评价和认识。

第三,相比于 CSR,ESG 有助于促进共同富裕。共同富裕是社会主义的本质要求,是我们现代化的重要特征。ESG 倡导的价值观既不是源自"做正确的事情"这种抽象的道德哲学,也不完全是由一个中心标准制定者来决定的。相反,它们是在与利益相关方广泛磋商后产生的,而利益相关方更有可能注意到公司运营可能带来的灾难性后果。通过这个外向的过程,ESG 为公司的决策引入了新的视角,以便让管理层更好地理解其决策的全面影响。⑦ 实际上,当公司不管是自愿地、还是强制地接受 ESG 评价之后,其都必须将保护环境、合规经营、有效制衡、积极纳税作为基本的行为准则,这有利于促进利益相关者的利益考量,在一定程度上有助于公司更加广泛地考虑员工、消费者与供应商等的相关利益,以及

---

① MSCI,*ESG Ratings Key Issue Framework*,https://www.msci.com/our-solutions/esg-investing/ESG-ratings/esg-ratings-key-issue-framework,last visited on 10 August 2022.

② Refinitiv,*Environmental*,*Social and Governance Scores from Refinitiv*,May 2022,p. 6,https://www.refinitiv.com/content/dam/marketing/en_us/documents/methodology/refinitiv-esg-scores-meth odology.pdf,last visited on 10 August 2022.

③ 朱慈蕴:《公司的社会责任:游走于法律责任与道德准则之间》,《中外法学》2008 年第 1 期,第 31 页;施天涛:《〈公司法〉第 5 条的理想与现实:公司社会责任何以实施?》,《清华法学》2019 年第 5 期,第 72 页。

④ Dorothy S. Lund and Elizabeth Pollman. The Corporate Governance Machine,*Columbia Law Review*,Vol. 121,No. 8,2021,p. 2566.

⑤ Allan Ferrell,Liang Hao and Luc Renneboog. Socially Responsible Firms,*Journal of Financial Economics*,Vol. 122,No. 3,2016,p. 586.

⑥ Lucian Bebchuk and Roberto Tallarita. The Illusory Promise of Stakeholder Governance,*Cornell Law Review*,Vol. 106,No. 1,2020,pp. 108—111.

⑦ Stavros Gadinis and Amelia Miazad. Corporate Law and Social Risk,*Vanderbilt Law Review*,Vol. 73,No. 5,2020,p. 1426.

环境保护、节约能源等长远利益,从而以和谐的互动关系促进共赢,促进共同富裕的目标实现。

第四,ESG 将公司融入了整个社会乃至全球的共同可持续发展。公司不仅是具体的可持续发展之能动主体,也是全人类整体可持续发展的客体,强调人类代际关系的协调。从伦理学的角度来看,人的社会属性决定了当代人难以完全放弃对后代人生存与福祉的道德关切,世代链条序列及代际传承的观念也决定了当代人有义务将前代人的馈赠和财富继续传递给后代。[①] 因此,我们处理涉及后代人利益的行为时,必须遵循一定的基本正义原则[②],ESG 的理念和内涵正与此相契合。不管是碳达峰碳中和,还是可持续发展的国际共识,都强调了人类代际关系之协调,而 ESG 正为此提供了具体着力点。

### 三、从公司公民的视角看 ESG 兴起引发的公司本质再思考

#### (一)公司本质正在向"公司公民"跃迁

公司为谁而生,为谁而存,一直是公司这一拟制工具的世纪追问。随着 CSR 向 ESG 的变迁,我们应当如何认识公司在现代社会中的作用呢? 公司的本质又是否发生了变化? 公司公民(Corporate Citizen)的理论为我们提供了一个新视角,不仅因应 ESG 所带来的时代变迁,也为 ESG 提供了理论基础和支撑。公司公民强调公司有一个超越为股东创造价值的社会契约,而这样的契约对公司运作管理亦将产生影响。[③] 不过,理论界一直对公司公民的外延有不同认识。例如,埃德温·M. 爱泼斯坦(Edwin M. Epstein)从商业组织与社区关系的角度理解公司公民,阿奇·B. 卡罗尔(Archie B. Carroll)认为公司公民的涵射范围应包括其他重要的利益相关者,不少学者还将其延伸至管理学、社会学、政治学等理论范畴。[④] 如果从更长的一个时间段来看,在 1950 年后,公司社会责任问题便已从董事应当向哪些群体负责的诚信义务争论,扩展到了公司在社会和政治生活中的角色之上,良善公民(Good Citizen)成为公司理应努力的方向。[⑤] 我们认为,现代公司本质向公司公民的跃迁是 ESG 兴起及应当得以重视的根基所在,原因有二:

一方面,从理论及法理演绎的层面来看,公司社会责任、利益相关者理论等义务性概念与公司权利的司法演绎相互交织,共同塑造和填充了公司公民的法理内涵。这在美国公司法律制度的演进中表现较为明显[⑥],我们可以此观察公司角色的变迁过程。公司权利难题在

①　甘绍平:《代际义务的论证问题》,《中国社会科学》2019 年第 1 期,第 22 页。
②　刘雪斌:《论代际正义的原则》,《法制与社会发展》2008 年第 4 期,第 140 页。
③　Greenfield,supra note 11,p. 175.
④　沈洪涛、沈艺峰:《公司社会责任思想:起源与演变》,上海人民出版社 2007 年版,第 210—218 页。
⑤　邓峰:《公司合规的源流及中国的制度局限》,《比较法研究》2020 年第 1 期,第 34,39 页。
⑥　这些案例的典型性在美国已经达成了共识,参见曲相霏:《美国企业法人在宪法上的权利考察》,《环球法律评论》2011 年第 4 期,第 8—17 页;Adam Winkler,*We the Corporations*:*How American Businesses Won Their Civil Rights*,New York:Liveright Publishing Corporation,2018,pp. 35—160;Greenfield,supra note 11,pp. 18—21,82—100。

1809 年 Bank of the United States v. Deveaux 案中首次得以彰显,根据其宪法,公司是否应该被视为"公民"的难题摆到了美国联邦最高法院面前,此案最终为公司赢得了其联邦宪法上的诉讼资格。① 十年之后,在经典的 Trustees of Dartmouth College v. Woodward 案中,约翰·马歇尔(John Marshall)法官认为达特茅斯学院的公司章程是该州与注册人之间具有约束力的合同,最后判定新罕布什尔州对学院的重组是不当的。由此,美国宪法的契约保护条款延伸至法人。1886 年,在 Santa Clara County v. Southern Pacific Railroad Company 案中②,首席大法官莫里森·雷米克·韦特(Morrison Remick Waite)直接提出不希望听取关于宪法第十四修正案是否适用于公司的争论,因为这本就是应有之义。进入 20 世纪后,公司免于无理搜查、扣押、检查,隐私期待的权利和财产被征用征收时获得补偿的权利,经由 Hale v. Henkel、See v. City of Seattle、Dow Chem. Co. v. United States 及 Pennsylvania Coal Co. v. Mahon 等一系列案件而得以确立。③ 在此过程中,公司社会责任愈发得到理论界、立法界与司法界的认同。至此,公司的公民性已经日渐完整和生动起来,仿佛有了自己独立的生命一样④,拥有了与自然人相类似的社会经济权利与义务。

另一方面,从商业实践的角度来看,伴随着近几十年科学技术与市场经济的快速发展,公司在当今全球化背景下的影响力与日俱增,很多公司变成了庞然大物乃至垄断者,以至于我们产生了对"大而不能倒"的担忧。究其原因,一旦如雷曼兄弟等系统关键单元破产,连锁反应可能导致全球性经济危机。而诸如英国石油公司深水地平线(Deepwater Horizon)平台原油泄漏事件,则对全球环境造成难以挽回的影响。在我国,公司不仅有力地推动了经济增长,而且在解决就业、促进技术革新方面已成为中流砥柱。在制度建设中,不管是政府经济政策的发布,还是法律、行政法规乃至于规范性文件的制定,行业及公司都是重要的意见征集对象,甚至个别情况下公司能够引领行业标准。因此,鉴于公司作为社会经济活动的核心参与者、诸多权利的享有者以及因应法社会化的趋势等因素⑤,现代公司理应承担一定的法律、道德和伦理义务,尽快实现向公司公民的身份变迁,以自觉、能动、积极地履行公司公民职责,而关注环境、社会与公司治理的 ESG 正是最好进路。

**(二)ESG 实践积极回应公司公民的角色变迁**

公司公民身份的跃迁不仅是公司制度本身发展的演进方向,而且已经得到了公司实践

---

① Bank of the United States v. Deveaux,9 U. S. 61(1809).

② Santa Clara County v. Southern Pacific R. Co. ,118 U. S. 394(1886).

③ 曲相霏:《美国企业法人在宪法上的权利考察》,《环球法律评论》2011 年第 4 期,第 11—12 页。

④ 2010 年,一家名为公民联盟(Citizens United)的公司对限制公司在选举广告上支出的法律提起了诉讼,肯尼迪大法官认为"如果第一修正案有任何效力的话,它禁止国会仅仅因为公民或公民协会发表政治言论而对其罚款或监禁"。此案引起了美国社会强烈反响,前总统奥巴马多次提出批评且持续引发讨论。2014 年,联邦最高法院在争议颇大的 Burwellv. Hobby Lobby Stores,Inc. 案中指出,现代公司法并不要求营利性公司以牺牲一切作为追求利润的代价,各个司法辖区皆授权公司可以追求任何合法目的或行为,包括根据所有者的宗教原则而追求利润。Greenfield,supra note 11,pp. 7—9;Citizens United v. FEC,558 U. S. 310 (2010);Burwell v. Hobby Lobby,573 U. S. 682 (2014).

⑤ 王保树:《公司社会责任对公司法理论的影响》,《法学研究》2010 年第 3 期,第 85 页。

的积极回应,ESG 为公司公民理念的实现提供了外部支点。现代公司以 ESG 为表征,以公司公民为实质的转变,已经不是理论构造的"空中楼阁"。

放眼国际,公司在治理与经营中愈加重视 ESG 因素的嵌入,反映了公司主动适应身份变迁的内在动力以及对公司公民的认同,这与目前全球 ESG 投资的蓬勃发展相得益彰。早在 2016 年时,社会责任相关投资在全球管理着 22.89 万亿美元资产,2018 年年初这一数字上升到 30.7 万亿美元。[①] 同年,一项针对主流机构投资者(被调查对象占全球机构管理资产份额为 43%)的研究显示,82% 的投资者在投资决策时考虑对象的 ESG 数据。[②] 2021 年一项对公募基金的最新研究显示,ESG 基金在投资组合和参与公司治理方面都表现出不同之处,尤其在环境、社会责任议题的投票中更为独立。[③] 截至目前,签署 PRI 对 ESG 投资原则声明的资产所有人、投资机构和服务提供者已达 5 105 家。[④] ESG 广受关注是由理性经济因所驱动的,而不仅仅是社会发展理念进步及人权保护等因素影响所致。举例而言,对员工不友好或者工资较低的公司往往不被投资界视为可持续公司,原因不在于其没有尽到社会责任的道德性苛责,而是其有可能面临劳资纠纷而导致公司价值受损。[⑤]

在这样的背景下,商业界已经注意到 ESG 要求对公司可持续发展的重要价值并采取了相应行动:其一,股东在公司治理层面愈加重视公司的 ESG 发展水平。美国加州公共雇员养老基金和纽约州养老基金等各类重要机构投资者,以及机构股东服务公司(Institutional Shareholder Services)和投资者咨询公司格拉斯·刘易斯(Glass Lewis)等主流股东咨询公司积极支持并重视公司的 ESG 实践。[⑥] 再譬如,雪佛龙公司股东投票支持了一项股东提议,要求管理层汇报其游说活动如何与《巴黎协定》相一致。[⑦] 其二,在经营管理层面,公司经营层日渐意识到公司利益相关者的作用。例如,包括摩根大通和苹果公司首席执行官在内的近 200 位美国大公司首席执行官在 2019 年签署了一份声明,提出其已认识到公司对所有利益相关者的承诺,并承诺投资于公司员工、妥善处理与供应商关系、支持社区等,而将

---

① Federico Fornasari. Knowledge and Power in Measuring the Sustainable Corporation:Stock Exchanges as Regulators of ESG Factors Disclosure,*Washington University Global Studieslaw Review*,Vol. 19,No. 2,2020,p. 184.

② Amir Amel-Zadeh and George Serafeim. Why and How Investors Use ESG Information:Evidence from a Global Survey,*Financial Analysts Journal*,Vol. 74,No. 3,2018,p. 88.

③ Quinn Curtis,Jill E. Fisch and Adriana Z. Robertson. Do ESG Mutual Funds Deliveron Their Promises? *Michigan Law Review*,Vol. 120,No. 3,2021,p. 399.

④ PRI Signatory Directory,https://www. unpri. org/signatories/signatory-resources/signatory-direct ory,last visited on 10 August 2022.

⑤ (美)马克·墨比尔斯、(美)卡洛斯·冯·哈登伯格、(美)格雷格·科尼茨尼:《ESG 投资》,范文仲译,中信出版社 2021 年版,第 8—9 页。

⑥ Gadinis and Miazad,supra note 32,p. 1408.

⑦ Thomas Lee Hazen. Corporate and Securities Law Impact on Social Responsibility and Corporate Purpose,*Boston Collegelaw Review*,Vol. 62,No. 3,2021,p. 858.

为股东创造价值置于声明的最后位置。① 当然,该声明的实际意义在美国也充满争议。② 其三,不少公司正在推进 ESG 因素成为评价公司高管薪酬的衡量标准,包括消费巨头百事可乐和沃尔玛、科技巨头微软和威瑞森(Verizon)、石油公司雪佛龙和壳牌等③,这将对经营层产生新的目标指引。

同时,现代公司对 ESG 的重视与行动愈加可视化,信息披露为衡量 ESG 与公司公民的实现程度提供了有效工具,使得公司公民的评价有迹可循。不少机构将 ESG 信息视为投票决定的重要内容并作为与公司直接接触的焦点,ESG 信息披露要求的变化反映了各界对公司公民发展的要求。例如,美国超过 85% 的标准普尔 500 指数成分股份公司和全球超过 90% 的大型企业,都发布了以某种形式披露 ESG 信息的可持续发展报告④,关注利益相关者的利益保护水平。截至 2020 年 6 月,我国沪深 300 指数中大约 86% 的企业已发布 ESG 信息,与标准普尔 500 指数企业报告比例大致相当。⑤ 在作为亚洲重要金融中心的新加坡,2015 年年底时,在其证券交易所主板上市的前 100 家公司中,有 71% 的公司参与了可持续发展报告的披露工作。⑥ 欧盟 2014 年即颁布了《非金融信息披露指令》(Non-Financial Reporting Directive),明确规定员工人数超过 500 人的公众利益实体负有强制性报告义务,须在管理报告中包括一份"非财务报表",涵括了解企业发展、业绩、地位和活动影响的各项必要信息,至少涉及环境、社会和员工事务、尊重人权、反腐败和贿赂问题。⑦ 可以看到,ESG 正在全球范围内对公司信息披露工作产生重大影响,这正为公司公民实现提供了外在支点。

一言以蔽之,从公司公民的视角看 ESG 运动的兴起,对公司本质认识有了质的飞跃。公司虽然诞生于股东的投资,最初的目标也是要为股东利益最大化服务。但一旦创设,其内在永续之机制便将发现,公司的永动力存在于良好的自然环境与和谐的社会环境中。作为公司公民,不仅仅只追求充分利用社会资源的自我发展,更重要的是必须成为 ESG 目标的践行者,成为源于股东创设、超越股东利益的贡献者,以此来回答今日公司之庞然大物究竟为谁而生、为谁而存的哲学命题。

---

① Business Roundtable, *Business Roundtable Redefines the Purpose of a Corporationto Promote "An Economy That Serves All Americans"*, 19 August 2019, https://www.businessroundtable.org/business-roundtable-redefines-the-purpose-of-a-corporation-to-promote-an-economy-that-serves-all-americans, lastvisi-tedon 10 August 2022.

② Bebchuk and Tallarita, supra note 31, pp. 124—139.

③ Gadinis and Miazad, supra note 32, p. 1407.

④ Ho and Park, supra note 24, pp. 258—261.

⑤ World Economic Forum, A leapfrog Moment for China in ESG Reporting, *March*, 2021, pp. 17—18, https://www3.weforum.org/docs/WEF_China_ESG_Champions_2021.pdf, last visited on 10 August 2022.

⑥ Jerryk. C. koh and Victoria Leong. The Rise of the Sustainability Reporting Megatrend: A Corporate Governance Perspective, *Business Law International*, Vol. 18, No. 3, 2017, p. 242.

⑦ Directive 2014/95/EU.

## 四、ESG 对现代公司法提出更高的标准

### (一)ESG 要求公司激活目的条款

ESG 对公司的经营目标及章程中的目的条款(Corporate Purpose)提出了新要求,公司目的条款不仅应当嵌入 ESG 内容,而且要使之成为指导公司运营及治理的关键。公司目的曾在公司设立、经营与治理中扮演着重要角色,不仅政府要确定以建立股份公司为目的的经济行为是否具有足够的严肃性[①],而且一度产生了经典的越权无效原则。随着商业活动规模不断扩大,商业社会对公司形式的需求不断增加,使得公司形式在一般商业活动中越来越被接受。至 19 世纪末时,公司是国家创造的观念才被那些认为公司是商业组织的"自然"模式的人所侵蚀[②],进而允许公司将其目的定义为从事任何合法目的或商业活动。

我们认为,一个精心设计的目的条款不仅可以阐明 ESG 在公司运营中的地位[③],而且可以支持公司经营管理层在 ESG 决策方面发挥重要作用,否则 ESG 决策可能会遭到与财富最大化经济目标、信义义务不一致的诘难。譬如,在中国平安集团股份有限公司章程中,可以看到其对 ESG 因素的关注[④],其亦已发布 ESG 年度报告。相较而言,早先时候万科企业股份有限公司的目的条款有所不同[⑤],强调股东利益维护。仅从公司治理技术分析来看,由于当时万科公司章程中的目的条款并未授权董事会积极关注社会慈善与社会责任,因而,其在未充分满足公司内部决策程序时就不敢进行较大额度财产捐赠以应对社会突发灾难,甚至担忧股东可能产生的异议。反之,如果公司章程中的目的条款明确地将 ESG 表述为公司目标,则其公司治理和董事行为都将有法可依。

从因应国家战略的角度来看,ESG 融入公司目的条款将为公司实现碳达峰碳中和提供目标指引和策略支持,这也是 ESG 对公司目的条款的时代要求。2021 年,习近平总书记在领导人气候峰会上发表题为《共同构建人与自然生命共同体》的重要讲话,其中指出:"中国将力争 2030 年前实现碳达峰、2060 年前实现碳中和。这是中国基于推动构建人类命运共同体的责任担当和实现可持续发展的内在要求做出的重大战略决策。"[⑥]公司作为社会经济的基础单元,不可能脱离社会经济发展、国家法律与宏观政策而"独善其身",只有将公司经营与治理目标和国家发展紧密结合起来,才能在市场经济中获得持续的生命力。因此,ESG 要求公司激活公司目的条款,以此为公司经营活动和内部治理提供方向指引。

---

① (意)卡尔卡诺:《商法史》,贾婉婷译,商务印书馆 2017 年版,第 129 页。

② (美)肯特·格林菲尔德:《公司法的失败:基础缺陷与进步可能》,李诗鸿译,法律出版社 2019 年版,第 27 页。

③ Hazen, supra note 50, pp. 878-880.

④ 例如,中国平安保险(集团)股份有限公司在其章程中提出"在科学决策、规范管理和稳健经营的前提下,实现股东、员工、客户和社会的价值最大化,并以此促进和支持国民经济的发展和社会的进步"。

⑤ 该公司 2007 年《公司章程》第 12 条规定:"公司的经营宗旨:以不断探索促进经济发展;用规范化操作保证在市场竞争中成功,施科学管理方法和理念使公司得以长足发展,获良好经济效益让股东满意。"

⑥ 《习近平在"领导人气候峰会"上的讲话(全文)》,载中国政府网,http://www.gov.cn/xinwen/2021-04/22/content_5601526.htm,最后访问日期:2022 年 8 月 10 日。

### (二)ESG 赋予董事信义义务的新内容

ESG 赋予董事信义义务新内容。信义义务与 ESG 的关系在美国引发了激烈讨论,争议核心事关美国非常重要的一部法律——《雇员退休收入保障法》(The Employee Retirement Income Security Act)。该法第 403 条要求"计划的资产不得有利于任何雇主,其持有的目的应完全是为计划的参与者及其受益人提供利益"。而第 404 条要求养老金受托人"只能为了参与者和受益人的利益",并以"为他们提供利益"为"唯一目的"。换言之,如果养老金受托人的行为目标不是唯一性地为参与者、受益人提供经济利益,则受托人违反其忠诚义务[①],这使得 ESG 的嵌入成为董事背弃信义义务的证据。为解决这个问题,有学者将向第三方提供利益、出于道德或伦理原因而进行的 ESG 投资称为"附带利益 ESG"(Collateral Benefits ESG),将提高风险调整后收益的 ESG 投资称为"风险回报 ESG"(Risk-return ESG)。他们以避免投资化石燃料公司为例子解释两者的不同。附带利益 ESG 的投资战略可能会基于减少污染产生附带利益的考虑而避免投资化石燃料公司,而风险回报 ESG 投资的出发点则是为了提高其风险调整后的回报而避免投资化石燃料公司,因为风险回报 ESG 投资以低风险及提高回报为目标,其在利用 ESG 因素作为评估预期风险和回报率的指标后,可能发现化石燃料公司诉讼风险和监管风险存在使其股价低估的情形。[②] 两者区别主要在于受托人投资动机之别,前者因并非完全基于委托人利益出发而违背忠实义务,因为动机复杂的行为会导致"不可辩驳的不道德推定"。[③] 后者则可以与忠实义务兼容,其使用了 ESG 因素以成为"一个知情的投资者",而不是因为 ESG 所带来的道德优越感。[④] 我们赞同此种观点,原因在于 ESG 发展程度较高的公司不仅有较高的社会声誉,而且其本身对环境、社会与公司治理的重视将有效降低其经营风险。因而,ESG 嵌入董事信义义务不仅并行不悖,而且是对信义义务内涵的新发展。

更为重要的是,董事信义义务的指向对象并非公司股东,而是作为法人的公司组织本身,任何具体的股东绝非董事信义义务的指向对象。回溯普通法司法实践历史,在著名的 Pepper v. Litton 案中,美国联邦最高法院曾指出"信义义务的设立旨在保护包括债权人和股东在内的所有公司利益群体"。[⑤] 如此一来,在前述股东至上主义视角下,由于其并不考虑员工、债权人、供应商等公司利益相关者的利益,董事反倒可能陷于背离对公司信义义务的境地。可能会有观点指出,关注股东利益的公司比关注其他利益的公司更有益于社会[⑥],

---

① Akio Otsuka. ESG Investment and Reforming the Fiduciary Duty,*Ohio State Business Law Journal*,Vol. 15,No. 1,2021,pp. 143—144.

② Max M. Schanzenbach and Robert H. Sitkoff. Reconciling Fiduciary Duty and Social Conscience:The Law and Economics of ESG Investing by a Trustee,*Stanford Law Review*,Vol. 72,No. 2, 2020,pp. 397—399.

③ Daniel R. Fischel and John H. Langbein. ERISA's Fundamental Contradiction:The Exclusive Benefit Rule,*University of Chicago Law Review*,Vol. 55,No. 4,1988,pp. 1114—1115.

④ Schanzenbach and Sitkoff,supra note 65,pp. 397—401.

⑤ Pepper v. Litton,308 U. S. 295 (1939).

⑥ (美)肯特·格林菲尔德:《公司法的失败:基础缺陷与进步可能》,李诗鸿译,法律出版社 2019 年版,第 16 页。

股东利益与公司利益具有同质性。然而,此种判断不仅缺乏足够广泛的实证论证,而且没有注意到股东利益与其他利益相关者的异质性,我们应将公司利益与股东利益区别开来。如此区别之后,可进一步厘清董事信义义务与 ESG 之间的关系,两者之间不仅没有内在冲突,而且将 ESG 嵌套至信义义务促进了公司整体利益之维护。

从我国目前情况来看,董事信义义务规定于《公司法》第 147 条和第 148 条之中,但第 148 条之列举局限于挪用资金、关联交易、篡夺公司机会等传统事项并且对勤勉义务付之阙如。尽管在证监会部门规范性文件《上市公司章程指引》(2022 年修订)第 98 条项下,可以看到对勤勉义务的具体列举,但同样缺少对环境、社会与治理标准的探讨。这不仅使得董事信义义务的履行难以与时俱进,而且导致董事个人亦可能面临法律风险。我们认为,将信义义务的内涵与公司发展趋势融合有助于实现信义义务的本初目的,也有助于为董事履职提供明确内容。PRI 和世代基金会"21 世纪的信托责任"2015 年发布的报告指出,信义义务甚至为投资者规定了"积极责任",即通过整合 ESG 问题以降低风险并确定投资机会。当然,信义义务解释需要现代化以便满足投资者的新需求。[①] 正如"风险回报 ESG"理论所示,当董事以 ESG 因素作为考量投资风险与收益率因素时,实际上正是对信义义务的遵循。

### (三)ESG 为公司治理提出了新标准

从理论上说,公司这个拟制人具有四大优势:独立担责的法人资格、追求营利的经济动力、复数成员制衡的社团、股份自由转让带来的公司可永久存在。当下,我们对 ESG 的强调有助于强化公司内部不同机构的相互博弈,亦将由此对复数成员的制衡与股份的自由流转带来新的理论支持。尽管不同的公司治理定义侧重点和表述不一样,但其核心皆在公司组织机制的有效运行。

值得说明的是,ESG 与此前社会责任投资(Socially Responsible Investment)的不同之处在于,其对公司治理予以特别关注,尤其是安然公司和世界通信公司的破产敲响了投资界对公司治理关注的警钟。至少在投资界来看,公司治理的质量将直接影响公司的盈利情况,他们为此制定了具体的评价指标来审视公司治理状况。例如,前述富时罗素的评价指标早先时候将公司治理因素细化为董事会主席与首席执行官的分离度、董事具体技能与经验、董事会多元化承诺、董事会频次与出席率、高管薪酬委员会及其规则、审计费用信息公开、股东投票权、少数股东保护和投票结果披露等,再借助更为具体的定量指标来对公司治理进行评价。[②] 不管是在美国董事会中心主义之下,还是在我国股东会中心主义之下,ESG 对公司治理的专门强调有利于促进公司治理机制的进一步完善和质量提高,从而更有利于公司的永续发展,这是 ESG 的应有之义。

ESG 与我国上市公司治理质量不断提升的趋势相互呼应。2020 年,《国务院关于进一

---

　　① Susan N. Gary. Best Interests in the Long Term: Fiduciary Duties and ESG Integration, *University of Colorado Law Review*, Vol. 90, No. 3, 2019, pp. 797－798.

　　② FTSE, supra note 25.

步提高上市公司质量的意见》指出："提高上市公司质量是推动资本市场健康发展的内在要求,是新时代加快完善社会主义市场经济体制的重要内容。"从目前公司治理来看,股权相对集中的问题、股东会与董事会之间的代理成本问题、董事会与监事会之间监督效能问题、董事会与经理层之分区问题等,皆存在不同程度的现实困境,尤其我国上市公司治理还存在以"规制""规范"为基础的"股东中心主义"的主导逻辑。[①] 在此情况下,公司治理机制有可能沦为控股股东的牵线木偶、利益输送行为的合法外衣,少数股东主导上市公司的话语权。虽然现实公司治理中存在个别中小股东"夺权"的案例,如 2015 年"深康佳"中小股东借助累积投票权占得董事局 7 席中 4 席,但这已经是很少数的情况了,被认为是中小股东击败控股股东的"庶民的胜利"。[②] 因而,如果上市公司股权的集中度较高,投资者可能会怀疑控股股东、大股东在公司治理中的实际作用,进而对公司董事会、监事会的实际作用产生疑问并最终影响对公司价值的准确判断;反之,如果公司股权较为分散,则需进一步审视其董事会的运行情况。在此,ESG 正为股东平等、董事会提高治理质量提供了可循方向和具体着力点,尤其在评价机构与投资机构广泛关注的情况下,将促使公司重视董事会的构成与运作机制。

### 五、现代公司法应当以制度回应 ESG 的新趋势

ESG 对公司目的、信义义务和公司治理等方面提出了新的要求,现代公司法理应对此做出积极回应,以此为公司的永续发展提供新的内在驱动与制度保障。

### (一)现代公司法应从基本原则入手,鼓励公司努力践行 ESG 目标

第一,现代公司法应确立可持续发展原则。当今世界,环境保护与能源高效利用的重要性日渐突出,公司作为社会经济中最为重要的功能单位,经营行为与环境质量提升紧密相关,是最为重要的实施主体。ESG 对环境与能源问题的关注契合我国产业结构、生产方式转型等新要求。为促进 ESG 嵌入现代公司法并实现制度化,公司法应将确立保护环境、节约能源之可持续发展原则作为基本原则,这将为 ESG 中的"环境"事项提供规范依据。从可行性来看,确立公司法的绿色原则不仅与《民法典》第 9 条民事活动中的绿色原则相一致,而且已经有了实践的充分支撑。经过环境法多年的发展,我国目前不仅已经建立了基本环境法律制度,而且随着现代公司经营要求的不断提升,地方和行业规则已将不少环境事项嵌入各类规范。譬如,天津市 2021 年通过的《天津市碳达峰碳中和促进条例》即要求对重点排放单位实施碳排放配额管理并编制温室气体排放报告。在上市公司层面,包括《上海证券交易所上市公司自律监管指引第 1 号——规范运作》在内的诸多信息披露规则,对上市

---

① 邓峰:《中国法上董事会的角色、职能及思想渊源:实证法的考察》,《中国法学》2013 年第 3 期,第 98—108 页;武立东、薛坤坤、王凯:《股东中心主义、董事会团队文化与决策效果》,《管理学季刊》2017 年第 1 期,第 99 页。

② 郑国坚、蔡贵龙、卢昕:《"深康佳"中小股东维权:"庶民的胜利"抑或"百日维新"? —— 一个中小股东参与治理的分析框架》,《管理世界》2016 年第 12 期,第 145—158 页。

公司的环境信息披露提出了要求。因此,在公司法立法中确立可持续发展原则正当其时。

第二,公司法应确立以股东平等为核心的平等原则。在政治学理论中,协调组织体内部之利益冲突关系最基本的要求是承认组织体内部各成员之间的地位平等,该要求在法律上即被表述为平等原则①,在公司法中则指向股东平等原则。《公司法修订草案》延续了《公司法》中"同种类的每一股份应当具有同等权利"的规定,但这种比例平等原则实际上是股东平等的异化,是传统民法的平等原则和自治观念在公司法领域的延伸和绝对化继承。②换言之,资本多数决原则因其过度的资本拜物教特质扼杀了股东平等应有的人文关怀和实质内涵,基于股份平等的公司内部权力运行中的资本多数决原则导致了股东间的形式平等和实质平等的严重背离。③ 如赵旭东所论,我国市场中大多是股权结构高度集中的公司,基于资本多数决所产生的控股股东与中小股东之间的矛盾是我国公司治理的主要矛盾。④ 大股东利用其持股优势在利润分配、管理者选任等方面对中小股东实施压迫,实践中,其往往以公司发展的名义拒绝中小股东的分红请求,或选任自己或亲信在公司中担任要职,或享受公司高薪的待遇。囿于《公司法》中并无直接解决股东压迫的规则,中小股东只能够通过《公司法》第 20 条"禁止滥用股东权利规则"的一般条款寻求救济⑤,但这在现实复杂的公司治理面前捉襟见肘。

现代公司法应当确立股东平等原则对这一现状进行修正。股东平等是指股东作为平等的法律主体,在公司中平等享受因出资所带来的权益。⑥ 倘若少数股东能够证明自己与多数股东相比未能得到公司的平等对待,就应当存在通过法律渠道获得救济的可能,我们应将股东平等这一更高要求写入公司法,以修正资本多数决的弊病。反之,若公司股东之间的平等难以实现,则股东欺压所导致的负外部性将不利于公司融资与更快发展。当然,从更广泛的意义上说,现代公司制度理应确立更为上位性的平等原则,以积极地适应公司融资多元化的需要和因应社会发展趋势。究其原因,不仅类别股、明股实债、永续债等新型股债类型模糊了股权与债权的传统边界并带来了公司结构的深层次变化,导致传统意义上股债区分的风险标准、控制标准、信义义务标准等不再行之有效,公司法事实上难以回应资本市场创新的制度需求⑦,而且 ESG 对公司经营管理和员工保护的强调同样呼吁平等原则的确立,由此,债权人保护、员工利益和发展、并购中员工利益保护等诸多问题都将有据

①  石纪虎:《股东平等原则的政治学分析》,《广西社会科学》2008 年第 10 期,第 179 页。

②  邹开亮、汤印明:《论股东平等制度及中小股东权利之保护——兼评新〈公司法〉的股东平等立法》,《江西社会科学》2006 年第 4 期,第 216 页。

③  汪青松、赵万一:《股份公司内部权力配置的结构性变革——以股东"同质化"假定到"异质化"现实的演进为视角》,《现代法学》2011 年第 3 期,第 36 页。

④  赵旭东:《公司治理中的控股股东及其法律规制》,《法学研究》2020 年第 4 期,第 92—108 页。

⑤  傅穹、虞雅曌:《控制股东滥用权利规制的司法观察及漏洞填补》,《社会科学战线》2022 年第 1 期,第 204—205 页。

⑥  李燕:《双层股权结构公司特别表决权滥用的司法认定》,《现代法学》2020 年第 5 期,第 111 页。

⑦  李安安:《股债融合论:公司法贯通式改革的一个解释框架》,《环球法律评论》2019 年第 4 期,第 37 页。

可循。

　　第三,公司合规经营与意思自治协调原则。近年,合规(Compliance)成为公司经营与治理的关键词,正如邓峰所论,在公司及其治理层面,合规更多表现为商业伦理与 CSR 的内容。合规制度本应是"千人千面"的,如此方能甄别和评价组织的制度良善与否[1],但在我国的现有框架下,公司合规很多时候都要遵循严格的规则与程序。长此以往,公司合规容易变成僵化、机械的形式主义表格,不仅难以激发公司公民的真正价值,而且会使得公司的意思自治能力受到侵蚀。我们建议应当明确公司合规经营与意思自治协调原则,一方面,要求公司遵守法律、法规及各类规范性文件等正式规则,严格界定公司各类经营行为与内部治理的底线,尤其强调对各类强制性规范的遵守。另一方面,对于鼓励性的 ESG 事项,我们不仅应当赋予公司意思自治的空间,而且要授权董事会有充足的权限来实现 ESG 目标,减少各种窗口指导及所谓实操规则的影响,不对鼓励性事项设置统一化模板,司法机关、监管机关要尊重公司给予董事会的充分授权并为此保驾护航。这不仅可以解决诸如前述公司捐赠等问题,而且公司可以更有效地应对错综复杂的经营环境,实现对利益相关者的充分关照,董事也不必担心由此而招致个人责任。如此一来,公司将更加从容地设置目的条款、授予董事会更大空间、个性化地改善公司治理,这些措施皆有利于经营效率的保持和 ESG 具体目标的落实。

### (二)建立完善声誉机制下的 ESG 信息披露规则

　　ESG 的实施离不开具体细致的信息披露制度,声誉机制下的市场选择将激励市场主体更加积极、真实、全面、准确地披露 ESG 信息,这一点与以信息披露为核心工作的上市公司监管相互叠加之后,可以更有效地激发 ESG 的实现效果。目前,作为金融监管、公司法或股票交易所上市规则的事项,全球超过 60 个司法管辖区要求或鼓励以某种形式披露 ESG 信息。[2] 不过,不同国家和地区有不同做法:美国证券交易委员会(SEC)在 2016 年向公众征集"规则 S-K"修订意见时,曾试图推动环境及社会因素对发行人的风险影响披露,但最终未获全面成功。原因在于,从外部视角来看,我们虽然有充分的理由将 ESG 数据视为披露的重要类别,但对于哪些类型的陈述和数据是实质性(Materiality)的、哪些应该被适当地归类为"浮夸"等具体细节仍然模糊不清。[3] 换言之,一旦 ESG 相关信息披露被认定为具有实质性,上市公司将变得极为谨慎并且不愿意披露 ESG 信息。尽管 SEC 对涉及公司治理和个别涉及底线的环境信息披露亦有要求,但托马斯·李·哈森(Thomas Lee Hazen)仍建议SEC 正视该问题,通过强制或至少鼓励上市公司进行更全面的 ESG 和公司社会责任信息

---

[1]　邓峰:《公司合规的源流及中国的制度局限》,《比较法研究》2020 年第 1 期,第 38—45 页。

[2]　Ho and Park,supra note 24,p. 264.

[3]　Aisha I. Saad and Diane Strauss. A New "Reasonable Investor" and Changing Frontiers of Materiality:Increasing Investor Reliance on ESG Disclosures and Implications for Securities Litigation,*Berkeley Business Law Journal*,Vol. 17, No. 2,2020,p. 412.

披露。① 在我国香港地区,上市公司 ESG 信息披露走过了"建议披露""遵守或解释"及至部分"强制披露"的发展过程,最新《环境、社会及管治报告指引》第 4 条要求"发行人须每年刊发其环境、社会及管治报告,有关资料所涵盖的期间须与其年报内容涵盖的时间相同"。如今,不仅越来越多的公司倾向于根据行业和自身特点披露 ESG 信息,而且披露形式和篇幅都有提升。②

在我国内地,深圳证券交易所 2006 年发布的《深圳证券交易所上市公司社会责任指引》开启了上市公司自愿披露社会责任报告的先河。2018 年,《上市公司治理准则》第 95 条要求"上市公司应当依照法律法规和有关部门的要求,披露环境信息以及履行扶贫等社会责任相关情况"。但从实践效果来看,目前公司社会责任报告不仅篇幅普遍偏短,而且大部分报告内容仅为象征性的口号和原则,涉及具体指标的定量披露少之又少,再加之报告普遍缺乏第三方审验等因素,导致其可信度相对有限。③ 目前,ESG 信息披露愈加得到重视,2022 年《上市公司投资者关系管理工作指引》明确将公司的环境、社会和治理信息作为公司与投资者沟通的主要内容之一,2021 年《公开发行证券的公司信息披露内容与格式准则第 2 号——年度报告的内容与格式》新增了"环境和社会责任"要求。细而审之,ESG 信息披露的强制性仍有不足,如在社会责任方面仅要求"鼓励公司结合行业特点,主动披露积极履行社会责任的工作情况",《上海证券交易所科创板上市公司自律监管指引第 2 号——自愿信息披露》也仅是鼓励科创公司"根据所在行业、业务特点、治理结构,进一步披露环境、社会责任和公司治理方面的个性化信息",尚不足以解决我国此前公司社会责任披露的诸多问题。

未来,我们应当建立与 ESG 评价体系相呼应的 ESG 信息披露标准,这既是 ESG 评价体系建立的基础,也是市场各界做出投资决策的重要参考。具体而言,我们认为可在两个方面加以突破:一方面,我们建议制定分行业的信息披露报告框架,可资参考的是,2011 年,可持续发展会计准则委员会(Sustainability Accounting Standards Board)作为一个非营利组织成立,在充分考虑对公司有长期影响的可持续因素基础上,制定了针对 77 个不同行业的信息披露标准框架。④ 因而,我们证券监管或自律管理部门可结合主要行业制定不同的 ESG 信息披露标准,并对披露信息的定量分析予以一定要求,明确每个指标的计量口径及方法并要求公司提供可供横向、纵向比较的数据以及未来将达成的目标。⑤ 另一方面,在信息披露的强制性层面,我们建议全面要求上市公司披露 ESG 报告,但在具体指标的披露进路及方法选择上,究竟是采取统一披露标准下的强制披露,还是采取更为灵活的"遵守或解

① Hazen, supra note 2, p. 748.
② 普华永道:《香港上市公司环境、社会及治理报告调研 2021》,载普华永道网站,https://www. pwccn. com/zh/consulting/sustainability-and-climate-change/esg-report-2021. pdf,最后访问日期:2022 年 8 月 10 日。
③ 冯果:《企业社会责任信息披露制度法律化路径探析》,《社会科学研究》2020 年第 1 期,第 13—14 页。
④ Saad and Strauss, supra note 83, p. 413.
⑤ 冯果:《企业社会责任信息披露制度法律化路径探析》,《社会科学研究》2020 年第 1 期,第 17—19 页。

释"方案,则可再进一步讨论。

### (三)细化以信息披露责任为抓手的 ESG 法律责任

许多国家的公司法和商法典通过强行性法律规范,不同程度地实现了公司社会责任的法律责任化。[①] 直至目前,我国《公司法》社会责任尚未设置明确的法律后果要件,导致其在一定程度上限于倡导性责任,原因在于公司社会责任涉及公司经营的诸多方面,可以一一击破,似没有统一规定的可能性。就此,我们认为 ESG 信息披露制度可实现提纲挈领之规制效果,既可以通过披露事项的细化来推动相关实体规则和执法的推进,也可借助违法披露的责任威慑和督促董事积极作为。

一方面,信息披露事项要求的不断完善,不仅可以推动与 ESG 相关的其他法律部门实体规则的细致化,而且可为公司履行 ESG 义务提供具体指引。尽管目前我国对公司的环境责任、社会责任与治理责任已有不少规定,但较为零散且有时无法给予公司明确指引。例如,假设我们对上市公司"反腐败"事项予以细致的信息披露要求,尽管我们有单位行贿罪等刑事责任条款设置,但因规则较为简单,上市公司可能仍然无法判断公司行为是否合规,即便予以信息披露,也只能含糊其词。相较而言,诸如美国《反海外腐败法》(Foreign Corrupt Practices Act)对腐败行为的界定则有很强的可理解性和操作性。暂且不考虑 SEC、司法部对大量违法案件执法所带来的丰富规则演绎,仅从其文本规范表述来看,已对腐败行为的责任主体、行为手段方式、贿赂内容判断等重点要件有较为具体的界定。[②] 因而,如果我们在信息披露要求的推动下能够制定类似具体规则,则可实现上述制度效果。

另一方面,借由 ESG 信息披露规则的细化,充分建构起 ESG 信息披露与董事的信义义务之间的联系,以此加强 ESG 与信义义务的履行。鉴于 ESG 有助于公司的可持续发展、有助于公司提高收益水平和回避社会风险,董事信义义务在 ESG 的制度化过程中被赋予了新的内涵和义务要求。基于此,董事应当积极关注和建构公司的 ESG 发展策略和机制并依照法律规定进行信息披露。在具体履行过程中,如若董事因没有尽到相应信义义务而导致公司 ESG 发展水平较低,真实的信息披露不仅能够帮助投资者"用脚投票",而且可以促使股东更替董事会成员,选举能够推进 ESG 发展的新董事。同时,如果董事没有积极履行涵括 ESG 事项的信义义务或对上市公司运行情况不闻不问,而公司因 ESG 事项信息披露疏忽或故意虚假陈述而招致行政处罚,公司董事难辞其咎,理应承担法律责任。需要说明的是,上市公司董事无需事必躬亲地参与公司 ESG 事项的细节,但其有义务推动公司建立并运行有效的监督体系,以此为 ESG 在公司经营与治理中的实现提供有效支撑,并且真实、准确而完整地披露。目前,在我国《证券法》豁免投资者保护机构提起派生诉讼持股期限与比例的背景下,董事违背此等监督义务将面临更重的民事责任,这为董事信义义务的制度化及

---

① 蒋建湘:《企业社会责任的法律化》,《中国法学》2010 年第 5 期,第 126 页。
② 赵骏、吕成龙:《〈反海外腐败法〉管辖权扩张的启示——兼论渐进主义视域下的中国路径》,《浙江大学学报(人文社会科学版)》2013 年第 2 期,第 17 页。

ESG 在我国现代公司中的深层次发展提供了制度保障。

## 六、结语

ESG 的兴起与公司内在机制追求的持续性发展具有方向的一致性,价值理念的契合性。纵观全球重要的资本市场,"股东至上"已经不再被视为圭臬,不论是德国公司治理的共同参与模式,还是英国的开明股东模式等,皆证明了利益相关者在公司治理中的重要性。公司制度并非一成不变,而是随着社会经济的发展不断演进,其自诞生之初就意在促进商事经营的高质量持续发展,不管是有限责任制度、两权分离,还是社会责任及至今日的ESG,本质上都意在以更好的制度设计激发公司持续性发展内在机制的功能发挥。ESG 运动的兴起,让我们对公司本质有了新的认识,今日之公司不仅是社会资源的享用者,更应该是和谐社会的维护者、创造者。我国经济社会已经进入了新的发展阶段,只有顺应社会发展的方向,公司才能在经济社会中获得新的生命力。尽快将 ESG 嵌入至公司法律制度不仅将促进我国公司更好地可持续发展,更可以借由对环境、社会及利益相关者的关注而有利于在高质量发展中促进共同富裕,引领全球公司治理新潮流。

# 第五讲 受托人 ESG 投资与信义义务的冲突及协调[†]

倪受彬[*]

## 一、引言

ESG 投资指的是,投资人(受托人)在标的选择、持有和管理全过程中不仅应关注投资的财务回报,还应关注环境(E)、社会责任(S)与治理(G)等非财务信息。[①] 与 ESG 投资相近似的概念还包括"绿色投资""可持续投资"等。近年来,随着可持续发展理念的深入人心,特别是为回应全球气候变化危机,作为绿色金融的一部分,ESG 投资已成为全球主要基金与机构投资者应遵循的投资原则。[②] 作为一种管理人义务或标准,ESG 投资要求管理人在忠诚于受益人利益之外,还要关注环境、气候、代际公平、劳动者保护、商业贿赂、隐私合规等广泛的"利害关系人"利益。与之前的公司社会责任(CSR)相比,ESG 义务已经从商事伦理转化成更多的约束性义务。[③] 实践中已有受托机构因违反 ESG 投资原则而受到行政处罚的案例[④],而且从趋势上看,ESG 投资的约束性和应用性日趋增强。

但对 ESG 投资原则或义务也存有不同的声音,特别是其与信托法中受托人的信义义务存在冲突。按照传统的信托法,受托人只能为委托人(受益人)的单一利益和最大化利益服务。ESG 投资要求受托人为第三人甚至更广泛的社会责任做出投资决策或调整资产配置,可能损害受益人利益,进而引发受托人滥用自由裁量权、扩大代理成本等问题。现代投资

---

† 倪受彬:《受托人 ESG 投资与信义义务的冲突及协调》,《东方法学》2023 年第 4 期,第 138—151 页。

* 倪受彬,同济大学上海国际知识产权学院教授、博士生导师。本文系上海财经大学富国 ESC 研究院公开招标重点课题"ESG 与法治模式研究"与 2018 年度国家社会科学基金项目"慈善信托财产保值增值投资管理法律问题研究"(项目批准号:18BFX129)的阶段性研究成果。

① 刘杰勇:《论 ESG 投资与信义义务的冲突和协调》,《财经法学》2022 年第 5 期。

② 2019 年美国商业圆桌会议成员 188 家国际知名企业首席执行官共同签署了题为"企业的目的"的文件,为新一轮利益相关者主义的兴起背书。新兴市场中 ESG 投资发展迅速。截至 2022 年 5 月,流入新兴市场的 ESG 投资规模(权益类)累计达到 595 亿美元。参见《ESG 专题研究系列之一:ESG 起源、现状及监管》,载东方证券,https://pdf.dfefw.com/pdf/H3_AP202203081551402211_1.pdf? 1646774760000.pdf,2023—01—07。

③ 关于 CSR 与 ESG 的差异,参见朱慈蕴、吕成龙:《ESG 的兴起与现代公司法的能动回应》,《中外法学》2022 年第 5 期,第 1242 页。

④ 参见后文美国证券交易委员会(SEC)对德隆投资机构违反 ESG 投资义务的处罚案例。

信托的治理中,受托人类似公司法中的董事会,委托人将财产的处分权以信托的形式交给专业受托人(机构),受益人仅保留剩余权和剩余支配权。[①] 从信托治理结构上,受托人存在代理成本与道德风险问题。如果弱化对受益人单一利益的坚守,受托人可能就会为自身利益或第三人利益进行 ESG 投资,或迎合政府环境监管或促进就业等公共政策,或为声誉和监管排名而过分关注社会热点,实际结果却可能是受益减少。对 ESG 投资的质疑在司法实践中也有所反映,美国联邦最高法院的一个判例明确,退休雇员资金受托机构不得在投资中采用 ESG 原则,防止受托人的 ESG 投资会损害退休雇员的财产利益而引发公共政策危机。[②]

应对气候变化,受托人投资的绿色转型已成新态势,但受托人 ESG 投资引发的学术、监管和司法的范式转换,也确实挑战了既有的信托治理模式、资产管理机构的义务履行认定标准等。其间的冲突和协调需要信托法与金融监管立法、司法予以理论回应。本文聚焦于受托人信义义务履行与 ESG 投资义务之间的冲突、平衡与协调的路径问题,第一部分讨论传统信托法单一利益原则、受益人利益最大化原则的理论与立法规定;第二部分讨论 ESG 投资原则的演变、理论基础及制度实践;第三部分在综述和回应质疑 ESG 投资的观点与所持理论的基础上,提出协调受益人利益原则与 ESG 投资义务之间冲突的方法与路径,并对既有观点进行讨论与修正。

## 二、信义义务:受益人单一利益与最大化利益

传统信托法中受托人虽然占有信托财产,并取得受托财产的管理权和处分权,但受到信义义务的约束。受托人除了获取信托报酬外,不得有自身的其他利益诉求,只能为受益人的利益服务,不得顾及社会利益、环境利益等 ESG 内容。受托人应采取最有利于受益人的方式管理和运营信托财产,以符合受益人利益最大化目标的考量。在我国的资产管理实践中,信托产品多为集合资金信托,因而受托人的信义义务更是表现为,受托人的受托行为就是为了受益人金钱利益最大化而提供专业服务。

### (一)单一受益人利益原则

商事信托类似于公司,本质上都是实现受益人财产利益的制度工具。受托人与公司董事会一样,都是为他人利益(股东、受益人)而持有并管理信托财产。与董事会对股东的信义义务类似,信托法中受托人信义义务主要由忠诚义务和注意义务两部分构成。忠诚义务要求受托人仅为受益人的利益管理信托,即"单一利益原则"。"单一利益原则"有时候也被称为"绝对利益规则",在这个严格规则之下,受托人除为受益人利益和完成信托目的的单纯动机外,不应为自己及其他人利益考虑,所有受托管理行为一律不得损害受益人利益。

---

[①] Robert H. Sitkoff, An Agency Costs Theory of Trust Lau, 89 *Cornell L. Rev.* 621(2004).

[②] Max M. Schanzenbach, Robert H. Sitkoff, Reconciling Fiduciary Duty and Social Conscience: The La and Economics of ESG Investing by a Trustee, *Stanford Law Review*, 2020(72), p. 382.

我国《信托法》第二条规定:"本法所称信托,是指委托人基于对受托人的信任,将其财产权委托给受托人,由受托人按照委托人的意愿以自己的名义,为受益人的利益或者特定目的进行管理或者处分的行为。"这就强调了受托人只为受益人利益行为的基本原则。此外,我国《信托法》第 25 和 26 条关于利益冲突交易、违法收入的归入及受托人赔偿条款等的规定都可以看作"单一利益原则"的具体制度体现。

在司法实践中,为捍卫基于忠诚义务衍生出的这个"单一利益原则",针对受托人的某项投资行为是否符合"单一利益原则",法院只要求受益人提交表面证据,证明受托人动机不纯即可。即使受托人没有进行利益冲突交易,只要被证明没有贯彻"单一利益原则",就可能被证明违反信义义务而被追责。现代信托法虽然放松了对关联交易"绝对禁止"的规定,但依然需要受托人自己证明在进行此类利益冲突的交易行为之际,程序上履行了信息披露义务,交易的实际效果上按照公允价格执行,客观上也没有损害到受益人利益。[①]

### (二)受益人利益最大化原则

在商事信托架构中,委托人(受益人)类似公司股东。根据经典公司法理论,公司是实现股东利益最大化(Shareholder Value Maximization, SVM)的工具。我国《信托法》第 25 条规定:"受托人应该遵守信托文件的规定,为受益人的最大利益处理信托事务",这就是信托法上"利益最大化原则"(Best Interest Rule)的制度表达。如果说"单一利益原则"属于信义义务中的忠诚义务,"利益最大化原则"则属于谨慎义务范畴。投资信托中的受托人作为专业人员或机构,接受委托人的财产委托,利用专业能力选择好的投资标的并进行投后管理,为受益人的最大化利益服务。相较于"单一利益原则"主要考察的是受托人的动机及主观因素,受益人利益最大化原则的判断和考察则更多地从客观结果与行为谨慎义务标准方面衡量。

美国法上受托人谨慎义务的确立过程,正是循着受益人"利益最大化"的目标厘定而进行的制度演进。"谨慎义务"分别经历过投资正面名单管理、负面清单管理与谨慎投资人标准三个阶段。从 20 世纪 40 年代开始,美国各个州开始运用谨慎人规则,并放弃或修改了列表管理的思路,希望"谨慎人规则"能够更好地应用到信托管理投资中。但从 20 世纪 70 年代,社会经济环境开始改变,很多人开始怀疑谨慎人规则的适用性,并指出其中的问题,代表性理论成果主要有格雷厄姆(Graham)和多德(Dodd)的观点,他们对"谨慎人规则"的研究集中在基金投资单一项目的安全性上。研究结果显示,如果每一项资金都是安全的,对应的组合也是安全的。

但是"谨慎人规则"缺少合理的科学基础,对投资风险评估过低,大概率会给投资管理者带来损失。[②] 随着多元化投资理论的确立,"谨慎投资人规则"(PIR)得以确立。在美国,

---

① 我国《信托法》第 28 条。

② John C. Harington, Investing with Your Conscience: How to Achieve High Returns Using Socially Responsible Investing, 47(1992).

现代投资理念对应的谨慎投资义务属于默示条款,并引入资产组合投资理论来指导受托人投资时应考虑的相关因素,要求受托人对可能招致信托财产价值变化的信息尽严格审查义务。对受托人在投资时是否履行了谨慎义务,应当根据受托人做出决定或者采取行动当时的情况和环境来判断,并采用一种"总体回报"标准来衡量受益人对与信托投资战略所带来的损失和收益的合理预期。可见,现代谨慎投资规则强调整体利益最大化的注意义务标准。我国资金信托监管与司法解释文件也建立了谨慎管理义务的制度规则,主要表现为多元化投资、资产安全维护义务、积极股东主义与委托人情势变更权的及时行使等。[①]

比较而言,受益人"单一利益原则"与"利益最大化原则"虽然共同构成受托人的信义义务内容,但"单一利益原则"作为忠诚义务,其严格性强于利益最大化原则。换言之,利益最大化原则存在一个谨慎义务标准问题,委托人或受益人不像证明违反忠诚义务一样,仅从动机和利益冲突的角度即可追究受托人因违反"单一利益原则"而招致的责任。如果要求追究受托人违反"利益最大化原则"的赔偿和补偿责任,司法实践还需要区分行为标准与责任标准,受益人必须能够成功证明受托人的行为违反了谨慎投资人的标准才能赢得责任追究的诉讼。考察司法实践,在各国公募或私募基金案中,涉及注意义务的胜诉非常少见。在为数不多的诉讼中,法院对管理人的责任认定采重大过失标准,基金管理人几乎很少因违反注意义务而对投资者承担赔偿责任。[②] 而且,受托人的行为是否违反利益最大化原则还会因利益最大化的计量范围和周期而不同。随着投资市场的复杂程度提高,受托人被赋予的裁量权在扩大,客观上使得受托人违反利益最大化原则而招致责任的可能性降低。

此外,笔者还认为,传统的受益人利益最大化还存在一个解释论上的难题,即"何种受益人的利益最大化问题"。无论在公司治理还是信托治理新的实践和案例中,我们已经观察到很多股东、受益人更关注福利的最大化而不仅仅是财产价值的最大化。[③] 例如,越来越多的股东和受益人考虑整合 ESG 因素的整体价值回报最大化,而不仅仅是财务回报。[④] 在现代资产管理实践中,结构化产品中受益人内部也存在分级、分层,这有点类似于公司类别股东问题。实际上,由于股东的类别化,不同股东的利益最大化的标准并不一样,从而存在股东利益协调的难题。同样,一个资产管理产品中既存在关注长期价值投资的战略投资

---

① 中国人民银行、中国银行保险监督管理委员会、中国证券监督管理委员会、国家外汇管理局于 2018 年 4 月 27 日发布了《关于规范金融机构资产管理业务的指导意见》(银发〔2018〕106 号)。该意见第 16 条规定了"资产集中度"的问题。2022 年 5 月 13 日中国银行保险监督管理委员会修订发布了《关于保险资金投资有关金融产品的通知》,也强调了多元化投资的要求。

② 周淳:《基金管理人注意义务标准之厘定》,《人民司法》2023 第 2 期,第 19 页。

③ Oliver Hart and Luigi Zingales. The New Corporate Governance,Chicago *Business Law Review*,Summer 2022,Vol. 1,Issue 1.

④ 最近,雪佛龙公司股东投票支持了一项股东提议,要求管理层汇报其游说活动如何与《巴黎协定》相一致。在经营管理层面,公司经营层日渐意识到公司利益相关者的作用。例如,包括摩根大通和苹果公司首席执行官在内的近 200 位美国大公司首席执行官在 2019 年签署了一份声明,提出其已认识到公司对所有利益相关者的承诺,并承诺投资于公司员工、妥善处理与供应商关系、支持社区等,而将为股东创造价值置于声明的最后位置。参见朱慈蕴、吕成龙:《ESG 的兴起与现代公司法的能动回应》,《中外法学》2022 年第 5 期,第 1249 页。

者,也有关注即期回报的财务投资者。在信托实践中,不同类别的受益人,其份额的多寡、优先劣后的类别使得原有的受益人利益最大化原则在实践中也并非简单明了。有鉴于此,后文将讨论不同类别的受益人或信托目的的具体情形,以防止笼统地将 ESG 投资与上述传统的信义义务直接对立。

### 三、受托人 ESG 投资义务

近年来,ESG 投资兴起的主要原因是资产管理机构需要一种非财务指标体系来帮助识别具有长期投资价值的标的资产,因为原来仅仅关注财务指标,可能无法剔除不符合各国绿色产业政策转型的优质资产,从而会损害到投资人的利益,或者虽然财务上可行,但不符合监管机构的受托人合规要求。为实现绿色发展与气候变化目标,各国央行在内的金融监管机构要求资产管理机构采用 ESG 投资和责任投资原则,以便将资产配置到环境友好、符合可持续发展原则的领域和项目。作为区别于传统财务指标的体系,ESG 投资主要包含三个层面的内容,即 ESG 信息披露、ESG 评级与 ESG 合规。

#### (一)ESG 投资的理论演进

社会责任投资的典型事件或触发原因是 20 世纪七八十年代越战与南非的种族隔离运动。社会责任投资运动要求所有投资机构不能为向越战提供军火服务的防务公司、南非的企业及美国本土支持种族隔离政策的企业提供投融资支持。资产管理人应该本着反战、民权的价值观投资,或者将已经持有的支持南非种族隔离运动的投资标的市场出清。该责任投资理论认为,作为资产管理人持有这些标的,本质上构成一种为不符合和平、种族平等的政权及其企业提供融资和帮助。[1]

道德投资直接推动了公司社会责任理论的兴起。随着现代公司的发展,公司的社会影响力巨大,企业公民、利害关系人理论与公司社会责任的观念挑战了原有的股东中心主义(单一利益原则),公司是否仅以股东财务回报最大化为目标(SVM),还是应该以公司价值甚至整个社会福利最大化为目标(SWM),应关注环境利益、社区与劳动者的福利。ESG 则是合并了环境因素的 CSR 的升级版,与 CSR 相比,ESG 的指标体系更加丰富,其量化数据更适合投资价值的测量。相比于 ESG 的定量特征,CSR 因更多的定性描述而不适合作为一种需要定量化处理的投资工具使用。而融合多元投资价值的 ESG 责任投资逐步演化为一种更多包容性的投资策略,并拥有丰富的投资手段,突破了横亘在责任投资与主流投资方式之间的阻碍。[2] 2007 年金融危机和大萧条复兴了社会责任投资,进一步促进了 ESG 的

---

[1]　刘杰勇:《论 ESG 投资与信义义务的冲突和协调》,《财经法学》2022 年第 5 期,第 167 页。

[2]　Blaine Townsend. From SRI to ESG:The Origins of Socially Responsible and Sustainable Investing,*The Journal of Impact and ESG Investing*,2020(1),pp. 1—2.

重要发展,因为 ESG 筛选原则与关注因素可能会是更好的风险测度工具。[1]

### (二)ESG 投资的理论创新

ESG 逐渐成为资产管理的主流实践并推动各国公司法、信托法领域的制度变革,其实践范式的转变主要基于以下理论基础:

1. 可持续发展目标(SDG)与负责任投资(PRI)

1987 年联合国世界环境与发展委员会(WCED)发布的《我们的共同未来》首次界定了"可持续发展"的概念,即人类发展须"既能满足我们现今的需求,又不损及后代子孙满足他们需求的能力"。[2] 而责任投资原则是 2006 年时任联合国秘书长安南在纽约证券交易所提出的,由联合国环境署金融行动机构和联合国全球契约组织(UNGC)共同管理。ESG 投资原则可视为可持续发展理论与负责任投资在金融投资领域的体现。责任投资原则号召投资者将 ESG 投资原则引入投资决策,强调以一种保护环境(E)、维护社会(S)及强化公司治理(G)的方式,即遵循 ESG 框架投资,追求长期收益。[3] 责任投资、可持续发展理念、ESG 投资理论近年来受到如此重视,也是缘于信托与资管领域的相关新动向与趋势。

一是投资人(受益人)的责任投资自觉。越来越多的投资者开始关注包括气候变化在内的投资责任,希望自己的财产增值投资符合可持续发展的道德理念。换言之,投资者不再只关注金钱或财富利益。"仓廪实而知礼节,衣食足而知荣辱。"随着可持续发展理念的深入人心,各国都更加重视环境保护,希望采取集体行动降低气温,免受更多极端天气影响。越来越多的金融消费者在个人投资过程中更愿意选择与自身可持续发展理念相符的金融产品。以英国为例,根据调查问卷数据,70%的受访者表示他们希望个人投资避免对社会和地球产生破坏影响,50%的受访者认为他们可以牺牲一定收益以实现对社会发展的积极影响。公司治理领域的新现象也支持上述观察和经验。股东也会基于 ESG 原则否定带来可观财务回报的提案。[4]

二是受托机构(管理人)投资模型调整与声誉机制的内在需求。随着全球环境,特别是气候风险、系统性风险加剧,投资标的的物理风险与财务风险应该被关注,管理人应该主动回避对这些搁浅资产的投资从而提高受托资产的价值稳定与利益最大化。ESG 所关注的环境因素,特别是气候变化风险对于投资管理的影响越来越大。资管机构作为受托人,其负有妥善管理投资者的财产的义务。通过受益人大会的表决机制和管理人筛选,投资者责任投资的价值会传导给受托人,并影响管理机构的投资决策模型。全球大型养老金、家族办公室作为机构投资者,在践行可持续投资方面处于领先地位,资管机构的气候风险管理

---

① 　On the PRI,see United Nations,Principles for Responsible Investment,The Six Principles,available at https://www.unpri.org about/the-six-principles,last visited on 2023－01－07.

② 　WCED. Our Common Future,*Oxford University Press*,1987,pp. 34－44.

③ 　兴业银行绿色金融编写组:《寓义于利:商业银行绿色金融探索与实践》,中国金融出版社 2018 年版,第 10 页。

④ 　(美)奥利弗·哈特、(美)路易吉·津加莱斯:《新公司治理》,李光武译,《学习与探索》2022 年第 11 期,第 119 页。

被重视,资管机构会主动选择含有 ESG 投资主题的投资品。[①] 参与全球低碳绿色发展,加强气候变化风险管控,是资管机构的投资管理责任之一,如果不能有效管控气候变化风险,导致给投资者造成较大损失,也可能影响自身品牌价值。

三是管理人应对 ESG 合规要求使然。受益人和管理人具有 ESG 投资的自觉与理性如何转化成行动,还需要所在国和国际社会予以法律规制。环境是公共产品,存在公地悲剧,国家和政府应承担起环境利益、第三人利益(含代际公平)这一公共财产受托人角色。法律法规应该从可持续发展与金融稳定的角度,对受托人的商业行为进行合规监管,通过制度或标准体系规范受托人仅基于受益人利益最大化,但会出现损害可持续发展的"不负责任"的急功近利与短视行为。

环境公共财产信托理论认为,自然环境及能源、矿藏属于一国甚至全人类共同财富[②],具有公共财产属性。国家作为环境这一公共财产的受托人,通过宪法授权,作为受托人为全民利益持有、管理环境财产并分配环境资源财产福利或收益。各国对环境治理分别采取激励与约束的手段进行。各国从 ESG 合规的角度对包括受托人在内的投资行为进行约束,这样的效果相当于国家代表公众向不符合 ESG 政策或法律的投资行为征税。通过这种合规压力,国家引导更多资本投向符合可持续发展政策的领域,从而实现全体国民"环境权益和福利"的最大化。

2. 负外部性定价与受益人利益最大化的重新估值

无论是信托投资还是基金投资,本质上都是为投资标的和项目提供融资支持。原有受益人利益最大化原则只关注投资回报财务利益的最大化,而没有将标的企业(项目)所产生的环境污染(E)、不合规的侵犯职工利益(S)等负外部性纳入定价和估值范围。就环境损害侵权而言,公众或潜在受害人作为第三人欠缺参与信托投资定价和利益分享机制,客观上使得受益人的收益最大化含有对公众福利的剥夺或侵占,受益人的最大化利益存在估值方法不准确而并不公允与纯粹。导致这种不纯粹的原因除了利益最大化原则作为保守理论不愿意正视与承认外部性,不愿意结合 ESG 投资原则将环境损害纳入风险计提,应让渡出一定量的财务利益的"主观态度"之外,还有就是损害的"负外部性"一度因为损害范围、因果关系及计量手段局限等原因,很难衡量和统计而导致"追究困境"。以 ESG 评价指标中的碳排放因子为例,在碳足迹核查技术条件和能力成熟之前,很难计量一个企业及产品全生命周期的碳排放信息。土壤损害调查技术的缺失同样导致难以计量企业造成有毒土地的

---

① 为了不误导投资者,欧洲证券与市场管理局(ESMA)认为,基金名称中与环境、社会和公司治理(ESG)以及可持续性相关的术语应得到可持续性特征或目标证据的实质性支持,这些特征或目标应在基金的投资目标和政策中得到公平一致的反映。本次意见征询的目标是确保投资者免受未经证实或夸大的可持续性声明的影响,同时为资产管理公司提供清晰、可衡量的标准来评估基金名称,包括 ESG 或可持续性相关术语。参见中国证券投资基金业协会:《2019 ESG 趋势与展望——MSCI 2019 全球 ESG 调研报告》2019 年第 8 期,第 3 页。

② "绿色民法典"将环境权益作为公民重要的人身权予以规定。参见《民法典》第 990 条第 2 款的规定。该条规定:"自然人享有基于人身自由、人格尊严产生的其他人格权益。"《巴黎协定》规定了各国"共同但有区别的责任",气候环境权益属于人类共同福祉与利益。

范围与修复成本。可见,ESG 因素中的相关数据缺失使得受益人的利益最大化如何与负外部性进行损益计提缺乏量化的可能。近年来,随着卫星遥感、碳核查、数字化、区块链技术的逐步完善,对于 ESG 数据和信息的统计技术日新月异,投资标的的负外部性不再只是一个概念,而变得可统计、可追溯和可比较,ESG 的制度化、标准化因此变得可能。单位产品的用能、用水数据确实也已纳入全球主要 ESG 披露指南和指标体系的范畴。新加坡金融管理局于 2021 年 11 月发起设立了"绿色足迹项目",对企业经营中与绿色相关的轨迹进行跟踪、记录。新加坡交易所于 2022 年 9 月发布了 ESG 信息披露——ESGenome 作为"绿色足迹平台",成为重要 ESG 数据披露的基础设施。

综上,在技术条件具备的背景下,笔者认为应该通过对受托人 ESG 投资义务的落实,来调整与重新计提并折扣非 ESG 投资义务之下的财务价值。在新技术条件下,改变单纯的伦理投资的"道德谴责",真正复原企业的实际损益与外部性,"让事实和数据说话",从而使得受益人利益与社会整体福利相协调和兼容。

3. 共同所有权与福利最大化

诺贝尔经济学奖获得者哈特新近就 ESG 投资的正当性提出的共同所有权理论,有力地解释了 ESG 投资的合理性。哈特认为,资产管理机构的多元化组合投资,更关注的是组合投资的价值最大化而不是某个标的的价值最大化。[1] 也就是说,组合投资客观上会让企业之间的竞争弱化而更愿意走向合作,一个企业会更关注其他企业的价值。例如,一方面,企业上下游之间在供应链层面变得休戚相关;[2]另一方面,环境、社会因素变成每个企业的共同外部资产。共同所有权在这个意义上就意味着企业之间"一荣俱荣,一损俱损"。一个符合 ESG 要求的营商环境有利于企业之间在合作基础上的竞争,从而符合整体福利最大化的帕累托改进。换言之,如果一家公司的生产行为虽然实现了即期利益最大化,但是不符合 ESG 评价,其破坏环境、商业贿赂、侵犯专利、损害社区利益的行为可能同时损害投资组合里其他标的整体营商环境或生产效益,从而在整体上抵消了个别的受益。可见,共同所有权理论已经注意到整体社会利益、环境的改善应该成为管理人考量的目标,而不仅仅是单一利益最大化。[3] ESG 投资,通过对环境、社会和治理因素的综合考虑,实现的是信托财产总价值最大化,而不是某一个类别甚至个别受托人的价值最大化。信托财产的整体价值最大化与社会福利最大化其实更为一致,而不一定是非此即彼的对立冲突。

此外,整体利益最大化还隐含了另外一种假设,即 ESG 投资关注更长周期、更稳定的投资回报,短期内某项 ESG 投资收益会低于非 ESG 投资。但考虑到监管成本、环境风险、社

---

① (美)奥利弗·哈特、(美)路易吉·津加莱斯:《新公司治理》,李光武译,《学习与探索》2022 年第 11 期,第 120 页。

② 实际上德国确实于 2021 年通过了《企业供应链尽职调查法案》(LkSG),并在 2023 年 1 月 1 日起正式生效实施。2022 年 2 月 23 日,欧盟委员会发布了《关于企业可持续发展尽职调查和修订指令》草稿(EU Corporate Sustainability Due Diligence and amending Directive,简称 CSDDD)。

③ Oliver Hart and Luigi Zingales, The New Corporate Governance, *Chicago Business Law Review*, Summer 2022, Vol. 1, Issue 1.

会声誉与员工稳定等 ESG 因素,如果拉长基金的考核周期,如此将"利益—风险调整系数"纳入,即使只考虑财务因素,受益人的整体利益也是最大化的。可见,ESG 投资其实与非 ESG 投资并不是必然冲突的,两者存在协调和同向运行的可能性。

### (三)ESG 投资的制度表达

如前所述,ESG 投资已成为主流投资原则并推动了 ESG 制度体系的形成。ESG 与 CSR 的区别除了前文所述的数据化之外,另一个区别就是 ESG 正从企业自治层面进入他治层面。受托人的 ESG 投资义务正在受到制度化的 ESG 规则的约束与规范,甚至受到各国日趋严格的强制性规范的约束。① 通过分析全球的主流 ESG 制度体系,笔者发现从渊源上包括以下类别:各国及国际组织的 ESG 披露制度、各国 ESG 监管规则和合规制度,其中以 ESG 信息披露制度为核心。实际上,国际组织发布的 ESG 披露指南已经成为实际上的软法,被各大资产管理机构采用,甚至通过立法被直接吸收到相关国家和地区的法律体系之中。

1. ESG 信息披露制度

ESG 制度体系是以投资标的的信息披露为基础,并通过作为金融机构的资产管理机构对持有标的 ESG 信息披露传导机制,完成了政府合规监管、管理人自律,市场 ESG 指数产品的正向激励约束体系构建。从 ESG 披露的强度角度来分,可分为强制信息披露、自愿信息披露、半强制信息披露三种。目前,欧洲主要采取强制信息披露,美国市场则是以自愿信息披露为主,而意大利及亚洲新兴市场(如韩国)采取的是"不披露就解释"的半强制信息披露。

欧盟于 2014 年 10 月颁布《非财务信息披露指令》(NFRD),是欧盟首次系统纳入 ESG 因素的法律文件,以"遵守或解释"的披露要求,规定员工超过 500 人的大型公共利益企业需要公布非财务报告,信息披露内容覆盖环境、社会和员工权益等相关问题。② 2022 年 2 月,欧洲理事会通过《企业可持续发展报告指令》(CSRD),把可持续发展报告应披露主体扩大到欧盟所有大型企业和受欧盟监管的证券交易所上市公司。2017 年 3 月,美国纳斯达克推出首份专门针对北欧和波罗的海国家公司的《环境、社会和公司治理信息报告指南 1.0》(ESG Reporting Guide 1.0),并于 2019 年 5 月发布修订后的《环境、社会和公司治理报告指南 2.0》,设定了 30 个符合国际主流的披露指标,并将披露主体扩大至在其交易所上市的所有公司(见表 5—1)。

---

① RHT LAW Asia LLP, *The Evolution of ESG from CSR*, available at https:/ww. lexology. comlibrary/detail. aspx? =80bbe258-aldf-4d4c-88f0-6b7a2d2cbd6a,last visited on Apr. 24,2022.

② Durective2014/95/EU,available at https:/eur‐lex europa eulegal‐content/EN? TXT/? uri = CELEX%3A32014L0095,last visited on Apr. 25,2022.

表 5—1 国际主流 ESG 评级体系的基本框架与关键指标

| 评级机构 | 环境因素 | 社会因素 | 公司治理因素 |
|---|---|---|---|
| 富时罗素<br>(FTSE Russell) | 气候变化;水资源;污染和资源;生物多样性;供应链环境情况 | 消费者责任;健康与安全;人权与社区;劳工标准;供应链和水资源安全 | 反腐败;企业管理;风险管理;纳税透明度 |
| 路孚特<br>(Refinitiv) | 资源利用;排放;环保产品创新 | 员工;人权;社区;产品责任 | 管理;股东;社会责任战略 |
| 明晟<br>(MSCI) | 气候变化;自然资源;污染和废弃物;和环境相关的发展机会 | 人力资本;产品责任;和利益相关方是否存在冲突;和社会责任相关的发展机会 | 公司治理;公司行为 |
| 中国香港交易所<br>(Hong Kong Exchanges and Clearing Limited) | 排放物;资源使用;环境及天然资源;气候变化 | 雇用及劳工常规;营运惯例;社区 | 企业管治常规;董事会;主席及行政总裁;非执行董事;董事会辖下的委员会;公司秘书;董事的证券交易;风险管理及内部监控;核数师酬金及核数师;多元化;投资者关系 |

注:根据主流 ESG 评级体系公开文件整理。

中国内地方面,2022 年 1 月,上海证券交易所发布《关于发布上海证券交易所科创板上市公司自律监管指引第 1 号至第 3 号的通知》,鼓励科创公司规范运作,自愿披露 ESG 信息,持续披露科创属性的 ESG 个性化信息。2022 年 1 月,深圳证券交易所发布《深圳证券交易所上市公司自律监管指引第 1 号——主板上市公司规范运作》,要求公司在年度报告中披露社会责任履行情况,纳入"深证 100 指数"的上市公司单独披露社会责任报告;并将"是否主动披露 ESG 履行情况,报告内容是否充实、完整"作为信息披露工作的考核内容,形成了 ESG 信息披露的基本框架。国有企业由于其特殊的资产属性与服务于国计民生的立法定位,积极践行 ESG 义务也是法理所定。2022 年 5 月,国务院国有资产监督管理委员会在《提高央企控股上市公司质量工作方案》中提出,中央企业集团要推动上市公司完整、准确、全面贯彻新发展理念,进一步完善 ESG 工作机制,在资本市场中发挥带头示范作用;立足国有企业实际、积极参与构建具有中国特色的 ESG 信息披露规则、ESG 绩效评级和 ESG 投资指引;推动央企控股上市公司 ESG 专业治理能力、风险管理能力不断提高;推动更多央企控股上市公司披露 ESG 专项报告,尽快实现相关专项报告披露"全覆盖"。

2. 资产管理人 ESG 投资义务

资产管理机构作为受托人管理着数量庞大的资产。如前所述,越来越多的资产管理机构加入"负责任投资原则"。各国金融监管机构认识到包括资产管理机构在内的金融机构应该加强其持有资产的 ESG 投资管理,因为如果金融机构本身没有践行负责任投资原则,漠视气候变化带来的物理风险和财务风险,就会危及全球的金融稳定。气候变化风险会通过影响宏观经济和微观主体最终传导并形成信用风险和市场风险。以物理风险为例,台风、暴雨等极端气候会影响企业生产,表现为企业资产遭受损失,短期生产能力下降,盈利水平下滑,进而影响企业股价,带来投资风险。以转型风险为例,政府加大低碳绿色发展,更多地使用非化石能源,而煤炭、石油等化石能源企业可能面临现有资源贬值的风险,市场需求萎缩,经营成本上升,偿债能力下降,增大违约风险。

为应对气候等转型风险,资产管理机构被要求披露其如何管理其受托资产以确定其是否贯彻 ESG 投资原则。2021 年 3 月生效的欧盟《可持续金融信息披露条例》(SFDR)将 ESG 信息披露范围扩大到金融领域,要求欧盟境内所有金融市场参与者与金融咨询机构都应披露主要的可持续性风险以及投资决策中对可持续性的不利影响,以提高金融产品可持续发展信息披露的透明度,更好地将资本引导到可持续投资上。《欧盟可持续金融分类方案》(EU Taxonomy)于 2020 年 6 月 22 日正式发布,目的在于创建一种通用的 ESG 分类方法,减少 SFDR 在实践中由于概念模糊而产生的不确定性,明确相关概念,促进 SFDR 有效实施。2022 年中国人民银行发布《金融机构环境信息披露指南》,其中 6.7.2 条规定了"资产管理机构投资所产生的环境影响"。6.7.3 条特别就信托公司投融资所产生的环境影响做出规定。

3. 受托人 ESG 合规指引

随着监管部门对于气候风险的研究深入和实践经验分享,监管部门开始逐步形成具有较高指导性的经验,加快指导资管机构有效开展好气候风险管理。按照 ESG 投资原则,受托人应该在资产管理实践中贯彻责任投资原则,各国据此加强了针对受托人的管理制度构建。2020 年 12 月,新加坡发布《面向资产管理人的环境风险管理指引》,该指引中的环境风险包含气候变化风险、土地污染风险等,要求资管机构董事会、高级管理层确定与环境风险有关的战略、业务政策以及产品开发策略;如果认为环境风险较为突出,需要将其纳入研究和资产组合管理并对外披露环境风险管理方法和方式。

英国 2016 年发布一份投资治理指南,申明"法律充分灵活地允许受托人将非财务因素纳入考量范围"。2021 年 6 月,英国发布针对职业年金受托人的气候变化风险管理和报告指引,主要指导受托人按照气候相关财务信息披露工作组的建议,做好治理、政策、情景分析、风险管理工具等方面的管理。[①]

美国部分州还通过立法规定养老金或社保基金在 ESG 责任投资中的比重,并要求其履行相应的 ESG 信息强制披露义务。美国加利福尼亚州参议院第 185 号法案,要求加利福尼亚州公务员养老金和加利福尼亚州教师养老金停止对煤炭投资,并向清洁、无污染能源过渡,以支持加利福尼亚州经济脱碳;加利福尼亚州参议院通过的 964 号法案,进一步强化对上述基金中气候变化风险的管控以及相关信息披露的强制程度,并将气候变化相关的金融

---

① 叶榅平、朱晓喆主编:《ESG 法治框架——基于比较法的视角》,上海财经大学出版社 2024 年版,第 132 页。

风险上升为重大风险级别。2018 年特拉华州修改信托法典,明确要求受托人应按照 ESG 投资原则投资,成为 ESG 投资进入信托法的第一州。[①]

ESG 合规的案例也已出现。2022 年 5 月,美国证券交易委员会(SEC)结束了对纽约梅隆银行(Bank of New York Mellon Corp.)的调查,并对其投资咨询部门处以 150 万美元的罚款。此前监管机构调查发现,该公司的部分投资没有经过 ESG 审查。纽约梅隆投资顾问公司向投资者宣称其投资策略包括"在研究过程中识别和考虑环境、社会和治理的风险、机会和问题"。但 SEC 的调查显示,以纽约梅隆银行的一只基金为例,185 项投资中有 67 只证券并没有 ESG 质量得分。SEC 认为梅隆公司违反了《1940 投资顾问法》第 206(2)和 206(4)条及细则第 206(4)-7 和 206(4)-8 条以及《投资公司法》第 34(b)条。SEC 认为管理人的投资偏离 ESG 主题,在基金的投资和风险方面误导投资者。SEC 制定的新规要求基金专注于具有特定特征的投资,ESG 投资低于其他概念投资的基金将不得使用 ESG 或相关的名称。

4. 受托人 ESG 投资义务与积极股东主义的制度实践

积极股东主义属于国际可持续投资联盟所倡导的 ESG 投资策略。[②] 积极股东主义也成为受托人的重要义务标准。所谓积极股东主义,指除了投资标的的选择应按照 ESG 投资原则执行之外,资产管理机构作为机构投资者和股东,在行使表决权或参加目标公司董事会时,应通过与董事会或管理层直接对话、提交股东提案,召开临时大会以及代理投资等方式履行 ESG 投资义务。纵观全球资产管理实践,越来越多的机构股东通过 ESG 原则,否决符合单一利益原则公司投资决策行为。[③] 管理人同时作为股东,贯彻 ESG 投资原则应该关注长期表现,把投后与改进工作,结合股东积极主义,要求资产受托人全过程按照 ESG 原则履行受托义务,而不能停留在资产选择这样的单一阶段。

中国已经引入 ESG 投资与股东积极主义理念。2018 年中国证券投资基金业协会发布的《绿色投资指引》,其第 4 条、第 5 条首次明确提出了基金管理人 ESG 投资的义务。[④] 要求投资基金管理人在标的选择、行使积极股东方面,将资金投资到符合环境效益、治理良好的企业,并积极促使企业降低碳排放和资源节约。《绿色投资指引》强调,受托人 ESG 义务的贯彻不仅限于投资标的的选择,而且特别指出受托人应该"行使积极股东"。

---

① Sibhan Riding, Brussels Warned Not to "Hardwire" ESG Into Fund Rules, *Ignites Europe*, Feb. 1, 2018.

② GSIA, Global Sustainable Investment Reviena 2020, http//: www. gsi-allance. org/wp-content/uploads/2021/08/GSIR-20201. pdf, last visited on Apr. 29, 2022.

③ 2021 年发生的一些事件,反映出资产管理机构积极股东主义的义务。包括资产管理机构的股东要求杜邦公司披露每年向环境中排放多少塑料,并据此评估公司污染治理的有效性;埃克森美孚的股东要求公司的战略决策必须说明公司的经营行为如何与《巴黎协定》规定的温控目标保持一致。温迪公司的股东要求公司披露《供应商守则》在保护农产品和肉类供应商工人权益方面的有效性。参见(美)奥利弗·哈特、(美)路易吉·津加莱斯:《新公司治理》,李光武译,《学习与探索》2022 年第 11 期,第 117 页。

④ 《绿色投资指引》第 4 条规定:基金管理人可根据自身条件,在可识别、可计算、可比较的原则下,建立适合自己的绿色投资管理规范,在保持投资组合稳定回报的同时,增强在环境可持续方向上的投资能力。有条件的基金管理人可以采用系统的 ESG 投资方法,综合环境、社会、公司治理因素落实绿色投资。

## 四、受托人信义义务与 ESG 投资的冲突及协调路径

ESG 作为一种新的投资义务和评价标准,也面临各种质疑和挑战。特别是其将环境利益、社会利益和经济利益置于一个评价框架之内,一方面使得原有的清晰的受益人利益模型分析变得复杂和难以计量,容易引发受托人的道德风险;另一方面,环境利益和社会利益作为公共产品,不应牺牲受益人的利益而应由政府承担为宜。但是,如上文所见,随着全球 ESG 投资成为主流趋势并制度化,应该在深入分析不同类型的信托财产和信托目的的基础上,找到制度变革的共识和冲突的缓和路径。

### (一)对 ESG 投资的质疑与批判

ESG 投资极大地修正了原有受托人投资的评价模型,要求投资人增加对受益人之外的第三人的利益考量。将一些 ESG 投资纳入强制法的法域,对 ESG 投资原则的实施会颠覆受益人利益单一原则与最大化原则,至少有将受益人利益置于次要位置的实际效果。因此,对 ESG 投资也存在不同的声音。对此,学者认为 ESG 及其激励政策的正当性应该重新考量。他们认为,由于 ESG 投资的制度体系无法有效解决实证研究所需要的因果识别和内生性控制问题,ESG 实现整个社会福利提升的机制链条至少从目前的经验证据来看还不够清晰和令人信服。[①]

纽约大学商学院的 Aswath Damodaran 教授对 ESG 概念进行了系统全面的批评,质疑 ESG 所强加的道德准则。他甚至把 ESG 的鼓吹者称为"道貌岸然且傲慢的傻瓜"。该学者认为,过分强调受托人在投资中关注环境友好,甚至解决男女平等、充分就业等目标,客观上容易淡化政府作为"公共品"提供者的责任,而让私人资本为政府的义务埋单。此外,ESG 投资会扭曲受托人的行为,使得对其的考核变得难以量化,甚至容易产生受托人的代理成本问题。比如,受托人会选择一些短期难以产生经济效益,却会带来荣誉性的投资,以迎合监管需求从而获取自己利益等。塔夫茨大学的 Kenneth Pucker 教授和波士顿大学的 Andrew King 教授在《哈佛商业评论》撰文,揭示 ESG 投资并不会解决人类环境和社会问题,只有政府干预才能够解决气候灾难。他们认为 ESG 投资通常投向二级市场的证券资产,没有带来环境和社会责任的额外影响。真正能够产生影响力的投资需要展示如何通过投资活动把原本不会发生的环境和社会责任活动变得商业可行。[②]

市场上质疑 ESG 投资的声音转化为行动。一些资产管理机构成立"反 ESG 基金",并谋求在能源类公司中的董事会席位和投票权。一些国家的立法机构也要求养老金等机构

---

① Goldman Sachs, What is Powering the ESG Surge?, https://ww. goldmansachs. com/citizenshiplenvironmental-steward- ship/market-opportunities/cleanenergy/power-purchase-agreement/, last visited on 2022－04－29.

② Pucker, K. P. & King, A. ESG Inwesting Isn't Desimged to Save the Planet, *Harvard Business Review*, 2022 (52), pp. 23－27.

的管理人不再需要关注 ESG 要求,而且可以向能源恢复开采的项目进行投资。[①]

## (二)协调路径

如何处理信托受益人利益最大化与日益增强的 ESG 投资义务之间的冲突,受托人如何"一仆二主",既是司法实践中解决受托人违反信义义务的责任界分问题,也是信托法理论需要回应的问题。本文试图提出缓和调和 ESG 投资与信义义务冲突的几种路径和方式。

### 1. 受托人基于风险调整的 ESG 投资

基于风险调整的 ESG 投资就是受托人基于专业判断的风险受益调整策略。例如,在"双碳"背景下,ESG 投资原则要求管理人应该将化石能源投资的比例降低甚至逐步出清。现有的金融市场低估了化石能源行业的减值、诉讼或其他的风险,因此根据 ESG 原则,在投资组合中"脱碳"是符合风险调整收益原则的。根据这个假设,PRI 在 2005 年的一份报告中认为 ESG 投资作为一种积极投资、利润获取型的主动投资策略,是与信托法的信义义务不谋而合的,2015 年 PRI 更认为 ESG 与信义义务的争论可以终止了。[②]

更有研究表明,ESG 在信用风险管理中发挥着重要而积极的作用。ESG 表现良好的公司违约风险较低,这可能表明其融资成本较低,与同行业中 ESG 评级较低的公司相比,它们更具竞争力。[③] 也就是说,受托人通过对投资标的市场价值的专业判断,实现了社会利益与财产利益的统一,也就不会存在传统的利益最大化的信义义务与 ESG 投资之间的冲突。

### 2. 受益人授权或同意

受托人的信义义务,特别是"单一利益原则",虽然非常严格,但在私益信托中,本质上还是任意条款,可通过委托人的同意而被缓和。这就为 ESG 投资义务与受益人单一原则之间冲突解决提供了可能。也就是说,委托人可以通过事先同意条款允许受托人在投资时考虑环境、社会等非受益人利益的因素,最终可能会造成损失,但是受托人不必为此承担赔偿责任。信托法本质上是民商法,特别对私人信托而言,受益人可以基于自己的意思表示而授权受托人进行 ESG 投资。受益人同意受托人做出的不符合自己利益最大化的 ESG 投资,实际上是受益人对自己利益的处分行为。具体而言,受托人被允许进行 ESG 投资,又可以分成这样几种情形:

一是 ESG 主题产品。ESG 主题是指在信托项目设立之时,就明确按照某种 ESG 标准募集并投资某类符合 ESG 的资产类别,或者设立信托时就明确允许受托人可以将道德或利益第三人的动机纳入投资决策。委托人于项目设立时就同意并知道产品的 ESG 主题性质。

二是事后同意或豁免责任。受益人事后同意或追认,是指在信托设立时虽没有明确或

---

① 应依汝:《"反 ESG 基金"首炮打响,四只新基金已经在路上》,《华尔街见闻》2022 年 8 月 5 日。

② Susan N. Gary, Values and Value: University Endowments, Fiduciary Duties, and ESG Investing, *J. C. & U. L.*, 2016(42), p. 247.

③ Li, Hao, Xuan Zhang and Yang Zhao. ESG and Firm's Default Risk, *Finance Research Letters*, 2022(47), 102713.

授权受托人进行 ESG 投资,但在信托存续期间,通过受益人会议同意受托人可以将原有的投资策略变更为 ESG 投资,或在受托人已经进行 ESG 投资后,受益人大会予以追认。

三是委托人基于情势变更原则行使调整权。我国《信托法》第 21 条规定,"因设立信托时未能预见的特别事由,致使信托财产的管理方法不利于实现信托目的或者不符合受益人的利益时,委托人有权要求受托人调整该信托财产的管理方法",这就是信托法上的情势变更原则。就 ESG 投资实践而言,受益人基于市场的变化或自己的投资偏好,认为原有的投资,虽然可能短期利益最大化,但不符合长期利益最大化。甚至虽然可以获得可观的利润,但不符合受益人的价值观或最大福利,或者违反了法律政策最新出台的 ESG 信息披露要求、合规要求或软法,如果不予以变更将存在政府处罚或被供应商从名单中剔除等风险,委托人因而基于变更请求权而指示受托人进行投资调整。需要说明的是,上述基于信托法规定的情势变更原则下的调整权,是受益人基于市场变化的主动变更请求权,虽然与事后追认一样属于民法的形成权,但是发起的条件、适用的情形毕竟不同。

笔者认为,上述受益人授权同意即可进行 ESG 投资,应该被限制在私益信托的交易背景下,不能扩展到所有信托财产类别。有学者认为,信托是一个合同,委托人作为合同的缔约方当然可以授权受托人为任何行为,受托人在受益人同意的情况下,即使受托人的管理行为违反了受益人的单一利益或受益人利益最大化原则,受托人也不需要承担违反信义义务的责任。这种观点存在绝对化的误区,或者说有需要限定的地方。信托法具有一定的强制法特征,很多义务不能通过合同设定或排除。[①] 笔者认为,如果 ESG 投资在某个法域是制定法所强制要求的,即使委托人反对受托人的 ESG 投资,这种限制 ESG 投资的条款效力也无效。反之亦然,即使受益人给予授权或追认,受托人也并不一定就能因接受委托人(受益人)的指令而自然免责。也就是说,单纯的委托人或受益人(含部分受益人)的指令或同意,并不自然成为受托人免责的理由。[②]

具体到慈善财产、养老金、国有财产等特定类型的投资信托,虽然也采取了信托架构,但这些财产具有公共属性,受托人 ESG 投资义务应该根据特别法界定的信托目的及财产保护的法理来处理与传统信义义务的关系协调问题。

3. 信托财产类别、投资目的属性与 ESG 义务的协调

我国《绿色投资指引》第 5 条强调,"为境内外养老金、保险资金、社会公益基金及其他专业机构投资者提供受托管理服务的基金管理人,应当发挥负责任投资者的示范作用,积极建立符合绿色投资或 ESG 投资规范的长效机制"。该条规定的可取之处是提出应从受托资产类别的角度确定养老金、社会公益基金等特殊资产的 ESG 投资义务。但存在的问题是对这些特殊财产的 ESG 投资义务缺乏细致论证及学理检视。

① 赵廉慧:《论信义义务的法律性质》,《北大法律评论》2020 年第 1 期,第 78 页。
② 肖宇、王子康:《委托人指令与资产管理人责任边界:以信义义务为分析视角》,《财经法学》2023 年第 1 期,第 170 页。

其一,根据慈善信托法,慈善目的与 ESG 指标高度重合,环境治理、社会救助等均属于慈善信托财产目的。① 慈善本身就是社会治理功能的重要载体,如果某一慈善信托在设立时,确定了环境保护、扶贫等保值增值投资目标,这本身就是 ESG 投资。在国内外慈善信托实践中,即使委托人设立信托时语焉不详,但如果信托被认定为慈善信托,受托人的投资行为也必须在慈善事务范畴内。也就是说,慈善信托的界定隐含了受托人 ESG 投资义务。换言之,慈善财产受托人义务与 ESG 投资的目的和义务趋同,但如何进行 ESG 投资,则需要结合具体的慈善目的进行,不得擅自挑选或更改特定的慈善目的。

其二,比较法就养老金信托及其他退休计划管理人是否可以采取 ESG 投资并不统一。即使美国各州之间也各有规定,但是联邦层面的《雇员退休收入保障法》第 403 条、第 404 条要求,资产计划应完全是为计划的参与者及其受益人提供利益。② 美国联邦最高法院的相关判决,恢复支持"受益人单一原则"的绝对性,并将单一原则进一步确定为金融回报和金钱回报的最大化。③ 也就是说,单一利益原则中的"利益"都是指向受益人财务回报的最大化,而不考虑 ESG 等非财务因素。按照"单一利益原则",养老金信托受托人的"单一利益原则"与 ESG 投资不能兼容。美国佛罗里达州州长 Ron DeSantis 2022 年更通过了一项决议,要求该州养老金的基金经理在不考虑 ESG 标准的情况下,优先考虑回报最高的投资方式。④ 美国法强调养老金信托依然绝对贯彻"受益人利益最大化原则",是担心受托人将养老金混同于慈善类的资产,在投资过程中过多考虑环境治理、劳动者保护与就业政策等"社会利益"。

如前所述,我国《绿色投资指引》将养老金作为社会公益基金优先资产管理纳入 ESG 投资原则的鼓励范畴。国内也有学者支持养老金的 ESG 投资义务。⑤ 笔者认为,养老金信托是区别于私人信托与慈善信托的特别法规制的信托。实际上,养老金关系到社会稳定、退休人员的福利,政府作为巨额养老金的受托人还承担指定管理人之责,如果过分放松受托人的 ESG 投资权限,极易引发利益冲突和寻租风险。我国养老金目前采取委托投资模式,养老金信托的受益人群体庞大,由全国社保基金理事会委托专业基金管理人管理。受益人在受托人选聘、监督机制上均难以发挥作用,难以像私人信托那样通过受益人会议机制监督受托人,可能发生以 ESG 投资为名却滥用投资权的"败德行为",有可能会诱发政府与管

---

① 我国《信托法》第 60 条规定,为了下列公共利益目的之一而设立的信托,属于公益信托:(一)救济贫困;(二)救助灾民;(三)扶助残疾人;(四)发展教育、科技、文化、艺术、体育事业;(五)发展医疗卫生事业;(六)发展环境保护事业,维护生态环境;(七)发展其他社会公益事业。《慈善法》第 3 条的慈善活动范围也与文中所列明的各国 ESG 指标体系高度重合。各国慈善法同样如此,英国 2011 年《慈善法》也明确将环境保护等公共利益条款以"兜底"的类似方式囊括进来。

② Akio Otsuka. ESG Investment and Reforming the Fiduciary Duty,*Ohio State Business Law Journal*,Vol. 15,No. 1,2021,pp. 143-144.

③ Fifth Third Bancorp v. Dudenhoeffer,134 S. Ct. 2459,2471(2014).

④ 应依汝:《"反 ESG 基金"首炮打响,四只新基金已经在路上》,《华尔街见闻》2022 年 8 月 5 日。

⑤ 《国际养老基金可持续投资的实践、问题与建议》,http://igf. cufe. edu. cn/info/1019/3982. htm,最后访问日期:2023 年 5 月 10 日。

理机构合谋挪用养老金,结果是以 ESG 投资为名替代财政义务,受益人却难以追究受托人的侵权行为。[①] 因此,笔者认为,应借鉴美国联邦养老金信托投资的经验,禁止养老金信托的 ESG 投资行为,明确坚持依然以受益人利益最大化为受托人是否履行义务的判断标准。我国《绿色信托指引》混淆了养老金财产属性与信托目的,应在后续立法中予以调整。相反,应该将国有资产等纳入 ESG 投资范畴。

其三,受托管理人在接受国有资产委托投资时,应该遵循 ESG 投资原则。按照企业国有资产法,国有资产的管理和投资(国有资本投资公司)的受托人所应遵循的公共利益最大化原则,以国有资产的保值增值为目标。国有资产应该被投资于国计民生与公共福利相关领域,理应将资金投放到环境治理、社会公平以及公共健康、促进就业等 ESG 领域,而不是简单地实现利润最大化,从而避免与其他市场主体产生利益冲突,实现与民营经济的功能错位。此次公司法修改之际,就有学者论及国有企业应采取政府公司的形式,作为公法主体承载类似政府的公共职能。[②]

### 五、结语

在中国"双碳"目标与绿色发展的背景下,作为金融投资的资产管理信托也应该随之转型。ESG 投资作为可持续发展的一部分,受托人的 ESG 投资义务如何与传统的"单一受益利益原则""受益人利益最大化原则"协调,是信托法新发展理念背景下面临的范式转换和理论更新问题。本文认为,一方面应该承认或尊重私人信托的因应变化的灵活性,可以通过受益人的授权同意机制解决两者之间可能存在的冲突。在信托法理论上,通过解释受益人利益最大化与福利最大化内在一致的可能性,以及受托人 ESG 义务与信义义务之间可能存在的短期冲突问题,按照总受益最大化或总福利最大化的整体判断原则,也可以缓和两者之间的冲突。在判断受托人义务冲突的处理时,还应基于不同类别财产的属性和信托目的予以区分。虽然同为私益信托,养老金信托受益人具有特殊性,养老金信托应该回归"受益人利益最大化原则",以防止损害受益人行为的发生,应坚持传统信义义务的优先性。对于慈善信托财产,慈善目的本身就与 ESG 高度符合,在解释上要求受托人必须遵循 ESG 投资原则,但受托人尚需在具体慈善目的范围内践行,否则也会构成违约。对国有资产等具有公共资产属性的信托投资不是考虑简单的利益最大化的传统信义义务,而是关注国计民生等公共利益,并可通过立法明确国有资本信托财产受托人的 ESG 投资义务。

---

① 倪受彬:《公共养老金投资中的受信人义务》,《法学》2014 年第 1 期,第 125 页。
② 蒋大兴:《作为"人民"的企业形式:超越国企改革的"私法道路"?》,《政法论坛》2023 年第 1 期,第 106 页。

# 第六讲　上市公司 ESG 信息披露监管的法理基础与制度构建[†]

李传轩[*]　张叶东[*]

## 一、引言

上市公司 ESG 信息披露(以下简称"ESG 信息披露")作为 ESG 生态圈的起点,是 ESG 制度构建的核心,也是后续 ESG 评级、ESG 投资等资本市场活动的基础。2024 年施行的《中华人民共和国公司法》(以下简称《公司法》)以促进市场经济的规范运行和公司的健康发展为主要目标[①],第 20 条要求公司经营考虑 ESG 要素,承担社会责任,鼓励披露 ESG 信息,及时公布社会责任报告。2024 年 4 月 12 日,上交所、深交所、北交所正式发布《上市公司可持续发展报告指引》(以下简称《指引》),并自 2024 年 5 月 1 日起实施。以上立法变迁对我国上市公司 ESG 信息披露提出了全新要求。促进 ESG 信息披露的发展成为全球共同趋势,法治是现代市场经济的制度基础[②],建立完善的 ESG 信息披露法律制度,是各国(地区)提升 ESG 信息披露质量的重要措施。当前,我国上市公司在 ESG 信息披露方面依然面临诸多挑战。既往研究主要集中在 ESG 信息披露制度本体的理论基础、发展动因和影响方面,忽视了监管视角分析,未对 ESG 信息披露监管的法理基础与实现路径开展深入分析。ESG 信息披露监管存在三种理念之争,一是市场激励为主的自愿信息披露监管理念[③],二是政府管制为主的强制信息披露监管理念[④],三是以"不披露就解释"的柔性规则为核心

---

[†]　李传轩、张叶东:《上市公司 ESG 信息披露监管的法理基础与制度构建》,《江汉论坛》2024 年第 9 期,第 140—144 页。

[*]　李传轩,复旦大学法学院教授;张叶东,复旦大学环境资源与能源法研究中心助理研究员,复旦大学法学院博士研究生。

① 赵旭东等:《新〈公司法〉若干重要问题解读(笔谈)》,《上海政法学院学报(法治论丛)》2024 年第 2 期,第 3 页。

② Juelin Yin, Yuli Zhang. Institutional Dynamics and Corporate Social Responsibility (CSR) in an Emerging Country Context: Evidence from China, *Journal of Business Ethics*, 2012, 2(111), p. 303..

③ 袁利平:《公司社会责任信息披露的软法构建研究》,《政法论丛》2020 年第 2 期,第 151 页。

④ 彭雨晨:《强制性 ESG 信息披露制度的法理证成和规则构造》,《东方法学》2023 年第 4 期,第 161 页。

的半强制监管理念[①]。然而,相关国家和地区采用的"不遵守就解释"式的半强制监管理念和监管方式是否没有缺陷,应否成为未来主流路径选择,还需要深入探讨。因此,结合中国 ESG 信息披露监管基本现状,到底采取何种披露理念,在多大程度上披露(是否需要以及如何落实重大性要求),如何构建符合国情的 ESG 信息披露监管体系,以及如何开展配套制度改革,都是亟待解决的深层次问题。

## 二、ESG 信息披露监管的现状与重大论争

中国的 ESG 信息披露监管正面临重要的发展和完善阶段,但基本现状是缺乏高位阶立法,重大论争包括监管理念和监管程度两个方面,亟需高位阶立法与本土化改造以适应国内实际情况。

### (一)ESG 信息披露监管的现状

我国 ESG 的发展伴随着绿色经济转型驶入快车道,ESG 信息披露的监管逐渐进入立法视野,开始积极探索构建法律制度。《中华人民共和国证券法》(以下简称《证券法》)及《上市公司治理准则》《上市公司投资者关系管理工作指引》《关于推进制度开放,加快完善中国责任投资信息披露标准及评价体系的提案》等的出台都显示出我国致力于健全 ESG 信息披露法律制度的目标。2021 年,生态环境部制定的《企业环境信息依法披露管理办法》对公司环境信息披露提出了更全面、强制性的要求。但长期以来,我国以自愿披露为主的 ESG 信息披露制度效果不佳,存在披露主体数量少、内容质量差、信息可比性和可信度弱等问题。这些问题的根源在于 ESG 信息披露监管不足。截至目前,我国 ESG 信息披露监管涵盖《公司法》《证券法》《中华人民共和国环境保护法》(以下简称《环境保护法》)等法律,《证券公司监督管理条例》等行政法规,以及证监会、生态环境部等部门规章和交易所发布的行业规范,如《指引》。这些规则强调公司经营需考虑 ESG 要素,鼓励和要求企业披露 ESG 信息。从内容来看,一方面,我国在法律和行政法规等高位阶立法中缺乏 ESG 信息披露监管的具体内容;另一方面,尽管部门规章、规范性文件、行业标准和自律性规范涉及了 ESG 信息披露的具体内容,但由于立法位阶不高,强制力和约束力不足,亟需高位阶立法专门规范。

### (二)ESG 信息披露监管理念之争:强制、半强制抑或自愿

1. ESG 自愿披露监管理念

自愿披露监管理念由斯蒂格勒、乔治·J. 本斯通和亨利·曼尼提出,认为公司管理层有足够激励动机自愿披露重要信息。该理论基于有效市场假说和投资组合等金融理论提

---

①　李燕、肖泽钰:《强制与自愿二元定位下〈证券法〉ESG 信息披露制度的体系完善》,《重庆大学学报(社会科学版)》2024 年第 2 期,第 205 页。

出,如果资本市场的参与者认为某信息对投资决策重要,发行人就会自愿披露。<sup>①</sup> 然而,自愿披露存在"搭便车"和"信号传递不畅"问题,导致上市公司缺乏主动披露 ESG 信息的动力。<sup>②</sup> ESG 信息具有公共物品属性,一旦披露可能被同类公司利用,导致"搭便车"问题,使信息供给短缺。根据迈克尔·斯宾塞的信号发送理论,披露 ESG 信息的公司向市场传递与投资者加强沟通的信号,不愿披露的公司会失去投资者信赖。由此可见,市场自发调节在 ESG 信息披露领域存在失灵问题。实施强制 ESG 信息披露监管能矫正这些市场失灵,更好地满足投资者的 ESG 信息需求。

2. ESG 强制披露监管理念

强制信息披露监管理念由路易斯·D. 布兰代斯提出,认为证券监管应通过公开信息,使投资者独立判断。威廉·道格拉斯认为,因存在投资者能力有限、非理性投机或证券欺诈等因素,需对资本市场准入进行控制。<sup>③</sup>比较来看,欧盟的强制披露模式使其 ESG 披露水平高于美国的自愿披露模式,表明强制 ESG 信息披露能有效解决信息供给短缺和市场失灵问题。充足的 ESG 信息供给能让证券分析师深入研究,提高市场对 ESG 信息真实性的鉴别能力。<sup>④</sup>尽管强制披露能提高透明度,但丧失了灵活性和自主性,推动 ESG 强制披露监管仍面临挑战。美国正尝试将 ESG 披露从自愿转向强制,但这一转变受到不少反对。2024 年 3 月 6 日,美国证券交易委员会(SEC)通过了《加强和规范投资者的气候相关信息披露规则》(SEC 新规),要求上市公司将温室气体排放和气候相关风险纳入财务披露框架,该规则于公布 60 天后生效。总体来看,SEC 新规能为投资者提供一致性、可比性强的信息,有助于投资决策,也能明确上市公司的报告义务,反映了 SEC 在构建 ESG 披露规则方面的持续努力。

3. ESG 半强制披露监管理念

为了平衡 ESG 强制披露与自愿披露的优劣,逐步发展出"不遵守就解释"的半强制披露方式。这种软法规制虽无法律约束力,但能产生实际效果。<sup>⑤</sup> 从 2015 年港交所发布《环境、社会及管治报告指引(修订版)》,将一般披露责任提升至"不披露就解释"的半强制性高度,到 2024 年 3 月港交所发布 ESG 气候披露新规将《ESG 指引》更名为《ESG 守则》,强调强制性并单列气候披露要求,可以看出这是一个从自愿逐步到半强制的过程。尽管欧盟采取强制披露,新加坡和我国香港地区采取半强制披露,但两者在思路和步骤上有共同点,法律效力层级虽有差异,但不影响实践效果。总体来看,采取半强制方式是现实选择,根据

---

① A. A. Sommer,Jr. The SEC and Corporate Disclosure:Regulation in Search of a Purpose,*Michigan Law Review*,1980,p. 78.

② (英)艾利斯·费伦:《公司金融法律原理》,罗培新译,北京大学出版社 2012 年版,第 432 页。

③ (美)路易斯·罗思、(美)乔尔·赛里格曼等:《美国证券监管法基础》,张路等译,法律出版社 2008 年版,第 15 页。

④ 彭雨晨:《强制性 ESG 信息披露制度的法理证成和规则构造》,《东方法学》2023 年第 4 期,第 157 页。

⑤ 罗豪才、毕洪海:《通过软法的治理》,《法学家》2006 年第 1 期,第 4 页。

我国 ESG 信息披露多采取自愿的实际情况,不可以一刀切采取全面强制,而应有针对性地选择适合我国的 ESG 信息披露监管方式。

### (三)ESG 信息披露监管程度之争:重大抑或非重大

1. ESG 信息披露监管应遵循重大性要求

ESG 信息与其他市场信息类似,存在不同类别,对 ESG 强制披露信息设置重大性标准是必然选择,也是检验证券披露制度的试金石。重大性标准本质上是对"重大性"的具体解释,不同角度有不同演绎效果。有学者认为重大性标准在认定信赖正当性上起关键作用。[①] 理论上,强制披露制度中信息重大性认定有两种主流标准:一是投资者保护标准,即可能改变现有信息集并影响理性投资者决策的信息;二是价格敏感标准,即公开后可能导致证券价格波动的信息。目前,理论界认为重大性标准能有效提升信息披露质量,降低市场噪声,指引披露行为。[②] 因此,ESG 信息披露也应遵循重大性要求,只有符合重大性标准的信息才应强制披露。

2. ESG 信息披露监管无须遵循重大性要求

有学者针对 ESG 信息披露应当遵循重大性要求提出不同意见,针对生态破坏、环境污染等重大突发公共事件,ESG 信息披露无需遵循重大性要求,应直接强制披露。以紫金矿业污染事件为例,突发环境事件信息因其难以获取、有限、不确定和时效性等特点,不仅在信息披露及时性方面面临诸多问题,而且在信息披露的真实性方面遭遇困境。[③]在这种情况下,ESG 信息披露不宜再遵循前述复杂的重大性要求,而应当直接认定为重大信息,以防范重大事件信息的延迟发布所造成的严重后果。

3. ESG 信息披露监管重大性要求的原则与例外

尽管针对 ESG 信息披露监管是否应采用重大性标准存在争议,但理论与实务界一致认为"重大性"指的是经济层面的重大性。多年来,美国证券交易委员会以不具备经济重大性为由,否定 ESG 强制信息披露。如果将重大性限缩为经济重大性的教义学观点确属正确,则现有的信息披露监管框架便完全可以吸纳 ESG 信息,无须额外设置规则以单独处理其披露问题。特定 ESG 信息对大多数行业的投资回报或盈利能力影响有限,例如石化行业的重要环境信息可能对其他行业无影响。因此,制定 ESG 强制信息披露的专门规则存在困难。由于实证研究无法给出统一的答案,其难以确切证明 ESG 信息具有经济上的重大性;而一旦其证明该信息具有经济上的重大性,则现有框架即足以对其完成吸收。监管者需指出现有以经济重大性为基础的信息披露框架的缺陷[④],并采用"原则＋例外"方法灵活应对。

---

① 郭锋:《证券市场虚假陈述及其民事赔偿责任——兼评最高法院关于虚假陈述民事赔偿的司法解释》,《法学家》2003 年第 2 期,第 39 页。

② 汪青松、伍雅琴:《强制信息披露制度重大性标准的认定》,《广西财经学院学报》2022 年第 4 期,第 70 页。

③ 朱谦:《上市公司突发环境事件信息披露的真实性探讨——以紫金矿业环境污染事件为例》,《法学评论》2012 年第 6 期,第 96 页。

④ 楼秋然:《ESG 信息披露:法理反思与制度建构》,《证券市场导报》2023 年第 3 期,第 28 页。

ESG 信息披露监管应以重大性要求为原则，不遵循重大性要求为例外。

### 三、我国 ESG 信息披露监管的法理基础

ESG 信息披露监管的价值是其法理基石，只有明确 ESG 信息披露的价值追求，ESG 信息披露监管才能有明确的目标。除了外在形式的监管价值，事实上 ESG 信息披露监管还包含内在三个维度的重要价值，即证券法维度（投资者保护和资本市场发展）、公司法维度（公司绿色治理与可持续发展）和环境法维度（生态环境保护与气候变化应对），共筑起 ESG 信息披露监管的法理基础。

#### （一）证券法维度

从证券法维度来看，ESG 信息披露监管的目标是促进证券市场发展和保护投资者。首先，ESG 信息披露能促进证券市场发展，这主要通过四个方面：提高信息传播效率、促进市场竞争、推动资本形成、平衡监管统一性和灵活性。以美国纳斯达克证券交易所 2019 年发布的《ESG 报告指南 2.0》为例，该指南列出了环境、社会和公司治理的十项指标，并提供了详细的披露指引。2020 年 11 月，SEC 修订了 Regulation S-K，强化了对人力资源和战略风险等 ESG 因素的披露要求，促进了信息披露的统一性和灵活性，推动了市场发展。其次，ESG 信息披露监管必须保护投资者，通过市场和政府的有效监管保障信息充分披露，增强公众信心，平等保护投资者和增加信息供给。例如，1934 年 SEC 通过了 Regulation S-K，规定上市公司需披露环境负债和遵循环境法规的成本等非财务信息。1969 年，美国《国家环境政策法》促使 SEC 将环境保护等非财务信息纳入披露范围。2021 年，美国众议院通过了《ESG 信息披露简化法案》，要求 SEC 制定细致的 ESG 规则，上市公司需披露环境、社会和治理的所有事项。这些措施不仅保护了投资者利益，还平衡了 ESG 信息披露与投资者保护的关系。

#### （二）公司法维度

从公司法角度看，ESG 信息披露监管与公司绿色治理紧密相关，应贯彻绿色治理理论，以指导 ESG 信息披露的治理层面，促进两者良性互动。ESG 的兴起要求公司法做出回应，两者在追求可持续发展目标上具有一致性，成为继"有限责任"和"两权分离"之后的新制度工具。[①] 绿色治理是多元主体以绿色价值理念为引导，基于互信和资源共享，合作共治公共事务，以实现"经济—政治—文化—社会—生态"持续和谐发展的活动过程。[②]它是在建设生态文明和实现绿色转型背景下提出的，是现代治理理论在应对生态环境危机方面的演进和创新。[③]公司治理是决定公司发展方向和目标的关键。随着市场和社会环境变化，企

①　朱慈蕴、吕成龙：《ESG 的兴起与现代公司法的能动回应》，《中外法学》2022 年第 5 期，第 1245 页。
②　史云贵、刘晓燕：《绿色治理：概念内涵、研究现状与未来展望》，《兰州大学学报（社会科学版）》2019 年第 3 期，第 6 页。
③　李传轩：《绿色治理视角下企业环境刑事合规制度的构建》，《法学》2022 年第 3 期，第 168 页。

业社会责任和利益相关者理论逐渐受到关注,国家对市场的干预也不断加强,改变了公司治理的发展方向。将 ESG 与公司法、ESG 信息披露监管与绿色治理融合,可以内化 ESG 监管要求,促使公司自发开展绿色治理。以欧盟为例,2022 年 11 月 28 日,欧洲理事会通过《企业可持续发展报告指令》(CSRD),2023 年 1 月 5 日生效。该指令修订了 2014 年的《非财务报告指令》(NFRD),扩大适用公司范围,要求约 50 000 家公司提供可持续发展报告,对理念、范围、格式、标准和鉴证等进行了全面升级和改革。[①]

### (三)环境法维度

从 ESG 的产生发展背景来看,其与环境法密切相关。ESG 中的 E 代表环境要素,G 代表治理要素,包含绿色治理,发展目标是保护生态环境和应对气候变化,与环境法高度一致。因此,ESG 功能的有效发挥应接受环境法的规范调整。上市公司的环境保护表现也是环境管理机构的规制内容,环境法应规范和监管上市公司 ESG 信息披露。ESG 已成为保护生态环境和实现可持续发展的有力机制,被视为命令控制型制度之外的创新性制度,ESG 信息披露是其重要手段。在环境法维度上加强对 ESG 信息披露的监管,是环境法治的重要内容。环境保护法律规范中对 ESG 信息披露的规范是必然之举。《环境保护法》对企业环境信息公开进行了基础性规定,《企业环境信息依法披露管理办法》也有具体要求,虽然需要进一步完善,但为 ESG 信息披露监管提供了法律依据和支撑。

### 四、我国上市公司 ESG 信息披露监管的制度方案

我国应当确定怎样的监管理念,采取怎样的监管模式,如何构建 ESG 信息披露监管框架,以及在立法上如何行动落实,迫切需要在制度层面回应并展开构建。

### (一)制度方案设计的总体思路

#### 1. 渐进式改革路径

从历史角度看,ESG 信息披露监管陷入了自愿为主、强制不足的路径依赖。所谓路径依赖就是指通过"积极的反馈"与"累计增长的回报"把某一系统的发展锁定在一种特定模式中,并不断自我强化的现象。[②] 它使我们对系统形成与发展的分析超越依赖偶发历史事件的简单模式。路径依赖分为结构驱动和法律规则驱动两种模式。[③] 具体到我国 ESG 信息披露监管,我国已逐渐形成法律规则驱动的路径依赖,依据此理论应逐步进行 ESG 信息披露监管改革,从自愿到半强制,再到强制披露的范式转换。

---

① 邓建平、白宇昕:《域外 ESG 信息披露制度的回顾及启示》,《财会月刊》2022 年第 12 期,第 77 页。

② T. C. Boas. Conceptualizing Continuity and Change:The Composite-Standard Model of path Dependence,*Journal of Theoretical Politics*,2007,19(1),pp. 33—36.

③ 李文莉:《证券发行注册制改革:法理基础与实现路径》,《法商研究》2014 年第 5 期,第 118 页。

2. 自愿与强制披露监管的界分与平衡

在"双碳"目标和生态文明战略背景下,经济发展与环境保护的平衡愈加重要[1],而 ESG 信息披露体现了二者的融合。因此,自愿与强制披露的界分和平衡成为关键议题。如何披露 ESG 信息及其程度,需要在个人权利与公共利益之间找到平衡,厘清法律界限。一方面,ESG 强制披露通常涉及法律、法规或行业标准的要求,旨在确保公共利益的实现,但也可能剥夺披露主体的自主权,缺乏灵活性,容易引发更隐蔽的法律规避。另一方面,ESG 自愿披露则尊重披露主体的自主权与灵活性,但可能忽视市场盲目性,导致信息不对称,阻碍公共利益的实现。要在自愿与强制披露之间找到平衡,监管部门需确保强制披露的合法性和必要性,避免损害披露主体合法权益,并制定明确规则和标准,规范披露范围和方式,保证信息的安全性和准确性。

3. 多层次多元化监管的共治与协同

ESG 信息披露监管事实上不仅重塑了环境信息法权结构,还对多元共治理念进行了更进一步的演绎。[2] 因此,我国应建立多层次、多元化的 ESG 监管体系[3],通过政府、企业、社会的共治与协同,形成从国际、国家到行业的多层次监管框架。具体可以从三方面入手:一是规范协调证监会主导、生态环境部配合的政府监管职责,二是精准设计交易所的一线监管职能,三是充分发挥行业协会与中介机构的社会性监管作用。同时,行业规范应结合各行业特征,分析挑战和机遇,推动可持续发展。此外,在共治与协同方面,政府、企业、社会组织的合作至关重要。政府应制定明确法律法规,保障 ESG 信息披露标准,并创造有利的营商环境。企业应履行社会责任,透明披露 ESG 信息,积极参与可持续发展项目。社会组织则应提供监督和评估方案,推动各方遵循 ESG 标准。

**(二)构建强制与半强制相结合的 ESG 信息披露监管制度**

1. 转变监管模式

结合我国当前 ESG 信息披露的实际情况,推动我国对 ESG 信息披露监管要求从自愿披露监管模式转向强制与半强制相结合的披露监管模式,这既是我国的现实需要,也是域外经验的借鉴结果。具体来说,政府对企业社会责任进行规制的主要驱动因素是促进整体社会的发展,这使得企业社会责任不可避免。监管部门通过提高 ESG 信息披露的质量和数量,不仅可以完善我国资本市场,加强与国际资本市场接轨,也配合党中央实现绿色转型和"双碳"目标。因此,我国有充分理由推动 ESG 信息披露监管向强制化转变。可以参考我国香港地区做法,由上级监管部门出台原则性要求,如将该规则加入《上市公司治理准则》或《上市公司信息披露管理办法》中;或是证监会按需出台专门针对 ESG 信息披露的法规,再由底层交易所根据监管要求,通过进一步修订已有的指引(如现有的《上市公司自律监管指

---

① 李传轩:《"双碳"目标下消费者碳责任及其立法表达》,《政治与法律》2023 年第 1 期,第 72 页。

② 方印:《从"旧三角"到"新三角":环境信息法权结构变塑论》,《法学论坛》2020 年第 5 期,第 24 页。

③ (美)威廉·诺德豪斯:《绿色经济学》,李志青、李传轩、李瑾译,中信出版集团 2022 年版,第 54—61 页。

引》》对 ESG 信息披露践行"不遵守就解释"模式进行详细、具体的规定。

2. 完善 ESG 重大性判断标准体系

完善 ESG 信息披露的重大性判断标准体系有助于引导企业积极融入 ESG 因素,促进可持续经营和更好地承担社会责任。明确指标、调整时效性和保证数据可靠性,可以更好地评估企业在环境、社会和治理方面的表现,推动商业实践向可持续方向发展。首先,制定明确的 ESG 信息披露指标和标准,针对不同行业制定不同类别的 ESG 重大性披露指引。例如,能源行业应侧重环境因素,金融行业则侧重社会和公司治理因素。这种差异化标准能充分考虑各行业的特定情况。其次,ESG 信息披露重大性判断标准体系需要具备时效性和动态性。随着社会、环境和经济条件的变化,ESG 因素的重要性也会改变,因此标准体系应能随时调整以反映最新情况。再次,确保数据的准确性和可比性至关重要。数据质量直接影响 ESG 评估的有效性,因此需建立统一的数据收集、报告和验证机制,以保证信息的可靠性。

3. 制定不同行业和领域的 ESG 重大性披露指引

构建强制与半强制相结合的 ESG 信息披露监管制度,自律规范是关键。监管部门应制定分行业分领域的 ESG 重大性披露指引。目前,尽管已有大量 ESG 报告,但行业间横向对比困难,相同领域的公司间重大性披露内容差异大,同一指标的数值存在不合理差异。其原因在于缺乏统一的重大性披露标准和行业规范。因此,监管部门可以采取以下分层路径:首先,根据披露主体甄别国企和上市公司。对于国企,依据《提高央企控股上市公司质量工作方案》,发布 ESG 重大性披露指引。对于上市公司,应结合行业实际,制定包括《上市公司治理准则》《上市公司信息披露管理办法》《企业环境信息依法披露管理办法》《上市公司投资者关系管理指引》等规范内容的重大性披露指引。其次,不同行业应采取不同的 ESG 重大性披露标准。例如,石油化工、房地产和金融行业对环境、社会和治理的侧重各不相同,应制定针对这些行业的具体 ESG 重大性披露指引。

### (三)完善 ESG 信息披露监管法律体系

1. 明确监管层次

为了解决我国 ESG 信息披露监管缺乏主导主体和核心文件、体系混乱且随意性强的问题,需要建立统一、明确的监管体系。我国证券监管主要依靠政府行政力量推动市场发展,以政府监管为主[①],同时证券交易所实行自律规制。因此,ESG 信息披露监管也应采用"自上而下"的路径:首先,确立纵向监管体系,即证监会作为 ESG 信息披露的主要监管主体,负责统筹监管。证监会应出台指导性法规,证券交易所在此基础上发布细化指引,确保法规高效落地,形成"法律—行政法规—部门规章—部门规范性文件—自律规则"的多层次监管制度。其次,确立横向监管体系,针对 ESG 信息涵盖范围广的特点,通过立法建立联合

---

① 黄爱学:《论证券市场自律监管的地位》,《学术交流》2012 年第 12 期,第 70 页。

监管机制。证监会应协调各部门,共同制定信息披露规则,完善协调机制。

### 2. 提高立法位阶

为了解决我国 ESG 信息披露程度偏低、质量差的问题,必须加强监管力量,提升立法位阶。高位阶法律是提出具体披露要求的基础。从我国香港地区的经验来看,港交所两次修订《ESG 指引》都有中国香港特区政府和金融发展局的文件支持。目前,我国 ESG 信息披露的法律依据主要是证监会的部门规范性文件和证券交易所的行业规范。为提高 ESG 信息披露监管的立法位阶,应在部门规章、行政法规和法律中增加相关规范。具体操作上,可在《证券法》《公司法》《环境保护法》中增加 ESG 信息披露监管条款,既减少单独立法难度,又提升法律位阶。同时,证监会作为主要规制主体,可以修订现有规章或出台新规章。此外,将已实践有效的行业规范提升为部门规章或规范性文件,也是提升立法位阶的重要方法。

### 3. 完善法律责任体系

除了提升立法位阶外,完善法律责任体系也是解决 ESG 信息披露监管薄弱问题的重要手段。明确公司和个人信息披露违规的法律责任体系能够起到威慑作用,是信息披露一般规则的两大形成途径之一。[①] 披露 ESG 信息涉及民事、行政和刑事责任,因此需根据 ESG 信息披露特性合理规定责任形式,以实现有效约束。首先,ESG 信息披露的刑事责任需引起重视。ESG 信息涉及环境保护、消费者和劳工权益等,违规披露容易触犯《中华人民共和国刑法》中的"严重损害他人利益"等条款。其次,承担行政责任是信息披露违规的常见处罚形式。目前法规对 ESG 信息披露违规未有单独规定,多适用一般信息披露的处罚。但《证券法》对罚款金额规定较低,监管措施不严厉,因此需加大处罚力度,如提高罚款金额和增加禁止入市等措施,充实自律、行政监管的制度工具箱。[②] 再次,可借助其他相关部门力量,如生态环境部对环境信息违规披露的处罚。最后,对投资者的民事赔偿制度是 ESG 信息披露责任体系的重点。信息披露违法会损害投资者利益,新的《证券法》规定虚假陈述纠纷的先行赔付和集体诉讼制度,将 ESG 信息纳入其中是一种高效方法。但这两种制度在落实方面仍需完善,需配套司法解释和指引规范支持其常态化运行。

---

① 齐斌:《证券市场信息披露法律监管》,法律出版社 2000 年版,第 94 页。
② 刘俊海:《上市公司股份回购方案的法律性质与规则策略》,《当代法学》2022 年第 5 期,第 20 页。

# 第七讲　强制性 ESG 信息披露制度的法理证成和规则构造[†]

彭雨晨[*]

## 一、引言

ESG 是指与公司业务相关的环境(Environmental)、社会(Social)和治理(Governance)主题的英文首字母缩写。[①] 这一概念诞生于联合国 2004 年发布的报告《在乎者赢》(Who Cares Wins),该报告同时提倡资产管理者在投资决策时纳入 ESG 投资理念。[②] 党的二十大报告指出,"实现高质量发展""实现全体人民共同富裕""促进人与自然和谐共生"等是"中国式现代化的本质要求"。ESG 投资理念关注环境、社会和治理等方面的难题,能够通过影响资本流向相应领域,促进上述目标实现。因此,ESG 投资理念是推进中国式现代化的有力工具。

获取上市公司的高质量 ESG 信息是开展 ESG 投资并发挥其促进作用的前提。信息披露制度有助于降低投资者与管理层之间的信息不对称程度[③],便利投资者了解上市公司 ESG 表现。不过,长期以来我国以自愿披露为主的 ESG 信息披露制度运行效果不佳,实践中存在披露主体数量较少、披露内容质量较差、披露信息的可比性和可信度较弱等问题。[④] 强制性 ESG 信息披露制度旨在借助法律的强制力使上市公司披露 ESG 信息,能够针对性解决上述问题。但是,我国学界目前对强制性 ESG 信息披露制度的法理正当性和具体规则

　　† 彭雨晨:《强制性 ESG 信息披露制度的法理证成和规则构造》,《东方法学》2023 年第 4 期,第 152—164 页。

　　* 彭雨晨,首都经济贸易大学法学院讲师、法学博士。本文系"首都经济贸易大学新入职青年教师科研启动基金"(项目批准号:XRZ2023014)和上海财经大学富国 ESC 研究院公开招标重点课题"ESG 与法治模式研究"的阶段性研究成果。

　　① AmandaM. Rose,A Response to Calls for SEC-Mandated ESG Disclosure,*Washington University Law Review*,2021(98),pp. 1821—1822.

　　② The Global Compact,*Who Cares Wins*,pp. ii-i,https://www.unepf.org/fileadminlevents/2004/stocks/who_cares_wins_global_compact_2004.pdf,2023—05—22.

　　③ 高丝敏:《论股东赋权主义和股东赋能的规则构造——以区块链应用为视角》,《东方法学》2021 年第 3 期,第 70 页;郭雳、武鸿儒、李胡兴:《注册制改革下招股说明书信息披露质量提升建议》,《证券市场导报》2023 年第 1 期,第 60 页。

　　④ 冯果:《企业社会责任信息披露制度法律化路径探析》,《社会科学研究》2020 年第 1 期,第 15 页。

的研究还较为薄弱。为了回应监管实践需求以及深化既有研究,本文将结合相关证券法理论论证强制性 ESG 信息披露制度具有法理正当性,并在借鉴欧盟和新加坡相关立法基础上,提出我国强制性 ESG 信息披露制度的规则构造建议。

## 二、我国 ESG 信息披露制度的现状与问题

在域内外学术研究中,社会责任信息披露制度通常被视为 ESG 信息披露制度的前身。① 据此,我国 ESG 信息披露制度的渊源最早可以追溯到 2002 年《上市公司治理准则》第 88 条,该条规定上市公司应披露可能对"利益相关者决策产生实质性影响的信息"。经过 20 余年发展演变,现阶段我国 ESG 信息披露制度以自愿披露为主。但现行制度在实践中存在较多问题,严重制约了 ESG 投资的促进作用发挥。

### (一)我国 ESG 信息披露制度的现状

近年来我国监管部门已认可 ESG 信息披露概念,2020 年深交所修订的《上市公司信息披露工作考核办法》、2022 年上交所修订的《信息披露工作评价》和 2022 年中国证监会修订的《上市公司投资者关系管理工作指引》均正式提及 ESG 信息。不过,上述监管规则并非我国 ESG 信息披露制度的主要载体。我国现行 ESG 信息披露制度分散规定在证监会、交易所制定的其他监管文件中,并呈现出自愿披露为主、强制披露为辅的特征。

在证监会层面,ESG 信息披露制度奠基于 2012 年修订的《年度报告的内容与格式》第 25 条,其中第 1 款鼓励上市公司在年报中披露社会责任信息,第 2 款强制属于重污染行业的上市公司及其子公司在年报中披露重大环境问题等信息。2018 年修订的《上市公司治理准则》对 ESG 信息披露做出原则性规定,第 95 条明确要求上市公司依法披露环境信息、扶贫等社会责任信息。2021 年修订的《年度报告的内容与格式》《半年度报告的内容与格式》则对 ESG 信息披露做出具体规定,两份监管文件分别要求年度报告和半年度报告的正文部分设置"公司治理"和"环境和社会责任"两节内容。其中,环境类信息采用分级强制披露规则:第一,所有上市公司均应披露环境行政处罚信息;第二,上市公司或其重要子公司如果被归类为重点排污单位,则必须在年报、半年报中披露排污信息等环境信息;第三,其余上市公司适用"不遵守就解释"原则,即如果不在年报、半年报中披露上述信息,就需要对此做出充分解释。此外,公司治理信息被列为强制披露范畴,扶贫等其他信息则属于自愿披露

---

① 袁利平:《公司社会责任信息披露的软法构建研究》,《政法论丛》2020 年第 2 期,第 152 页。其实对比相关披露指引可知,ESG 信息披露和社会责任信息披露的指标高度重合,只是侧重点有所差异。本文认为 ESG 信息披露更像是社会责任信息披露的拓展和进阶。在制度梳理部分,本文没有过分考究两者细微差异。此外,"可持续信息披露"与 ESG 信息披露的内涵也基本相同,为行文方便,本文也统一使用 ESG 信息披露的表述。不过应予指出的是,目前学界关于 ESG 和社会责任的关系存在不同认识。有观点认为 ESG 是公司社会责任的下位概念。参见 Thomas Lee Hazen, Social Issues in the Spotlight: The Increasing Need to Improve Publicly—Held Companies' CSR and ESG Disclosures, *University of Pennsylvania Journal of Business Law*, 2021(23), pp.740,745—746. 也有观点认为,ESG 比公司社会责任的内涵更广泛。朱慈蕴、吕成龙:《ESG 的兴起与现代公司法的能动回应》,《中外法学》2022 年第 5 期,第 1245 页。

范畴。针对北交所上市公司,证监会制定了差异化披露要求。2021 年出台的《北京证券交易所上市公司年度报告》第 22 条,一方面降低环境信息的披露要求,另一方面则强制要求北交所上市公司披露社会责任信息。

在交易所层面,沪深交易所长期通过自律监管权力,推进 ESG 信息披露制度发展。早在 2006 年,深交所就发布了《上市公司社会责任指引》,鼓励上市公司自愿披露社会责任报告。2008 年上交所发布了《上市公司环境信息披露指引》,强制要求所有上市公司披露具有重大性的环境信息。现阶段沪深交易所重点深化强制性 ESG 信息披露制度的发展。例如,《科创板股票上市规则》明确规定,科创板上市公司应在年度报告中披露社会责任信息,同时应及时披露有悖社会责任的重大事项。针对特殊类别上市公司,沪深交易所还强制要求其进一步披露社会责任报告。2022 年深交所发布的《主板上市公司规范运作》和《创业板上市公司规范运作》均要求"深证 100"样本公司单独发布社会责任报告,同年上交所发布的《规范运作》也要求"上证公司治理板块"样本公司、境内外同时上市的公司及金融类公司单独披露社会责任报告。虽然沪深交易所的规则看似具有很大强制力,但由于缺少披露范围的具体规则,上市公司仍然有权选择是否披露某项具体的 ESG 信息。

综上所述,我国现行 ESG 信息披露制度呈现出以自愿披露为主的特征,但强制披露规则亦在深化发展。我国 ESG 信息披露制度的另一特征是强制性环境信息披露规则的细节相对完善。其原因在于国家对生态文明建设日益关注,希望借助强制信息披露制度等金融政策工具推进环境治理目标。[①] 在此背景下,《企业环境信息依法披露管理办法》等证券市场外源性规则供给较为充分,有力推动了强制性环境信息披露规则的发展。不过,其他类别 ESG 信息披露还缺少规则细节。

### (二)我国 ESG 信息披露制度的实践问题

若想让 ESG 投资理念发挥引导资本支持可持续性发展的功能,就必须实现 ESG 信息的高质量披露。结合我国上市公司 ESG 信息披露实践来看,现有制度还存在不少问题,难以达到制度预期效果。

第一,ESG 信息供给短缺问题较严重。目前我国仅强制要求特定类别的上市公司编制社会责任报告,整体而言上市公司主动披露 ESG 报告的积极性不算高。相关调查显示,虽然近年来我国上市公司披露社会责任报告的比例逐年增长,从 2017 年的 712 家增长到 2021 年的 1 366 家,但是 2021 年披露社会责任报告的上市公司不到上市公司总数的 30%,其中披露专门 ESG 报告的上市公司为 178 家,占上市公司总数不到 4%。[②] 这表明绝大多

---

① 有关金融政策工具推进环境治理目标的研究,参见黄韬、乐清月:《我国上市公司环境信息披露规则研究——企业社会责任法律化的视角》,《法律科学(西北政法大学学报)》2017 年第 2 期,第 123 页;周杰普:《论我国绿色信贷法律制度的完善》,《东方法学》2017 年第 2 期,第 75 页。

② 中国上市公司协会:《2021 年度 A 股上市公司 ESC 信息披露情况报告》,https://www.capco.org.cn/sjfb/dyij/202208/2022083115295500016770778905273125.html,最后访问日期:2023 年 5 月 22 日。

数上市公司尚未披露社会责任报告或 ESG 报告。此外,由于现有监管规则没有设置明确披露标准,而且多数 ESG 信息类别属于自愿披露范畴,上市公司即使负有在年报或半年报中披露 ESG 信息的义务,其披露的 ESG 信息也不够充分。可见,现有 ESG 信息披露存在较严重的供给短缺问题,这会对 ESG 投资趋势造成阻碍。

第二,ESG 信息披露质量欠佳。相关调查显示,尽管我国上市公司披露的社会责任报告的平均篇幅已经超过 44 页,但是究其内容仍然多为定性描述,缺少定量分析。[①] 另一项调查也显示,即使部分上市公司长期坚持披露 ESG 信息,但其披露内容仍然欠缺实质性。[②] 许多上市公司编制的 ESG 报告类似于该公司开展环保、扶贫、关爱员工等活动的宣传资料,并未详细列明重要项目的具体数据。可见,上市公司披露的 ESG 信息整体质量不佳,投资者难以据此对上市公司 ESG 表现做出准确判断。

第三,ESG 信息的可比性较低。现有监管规则仅要求上市公司披露 ESG 信息,并未明确信息披露标准。根据本文对 2022 年度上市公司已披露 ESG 报告所作的统计,目前我国上市公司遵循的 ESG 报告标准总数有 10 余种,例如,中国银行业协会发布的《中国银行业金融机构企业社会责任指引》、中国社科院发布的《中国企业社会责任报告编写指南(CASS-CSR4.0)》、全球报告倡议组织发布的《可持续发展报告标准》等。实践中不同上市公司编制 ESG 报告所遵循的披露标准并不完全一致,甚至个别上市公司并未披露其所依据的披露标准。披露标准不统一容易导致 ESG 信息不具有可比性,这将给投资者利用 ESG 信息带来巨大障碍。

第四,ESG 信息的真实性难以验证。《证券法》第 82 条规定上市公司董事会负有编制定期报告的义务,监事会应对定期报告进行审核,董事、高管和监事还需在定期报告上签字。ESG 报告以及刊载于年报或半年报上的 ESG 信息自然也应当经上述流程后才会披露。但是,这并不足以保证 ESG 信息的真实性。其一,上市公司披露虚假财务信息的事例不在少数,绿色债券领域也存在着"染绿"问题[③],这些违法行为发生的原因均是为吸引投资者投资本公司证券。出于相同原因,上市公司完全可能披露虚假 ESG 信息。其二,与财务信息不同,我国目前并没有对 ESG 信息进行强制鉴证的监管规则,对虚假 ESG 信息披露进行追责的监管规则也并不明确。因此,虽然披露虚假 ESG 信息的现象暂时鲜见,但是投资者仍然难以判断 ESG 信息是否真实。

### 三、强制性 ESG 信息披露制度的法理证成

近年来监管部门在大力拓展强制性 ESG 信息披露制度的适用范围,但我国学界尚未对

---

[①]　中国上市公司协会:《2021 年度 A 股上市公司 ESG 信息披露情况报告》,https://www.capco.org.cn/sjf/dyi/202208/20220831/j_20220831152955000167707789052731 25.html,最后访问日期:2023 年 5 月 22 日。

[②]　光华—罗特曼信息和资本市场研究中心、北京大学光华管理学院:《2022 中国资本市场 ESG 信息质量暨上市公司信息透明度指数白皮书》,载 https://guanghua-rotman.work/xsyj,最后访问日期:2023 年 5 月 22 日。

[③]　洪艳蓉:《论碳达峰碳中和背景下的绿色债券发展模式》,《法律科学(西北政法大学学报)》2022 年第 2 期,第 127 页。

该制度的法理正当性进行充分探讨。随着 ESG 投资日益兴盛,ESG 信息对投资收益、股票准确定价等的影响与日俱增,投资者对 ESG 信息存在巨大需求,强化 ESG 信息披露因而具有重要价值。结合"搭便车"理论和信号发送理论来看,自愿披露模式难以达成制度目标,而强制披露则能够有效化解各类市场失灵问题,因而在理论上强制披露优于自愿披露。尽管少数观点对强制披露提出质疑,但此类质疑的说服力并不强。因此,建立强制性 ESG 信息披露制度具有充分的法理正当性。

### (一)强化 ESG 信息披露的理论依据

近年来投资者践行 ESG 投资理念的现象日益普遍。在国际层面,2022 年底签署联合国"负责任投资原则"倡议的机构遍布六大洲,总数达 5 319 家,管理的资产总额达 121.3 万亿美元。[①] 在国内层面,《中国责任投资年度报告 2022》显示,高达 84% 的个人投资者会将 ESG 因素纳入投资考量之中。[②] ESG 投资热潮的兴起意味着监管部门应强化 ESG 信息披露。从理论维度来看,ESG 信息披露既与投资者回报密切相关,又会影响上市公司股票的准确定价和证券市场效率,缺乏高质量 ESG 信息将不利于 ESG 投资的开展。

强化 ESG 信息披露的第一点原因是,ESG 信息披露与投资者回报密切相关,对此可结合系统性尽责管理理论加以解释。系统性尽责管理理论主张,ESG 信息披露能够对降低系统性风险发挥一定作用。[③] 该理论是在现代投资组合理论的基础上发展形成,主要适用于机构投资者,而非散户投资者。现代投资组合理论认为,证券市场风险分为系统性风险和非系统性风险,多元化投资能够降低与特定公司相关的非系统性风险,从而提高投资组合的整体预期收益,但是系统性风险无法被规避。[④] 系统性尽责管理理论则认为,机构投资者对公司治理的参与能够产生"治理外部性",对所有公司产生良性影响,从而有可能降低投资组合面临的特定类型系统性风险,进而提升纳入风险因素后的整体投资绩效。例如,倘若机构投资者运用其股东权利反对系统重要性金融机构的冒险行为,就有可能避免系统重要性金融机构出现风险以及由此引发的系统性风险,进而可以避免系统性风险波及投资组合中的其他公司。系统性尽责管理理论认为,与系统性尽责管理相关的系统性风险包括气候变化风险、金融稳定风险和社会稳定风险。在系统性尽责管理理论视野内,ESG 信息披露具有重要理论价值。

因为气候变化风险是一项与系统性尽责管理密切相关的风险类别。上市公司充分披露具有真实性、可比性的气候相关信息,是投资者参与公司治理、影响公司重大气候行动的

---

① Principles for Responsible Investment, Signatory Update(October to December 2022), pp. 36 - 37, https://www. unpri. org/download? ac=18057,2023 - 05 - 22.

② 中国责任投资论坛:《中国责任投资年度报告 2022》,载 https://www.chinasif.org/products/csir2022,最后访问时间:2023 年 5 月 22 日。

③ Jeffrey N. Gordon, Systematic Stewardship, *The Journal of Corporation Law*, 2022(47), pp. 627—673. 为简化引注,下文涉及系统性尽责管理理论的内容不再一一标注。

④ (美)斯蒂芬 • A. 罗斯等:《公司理财》,吴世农等译,机械工业出版社 2017 年版,第 213—215 页。

前提和基础,有助于投资者降低系统性风险,实现纳入风险因素的整体投资绩效最大化。

强化 ESG 信息披露的第二点原因是,ESG 信息披露影响上市公司股票的准确定价和证券市场效率,对此可结合促进准确定价理论加以阐释。促进准确定价理论以有效资本市场假说为理论基础,认为信息披露能够促进上市公司股票价格更为准确合理,进而提升证券市场效率。[①] 对证券市场而言,上市公司股票准确定价具有重要意义。因为证券市场是资本形成的主要场所,股票价格的准确程度直接影响资本配置效率,不论股票价格高于或低于其实际价值,都会减损资本配置效率,不利于证券市场资本形成功能的发挥。[②] 金融学理论将有效资本市场假说分为三种类型,其中在半强型有效市场中上市公司股票价格与其已公开的信息密切相关。[③] 全球主要证券市场均被认为是半强型有效市场,因而若想精准确定股票价格,就需要上市公司尽可能多地公开披露信息。目前 ESG 投资方兴未艾,只有上市公司提供充分 ESG 信息,上市公司股票价格才能反映其真实价值[④],证券市场配置 ESG 投资资金的效率也才能得以提高。因此,对投资者和社会而言,强化 ESG 信息披露均有重要价值。

### (二)强制披露优于自愿披露的理论证立

由于存在"搭便车"问题和"信号传递不畅"问题,上市公司缺乏主动披露 ESG 信息的动力。实施强制性 ESG 信息披露制度才能矫正各类市场失灵问题,更好地满足投资者等群体的 ESG 信息需求。因此,理论上强制披露的制度效果更优。

第一,ESG 信息具有公共物品属性,某家上市公司一旦披露 ESG 信息就可能为同类上市公司所利用,由此导致的"搭便车"问题将使 ESG 信息供给短缺。[⑤] 信息披露的"搭便车"问题存在两种情形:一种情形是某家上市公司披露的信息可能会包含行业信息,其他同类上市公司可能借此调整其经营计划,其他上市公司的投资者也将因此获益,但披露信息的上市公司却不能向这些投资者收费;另一种情形是某家上市公司在信息披露时为突出本公司特色优势,可能就需要披露同类上市公司信息作为对比,如此一来也会出现同类上市公

---

① Marcel Kahan. Securities Laas and the Social Costs of "Inaccurate" Stock Prices, *Duke Law Journal*, 1992(41), pp. 977,982−985; Ronald J. Gilson, Reinier H. Krakman, The Mechanisms of Market Eficiency, *Virginia Law Review* 549,1984(70), pp. 549−644.

② John C. Coffee Jr. Market Falure and the Economic Case forAMandatory Disclosure System, *Virginia Law Review*, 1984(70), pp. 717,734−735.

③ (美)斯蒂芬 • A. 罗斯等:《公司理财》,吴世农等译,机械工业出版社 2017 年版,第 268 页。

④ Aisha I. Saad, Diane Strauss. The New "Reasonable Inwestor" and Changing Frontiers of Materiality: Increasing Investor Relliance on ESG Disclosures and Implications for Securities Litigation, *Berkeley Business Law Journal*, 2020 (17), pp. 391,412.

⑤ Daniel C. Esty, Quentin Karpilow. Harnesing Inwestor Interest in Sustainability: The Next Frontier in Environmental Information Regulation, *Yale Journal on Regulation*, 2019(36), pp. 625,663−664. 该文虽仅涉及环境信息,但其逻辑也适用于其他类型 ESG 信息。

司单纯受益的"搭便车"问题。[①] 基于相同原理,这两种"搭便车"问题在 ESG 信息披露中同样存在,因此上市公司可能不会自愿披露 ESG 信息。

第二,根据迈克尔·斯宾塞提出的信号发送理论,上市公司披露 ESG 信息的行为本身就是向证券市场发送与投资者加强沟通的信号,不愿披露 ESG 信息的公司会失去投资者信赖。[②] 据此,上市公司本应有主动披露 ESG 信息的充分激励。但是,信号发送理论的设想很难实现。其一,当前环境下可能存在前述"搭便车"等问题,上市公司不披露 ESG 信息未必是因为其 ESG 信息偏向负面,也可能源于上市公司无法充分获得披露 ESG 信息的益处等正面原因。[③] 因而,此类上市公司一般不会失去投资者的信任和投资。其二,信号发送理论本身存在逻辑漏洞。即使不存在"搭便车"等问题,信号发送理论似乎只解决了上市公司是否披露 ESG 信息的问题,但无法确保上市公司完整披露各类 ESG 信息。由于处于信息劣势方的投资者缺乏验证手段,出于吸引投资的目的,上市公司更可能选择性披露对其有利的 ESG 信息,而尽可能少地披露对其不利的 ESG 信息。因此,信号发送理论难以圆满解决 ESG 信息供给短缺问题。

基于上述探讨可知,市场自发调节机制在 ESG 信息披露领域存在失灵问题。如果实施自愿性 ESG 信息披露制度,多数上市公司可能不会主动披露充分的 ESG 信息,广大投资者也较难获取、利用 ESG 信息。这将导致 ESG 投资者更难阻止其投资组合面临的某些系统性风险,进而可能影响其投资收益。同时,这也将导致 ESG 投资的错误定价和资本错配。[④] 因此,实施强制性 ESG 信息披露制度具有充分的理论价值和现实意义。

除了能够有效化解 ESG 信息供给短缺问题之外,实施强制性 ESG 信息披露制度也有助于针对性解决其他市场失灵问题。第一,证监会可以规定上市公司必须披露的 ESG 信息之具体事项及其披露程度,从而显著提升 ESG 信息披露质量。第二,证监会可以规定上市公司均采用相同的 ESG 信息披露标准,实现披露标准统一和信息可比。第三,证监会还可以建立 ESG 信息强制鉴证规则,提高上市公司披露的 ESG 信息的可信度。如果 ESG 信息供给充足,证券分析师等市场参与者可以更深入开展研究,进一步提高证券市场对 ESG 信息真实性的鉴别能力。

### (三)对建立强制性 ESG 信息披露制度质疑的反思

尽管主流观点认可强制性 ESG 信息披露制度的应用价值,但也有少数观点对此提出质

---

① (美)弗兰克·伊斯特布鲁克、(美)丹尼尔·费希尔:《公司法的经济结构》,罗培新、张建伟译,北京大学出版社 2014 年版,第 298—299 页。

② 莫志:《上市公司环境、社会和治理信息披露的软法实现与强化路径》,《江西财经大学学报》2022 年第 2 期,第 121 页。

③ Daniel C. Esty, Quentin Karpilow. Harnessing Inwestor Interest in Sustainability: The Next Frontier in Enuironmental Information Regulation, *Yale Journal on Regulation*, 2019(36), pp. 625, 667—668.

④ J. Armour, L. Enriques, and T. Wetzer. Mandatory Corporate Climate Disclosures: Now, But How?, *Columbia Business Law Review*, Vol. 2021, No. 3, Art. doi: 10.52214/cblr.v2021i3.9106. 该文虽仅涉及环境信息,但其逻辑也适用于其他类型 ESG 信息。

疑。不过在认真审视后,此类质疑均存在可驳之处。

第一,有美国学者主张证券监管的初衷是保护散户投资者和"维护公平、有序、高效的市场",但强制性 ESG 信息披露制度旨在满足机构投资者的信息需求,且其最终目的是促进社会公共目标,因此该制度有违证券监管初衷。① 然而,该质疑观点缺乏说服力。一方面,散户投资者对 ESG 信息同样有很强需求。另一方面,尽管在美国信息披露的目标主要是保护散户投资者,但也从来不局限于此,信息披露还被认为有助于维持社会对公司行为的控制。② 中国的情形同样如此。《证券法》第 1 条同时将"保护投资者的合法权益"和"维护社会经济秩序和社会公共利益"作为立法目的,就直接表明促进社会公共目标同样是信息披露制度的目标。

第二,有观点质疑强制性 ESG 信息披露制度将过度增加上市公司的披露负担。③ 但是,已有为数不少的上市公司自愿披露 ESG 信息,而且采取分阶段、分类别的制度实施方式还能降低披露合规成本,因此实施强制性 ESG 信息披露制度后上市公司的成本并不会显著提高。④ 此外,对于支持 ESG 的投资者而言,其在自愿披露情形下寻找识别 ESG 信息也将付出重大成本。总之,实际披露成本可能并不像质疑观点所认为的那样高昂。不过,在制度构建时也确有必要设计降低成本的适当规则。

第三,有观点担忧强制性 ESG 信息披露制度可能加剧虚假陈述诉讼风险。不过,这一问题并不会产生严重后果。这是因为,上市公司披露的许多 ESG 信息是预测性信息,适当的"免责声明"和安全港规则能够有效降低 ESG 信息给上市公司带来的诉讼风险。⑤

第四,有观点认为强制性 ESG 信息披露制度可能造成信息过载,妨碍投资者有效利用信息。⑥ 然而,这一质疑与事实严重相违背,当前证券市场存在的主要问题是高质量 ESG 信息供给存在较大"赤字",并导致支持 ESG 的投资者缺乏足够可用信息。⑦

## 四、强制性 ESG 信息披露制度的域外经验

为应对自愿性 ESG 信息披露制度产生的问题,当前各法域兴起了创建强制性 ESG 信

---

① P. G. Mahoney and J. D. Mahoney. The New Separation of Ownership and Control: Institutional Investors and ESG, *Columbia Business Law Review*, Vol. 2021, No. 2, Art. doi: 10.52214/cblr.v2021i2.8639.

② Ann M. Lipton. Not Everything Is about Investors: The Case for Mandatory Stakeholder Disclosure, *Yale Journal on Regulation*, 2020(37), pp. 499—572.

③ 白牧蓉、张嘉鑫:《上市公司 ESG 信息披露制度构建路径探究》,《财会月刊》2022 年第 7 期,第 95 页。

④ 楼秋然:《ESG 信息披露:法理反思与制度建构》,《证券市场导报》2023 年第 3 期,第 24 页。

⑤ 楼秋然:《ESG 信息披露:法理反思与制度建构》,《证券市场导报》2023 年第 3 期,第 24 页;Thomas Lee Hazen. Corporate and Securities La Impact on Social Responsibility and Corporate Purpose, *Boston College Law Review*, 2021(62), pp. 851, 902—903.

⑥ Virginia Harper Ho. Disclosure Overload? Lessons for Risk Disclosure & ESG Reporing Reform from the Regulation S-K Concept Release, *Villanova Law Review*, 2020(65), p. 67.

⑦ Virginia Harper Ho. Disclosure Overload? Lessons for Risk Disclosure & ESG Reporting Reform from the Regulation S-K Concept Release, *Villanova Law Review*, 2020(65), pp. 67, 131—132.

息披露制度的浪潮。如下文所述,欧盟在 2022 年 11 月正式立法建立强制性 ESG 信息披露制度,新加坡则建立了半强制性 ESG 信息披露制度。美国也于 2022 年 3 月发布建立强制性气候相关信息披露制度的征求意见稿。[①] 考察域外相关制度,欧盟和新加坡是两种典型类别,两地制度经多年演进日臻成熟,能够为我国创制适宜的强制性 ESG 信息披露制度、解决前文所述问题提供丰富参考经验。

### (一)欧盟的强制性 ESG 信息披露制度

自 2011 年起欧盟便在相关文件中多次确认提高 ESG 信息透明度的重要性,2014 年欧盟付诸立法行动,出台非财务报告指令。[②] 这是欧盟构建体系化的强制性 ESG 信息披露制度的初次努力。非财务报告指令规定,ESG 信息披露遵循"不遵守就解释"原则,受规管公司仍享有是否披露 ESG 信息的裁量空间。受规管公司可以选择适用欧盟成员国、欧盟、国际组织发布的披露标准,或者在满足一定条件时不依赖上述披露标准。此外,强制鉴证要求仅限于是否披露指令规定信息,至于是否要求独立鉴证机构核实信息内容则由各成员国自行决定。非财务报告指令灵活性有余,而强制性较弱。欧盟学者认为,非财务报告指令是"没有牙齿的老虎",激励 ESG 信息披露的效果并不理想。[③] 欧盟立法者也认为,非财务报告指令导致 ESG 信息供给总量较少、信息的可靠性和可比性程度不高等问题。[④] 鉴于非财务报告指令的缺失,2022 年 11 月欧盟通过公司可持续报告指令(Corporate Sustainability Reporting Directive,以下简称《指令》),不再适用"不遵守就解释"原则,转而构建"真正的"强制性 ESG 信息披露制度。下文结合《指令》内容对其主要制度设计进行分析。

第一,《指令》适用范围较广泛,并采用分类延期适用规则。《指令》规定,除上市的微型公司外,大型公司、上市的中小型公司等均应遵从《指令》要求披露 ESG 信息。[⑤] 同时,《指令》也根据公司规模差异,设置轻重相宜的披露负担。大型公司最晚应于 2025 年适用《指令》,上市的中小型公司可以选择延迟到 2028 年适用《指令》。

第二,《指令》继续采用非财务报告指令提出的"双重重大性"(Double Materiality)原则。该原则具体是指公司既应披露对理解公司行为如何影响 ESG 事务所必要的信息,又应披露对理解 ESG 事务如何影响公司所必要的信息。可见,双重重大性原则旨在同时满足投

---

① Virginia Harper Ho. Disclosure Overload? Lessons for Risk Disclosure & ESG Reporting Reform from the Regulation S-K Concept Release, *Villanova Law Review* ,2020,65(67),pp. 131—132.

② DIRECTIVE 2014/95/EU OF THE EUROPEAN PARLIAMENT AND OF THE COUNCIL of 22 October 2014 Amending Directive 2013/34/EU as Regards Disclosure of Non-financial and Diversity Information by Certain Large Undertakings and Groups. 为简化引注,下文涉及非财务报告指令的内容不再一一标注。

③ Sebastian Steuer,Tobias H. Troger. The Role of Disclosure in Green Finance, *Journal of Financial Regulation* , 2022,8(1),p. 9.

④ EUR- Lex. Document 52021PCO189, https://eur - lex. europa. eu/legal - content/EN/TXT/? uri = CELEX: 52021PCO189,2023—05—22.

⑤ 《指令》覆盖的公司范围并不局限于上市公司,因本文研究主题所限,本文不对其他类型公司进行过多介绍。

资者和其他利益相关者的信息需求。①

第三,《指令》规定的 ESG 信息披露范围非常广泛。在整体层面,公司应披露其商业模式和战略中 ESG 事务的简要描述、与 ESG 相关的有时限目标的信息、进展信息及目标科学性的声明、公司机关在 ESG 事务上所扮演角色的信息等多项信息。此外,《指令》还规定了下文所述 ESG 信息披露标准中应纳入的 ESG 信息的具体类别:在环境主题方面,公司应披露气候变化、水资源、资源利用、污染等方面的信息;在社会与人权主题方面,公司应披露两性平权、残疾人权益、工作条件等方面的信息;在治理主题方面,公司应披露公司机关在 ESG 事务上的作用、商业道德、政治影响力活动等方面的信息。

第四,《指令》建立了统一的 ESG 信息披露标准。其一,《指令》要求制定统一的 ESG 信息披露标准,该举措能够针对性解决 ESG 信息披露的可比性问题。其二,《指令》要求披露标准在制定时应妥善考虑相关国际标准和欧盟相关规定。其三,考虑到不同公司的规模差异性,《指令》要求单独制定更符合上市的中小型公司特点的 ESG 信息披露标准。

第五,《指令》建立了 ESG 信息强制鉴证规则。《指令》对《审计指令》进行修改,明确 ESG 信息应适用强制鉴证。欧盟委员会将在 2026 年 10 月前制定"有限保证标准",并在 2028 年 10 月前制定"合理保证标准",以供鉴证人员遵照执行。

第六,《指令》确立了 ESG 信息披露豁免制度。例如,上市的微型公司可以豁免适用《指令》。再如,若集团母公司在合并管理报告中披露了集团整体的 ESG 信息,且其中已经披露与附属公司有关的信息,则附属公司可以豁免相应披露义务。不过,若附属公司位于其他国家,则该成员国可以要求附属公司发布合并管理报告的合适翻译版本。

### (二)新加坡的半强制性 ESG 信息披露制度

新加坡现行 ESG 信息披露制度主要规定在新加坡交易所(以下简称"新交所")出台的《主板规则》及其附录之中。② 2011 年新交所出台《上市公司可持续发展报告指南》,要求上市公司自愿披露 ESG 报告,2016 年新交所修改《主板规则》,出台《可持续发展报告指南》(以下简称《指南》),引入"不遵守就解释"原则,并要求所有上市公司披露 ESG 报告。③ 随后,新交所于 2020 年修订《指南》,又于 2022 年修订《主板规则》和《指南》,历次修订均延续"上市公司均应披露 ESG 报告"规则和"不遵守就解释"原则。④ "不遵守就解释"模式介于自愿披露和"真正的"强制披露之间,新加坡的制度安排也可称为半强制性 ESG 信息披露制

---

① Emma Bichet,Jack Eastwood,Michael Mencher. EU's New ESG Reporting Rules Will Apply to Many US Isuers,https://corp-gov. law. harvard. edu/2022/11/23/eus-new-esg-reporting-rules-will-apply-to-many-us-issuers/,2023-05-22.

② 新交所凯利板相关规则中也存在 ESG 信息披露制度,两处规则基本一致。

③ Singapore Exchange. Consultation Paper on Sustainability Reporting:Comply or Explain,https://www.sgx. com/regulation/pubj-lic-consultations/20160105-consultation-paper-sustainability-reporting-comply-or,2023-05-22.

④ Singapore Exchange. Mainbourd Rules,https://ulebook. sgx. com/rulebook/mainboard-rules,2023-05-22.《主板规则》和《指南》历次版本均可从此处查询。为简化引注,下文涉及相关内容时不再一一标注。

度。下文对新加坡现行 ESG 信息披露制度进行框架性阐释。

第一,新交所坚持采用"不遵守就解释"的披露原则。根据《主板规则》第 711B 条第 2 款的规定,上市公司原则上应披露下文所述的六项"主要部分",如果上市公司不披露相关信息,就需要说明排除披露的情况、替代性做法以及相关原因。不过,《指南》也规定少数行业在气候信息披露方面应适用强制披露模式。具体而言,从 2023 财年开始,农业、食品和森林产品行业、金融行业、能源行业的上市公司必须披露气候信息;从 2024 财年开始,强制披露范围扩大到材料和建筑行业、运输行业的上市公司。

第二,新交所采用单一重大性原则。《指南》规定,上市公司应披露可能影响投资者决策的 ESG 风险或机会。同时,《指南》也指出,在 ESG 报告中披露的重要信息一般应具有财务重大性。上述规定延续了传统财务信息披露所遵循的重大性标准。不过,《指南》也多处阐述上市公司应考虑满足其他利益相关者对 ESG 信息的需求。

第三,结合《主板规则》第 711B 条第 1 款和《指南》的规定,ESG 报告应包括以下六项"主要部分":重大 ESG 因素,按照 TCFD 标准披露气候信息,与重大 ESG 因素相关的政策、惯例和绩效,与重大 ESG 因素相关的公司未来一年目标,编制 ESG 报告所依据的披露标准,有关 ESG 实践的董事会声明和相关治理结构。

第四,新交所在 ESG 信息披露标准方面的规定较为复杂。首先,整体而言,新交所并未强制规定统一的 ESG 信息披露标准,《指南》仅要求上市公司优先选择国际公认的披露标准,如全球报告倡议组织编制的标准。其次,气候信息是前述规则的例外。所有上市公司均应采用 TCFD 标准披露气候信息。最后,为了提高 ESG 信息的可比性,新交所出台了不具强制性的《通用核心 ESG 指标入门》,为上市公司披露 ESG 信息提供必要指导,其中包含 27 项核心 ESG 指标,不少涉及定量披露要求。[①]

第五,为提高 ESG 信息真实性,《主板规则》第 711B 条第 3 款规定了内部审阅和外部鉴证两种保障方式。具体而言,上市公司的 ESG 报告均应进行内部审阅。同时,《指南》规定,董事会需为本公司 ESG 报告的真实性负责。此外,上市公司还可以对 ESG 报告进行独立的第三方鉴证,但独立鉴证并非强制要求。

### (三)域外制度经验的提炼与反思

虽然欧盟和新加坡的 ESG 信息披露制度有着较大差异,但比较两地制度可知,其制度内核具有相似性,并且均能一定程度上解决自愿性 ESG 信息披露制度产生的多种问题。当然,由于欧盟制度设计更为严格,因而制度效果更佳。

第一,欧盟和新加坡均在很大程度上解决了 ESG 信息供给不充分的问题。一方面,两地制度适用范围广泛。在欧盟,除微型上市公司以外的所有上市公司均需披露 ESG 信息;

---

① Singapore Exchange,Suarting with a Common Set of Core ESG Metics,https://api2. sg. com/sites/default/files/2023 - 05/SGX%20Core%20ESG%20Metrics_for%20website%20%28updated%20Apr2023%29. pdf,2023－05－22.

在新加坡,ESG 信息披露范围覆盖所有上市公司。另一方面,欧盟和新加坡的制度设计均能促进上市公司披露宽泛详细的 ESG 信息。不过,由于欧盟采用双重重大性原则[1],而新加坡采用单一重大性原则,因而欧盟规则更有助于促进上市公司充分披露 ESG 信息。

第二,欧盟和新加坡通过统一 ESG 信息披露标准提高 ESG 信息供给质量。欧盟《指令》要求建立统一的 ESG 信息披露标准。新加坡《指南》虽然允许上市公司自由选择披露标准,但范围限于极少数国际公认标准,同时新加坡出台了《通用核心 ESG 指标入门》作为上市公司 ESG 信息披露的统一指引,而且新加坡在气候信息方面统一采用 TCFD 标准,因此新加坡其实也在相当程度上统一了信息披露标准。确立 ESG 信息披露标准后,上市公司披露宣传性、模糊性、非实质性 ESG 信息的自由裁量空间被大幅限制,只能按照相关标准实施披露,因而 ESG 信息披露质量得以提高。

第三,欧盟和新加坡还通过统一 ESG 信息披露标准有效解决 ESG 信息可比性较低的问题。允许采用多样化标准将损害市场比较上市公司 ESG 实践的能力,即使存在第三方评级机构也无法完全弥补这一问题。[2] 采用统一标准则为不同上市公司披露 ESG 信息提供了比较标尺,方便投资者比较不同上市公司的 ESG 表现。不过从制度效果上来看,由于新加坡还允许上市公司自主选择披露标准,同时《通用核心 ESG 指标入门》不具强制性,因而其解决信息可比性问题的效果相对较弱。

第四,ESG 信息强制鉴证规则能够有效化解 ESG 信息的真实性疑虑。非财务报告指令设置了程度较低的鉴证要求,但欧盟官方针对非财务报告指令所做调查即显示,74％的信息使用者认为 ESG 信息不具可信度。[3] 因此,唯有如《指令》一般设置强制鉴证规则才能提升 ESG 信息的真实性。尽管目前对预测类、定性类 ESG 信息的鉴证存在困难[4],但随着鉴证人员专业能力的逐步提升,此类困难将有望在未来得以缓解。

第五,应注重平衡强制性 ESG 信息披露制度给上市公司带来的成本。强制性 ESG 信息披露制度会增加上市公司披露成本,对规模较小的上市公司影响更大。《指令》在扩大强制性 ESG 信息披露制度适用范围的同时,也注重通过克减或豁免 ESG 信息披露义务等方式减轻此类上市公司的披露成本。在"不遵守就解释"原则之下,新加坡上市公司也有一定空间自主决定是否披露某些 ESG 信息,从而控制披露成本。

---

[1] 不过,目前双重重大性原则也受到一定质疑。Josef Baumiller, Karina Sopp. Double Materiality and the Shift from Non-financial to European Sustainability Reporting:Review,Outlooh and Implications,*Journal of Applied Accounting Research*,2022,23(8),p. 22.

[2] Jill E. Fisch. Making Sustainability Disclosure Sustainable,*The Georgetown Law Journal*,2019(107),p. 923,949.

[3] European Commission. Summary Report ofthe Public Consultation on the Review ofthe Non-Financial Reporting Directive,p. 3.

[4] 王鹏程:《可持续发展信息鉴证服务的发展机遇与战略应对》,《财会月刊》2022 年第 16 期,第 85 页。

## 五、我国强制性 ESG 信息披露制度的规则构造

结合前文理论探讨和域外制度经验,制定实施强制性 ESG 信息披露制度,更能针对性地解决我国现行 ESG 信息披露制度存在的实践问题,满足投资者等群体的 ESG 信息需求。在规则构造过程中,我国应充分考虑现阶段证券市场基本情况,并参酌域外已有制度实践的经验教训。基于此,本文提出如下规则构造建议。

### (一)建立"真正的"强制性 ESG 信息披露制度

不同法域关于强制性 ESG 信息披露制度的"强制性"程度存在差异,欧盟最新立法选择了"真正的"强制性模式,新加坡现行立法则选择了半强制性模式。目前,部分学者主张我国应构建"不遵守就解释"的披露模式。[①] 但是,创建 ESG 信息披露制度的目标主要是为 ESG 投资者提供必要信息,以服务于该类投资者的投资决策。结合域外制度发展史、交易所竞争的时代背景来看,"真正的"强制性 ESG 信息披露制度才是达成制度目标最为适宜的制度选项。因此,本文更支持我国未来建立"真正的"强制性 ESG 信息披露制度。

从域外制度发展史来看,ESG 信息披露制度的强制程度越高,制度效果越好。就欧盟而言,2014 年非财务报告指令仅采用了有限强制的 ESG 信息披露制度,但欧盟官方评估认为非财务报告指令导致 ESG 信息披露的充分性、可比性、真实性等都存在显著不足。正因如此,欧盟才出台《指令》,并创建"真正的"强制性 ESG 信息披露制度。就新加坡而言,新交所自 2011 年实行 ESG 信息披露制度后,就不断提升 ESG 信息披露制度的强制程度。究其原因,也是因为随着强制性程度提高,ESG 信息披露效果将随之提高。这一点从新交所发布的官方报告中可以很清楚地得到证明。新交所发布的《2021 年可持续发展报告审查》显示,在"不遵守就解释"模式下,仅有约 35% 的上市公司在 ESG 报告中披露了与气候变化相关的公司表现数据。[②] 因此,为提高气候信息披露的供给、质量和可比性,新交所决定针对部分行业进一步实施"真正的"强制披露模式。[③]

从交易所竞争的时代背景来看,建立"真正的"强制性 ESG 信息披露制度有助于我国交易所赢得国际竞争优势。我国正在努力建设国际金融中心,并扩大证券市场对外开放程度。这一努力不可避免地会涉及与美国、日本、新加坡等地交易所竞争国际投资资金。ESG 投资理念目前已经越来越受到国际大型投资机构的重视,为吸引国际 ESG 投资资金,美国、新加坡等地交易所都在争相迈向"真正的"强制性 ESG 信息披露制度,日本东京交易所也强制要求上市公司自 2023 年开始披露气候信息。[④] 当前沪深交易所面临激烈竞争,若不在强

① 刘江伟:《公司可持续性与 ESG 披露构建研究》,《东北大学学报(社会科学版)》2022 年第 5 期,第 110 页。

② Singapore Exchange. Sustainability Reporting Review 2021,https://api2. sgx. com/sites/default/iles/2022−04/Sustainability%20 Reporting%20Review%202021_p. pdf,2023−05−22.

③ Singapore Exchange. Consultation Paper on Climate and Diversity:The Way Forward,https://www. sgx. com/regulation/public-consultations/20210826-consultation-paper-climate-and-diversity,2023−05−22.

④ 袁吉伟:《构建可持续金融体系的国际经验和启示》,《银行家》2023 年第 3 期,第 73 页。

制性 ESG 信息披露制度建设方面跟进国际潮流,我国交易所的竞争力将被削弱。

### (二)强制性 ESG 信息披露制度中的主要规则

强制性 ESG 信息披露制度的核心规则包括重大性标准、信息披露标准和信息强制鉴证规则。参考欧盟和新加坡的相关监管规则,我国更适合采用双重重大性原则,建立统一的 ESG 信息披露标准,并分阶段实施 ESG 信息强制鉴证规则。除核心规则外,我国还应创建 ESG 信息披露豁免规则、差异化披露规则等配套规则。

1. 采用双重重大性原则

双重重大性原则的含义是上市公司应披露对投资者和其他利益相关者而言重要的 ESG 信息。该定义表明双重重大性原则所指向的信息披露对象既包括投资者,也包括其他利益相关者。而单一重大性原则所指向的信息披露对象仅包括投资者。较之单一重大性原则,双重重大性原则能够更好实现 ESG 运动的目标。因为投资者和其他利益相关者的行为对推进上市公司可持续发展均有正向作用,缺乏 ESG 信息将减弱其他利益相关者向上市公司问责的能力。尽管 ESG 信息披露制度的主要目标是满足投资者的信息需求,但其他利益相关者也依赖这一制度获取信息。双重重大性原则显然更能满足投资者和其他利益相关者的 ESG 信息需求。因此,我国 ESG 信息重大性标准应采用双重重大性原则。

结合我国现有相关规则来看,兼顾投资者和利益相关者信息需求的立法目的实际上已经体现在现有规则之中。例如,2018 年证监会修订的《上市公司治理准则》第 91 条第 1 款规定:"鼓励上市公司除依照强制性规定披露信息外,自愿披露可能对股东和其他利益相关者决策产生影响的信息。"该条款已经将投资者和其他利益相关者均作为上市公司自愿信息披露的对象,与双重重大性原则具有相通性,只是其立法目的仍定位为鼓励自愿披露。基于此,在我国实施强制性 ESG 信息披露制度时,采用双重重大性原则也具有规则延续性。

2. 建立统一的 ESG 信息披露标准

统一 ESG 信息披露标准对实现 ESG 信息披露的充分性、可比性等均具有重要价值,欧盟最新立法采用了统一披露标准,新加坡的立法趋势也在朝着统一披露标准大幅靠近。因此,我国应建立统一的 ESG 信息披露标准。建立统一披露标准有两种路径抉择。一是由监管部门在现存的国际国内多种 ESG 信息披露标准中择一认定为官方标准,二是由监管部门自行制定一套披露标准并颁行实施。基于我国监管部门制定信息披露标准的历史传统,同时监管部门制定的披露标准在权威性、专业性等方面更具优势,因此第二种方式更为合适。在确定 ESG 信息披露的具体事项方面,我国应参考欧盟、新加坡等地规则,但更应参考主流国际披露标准。目前最值得关注的国际标准应是国际可持续发展准则理事会(International Sustainability Standards Board)即将出台的 ESG 信息披露标准,该标准已获得二十国集团领导人表态支持,具有较高国际公信力,并有望成为全球主流标准。① 我国未来在制定统一 ESG 信息披露标准时,应注重借鉴该主流国际标准。

同时,在确定 ESG 信息披露的具体事项方面,我国还应结合现阶段国情做适当调整。因为不同时空环境下政府和投资者重点关注的具体 ESG 事项不尽相同,因此 ESG 信息披露的具体事项应体现出本地特色。例如,在环境信息领域,欧盟将生态系统信息纳入强制披露范围,但由于我国确立了碳达峰碳中和目标,因此碳排放信息、气候变化信息等应成为我国环境信息披露的重点,而生态系统等方面信息虽然重要,但似乎并非当下重点。再如,在社会信息领域,某些地区投资者可能更关注种族平权信息的披露,但我国现阶段的重大社会关切是乡村振兴和共同富裕等问题,而非种族冲突问题,我国更应将上市公司促进乡村振兴和共同富裕等方面的信息纳入强制性社会信息披露范围。

此外,我国披露标准应注重设置量化指标,因为定量描述比定性描述更能提高 ESG 信息的可比性。② 同时,我国披露标准还可考虑鼓励上市公司披露预测性 ESG 信息,进一步促进 ESG 信息供给。

**3. 分阶段实施 ESG 信息强制鉴证规则**

ESG 信息强制鉴证规则旨在要求上市公司聘请独立鉴证人员对其披露的 ESG 信息的真实性进行核验,并提供合理保证。尽管该规则可能面临增加上市公司 ESG 信息披露负担的争议,但从成本收益分析视角来看,实施 ESG 信息强制鉴证规则的收益显著大于成本,我国应建立 ESG 信息强制鉴证规则。

一方面,从收益维度来看,真实可靠的 ESG 信息是开展 ESG 投资、发挥证券市场资金配置功能的基石。而唯有对 ESG 信息进行鉴证,才能大幅增强 ESG 信息的真实性。因为普通投资者缺乏专业能力和足够精力,难以核实 ESG 信息的真实性。而仅凭证监会的监管力量,也不足以对违规披露行为起到根本遏制作用。③ 此外,由于开展鉴证活动需要额外支付费用,结合私人秩序理论可知上市公司自愿对 ESG 信息进行鉴证的积极性不高。新交所发布的《2021 年可持续发展报告审查》即显示,仅有 2.8% 的上市公司对 ESG 报告进行了独立验证。④ 可见,建立 ESG 信息强制鉴证规则,是提高 ESG 信息真实性的必要选择。另一方面,ESG 信息强制鉴证规则虽然会增加上市公司合规成本,但是成本相对可控。其一,根据上市公司规模分类确定 ESG 信息披露制度的适用时间和 ESG 信息披露范围,可以减轻中小规模上市公司的鉴证成本。其二,在实施过程中若循序渐进提高鉴证要求,就能够给予上市公司较长适应时间,不会显著提高鉴证成本。

---

① IFRS Foundation. ISSB:Frequently Asked Questions,https://www.ifrs.org/groups/international-sustainability-standards-board/issb-frequently-asked-questions/,2023－05－22.

② 吴紫君:《证券交易所层面 ESG 信息披露制度的构建》,《证券法苑》2021 年第 4 期,第 333 页。

③ 郭雳:《注册制下我国上市公司信息披露制度的重构与完善》,《商业经济与管理》2020 年第 9 期,第 93 页。

④ Singapore Exchange. Sustainability Reporting Review 2021, htps//api2. sgxcom/sites/defaultfiles/2022－04/Sustainabiliy%20Reporting%20Review%202021_p. pdf,2023－05－22.

参考欧盟的制度经验,我国 ESG 信息强制鉴证亦应分阶段实施,以为上市公司和鉴证行业留足适应时间。在为期 2～3 年的初始过渡阶段,监管部门可以仅要求鉴证人员做出有限保证。初始过渡阶段结束后,监管部门可提高鉴证标准,要求鉴证人员做出合理保证。

4. 创建强制性 ESG 信息披露的豁免规则

如前所述,赋予上市公司披露 ESG 信息的义务,必然会增加上市公司经营成本。在强制性 ESG 信息披露制度目标能够达成的前提下,应减轻上市公司披露成本,我国可在参酌欧盟制度经验基础上,考虑建立强制性 ESG 信息披露的豁免规则。

第一,我国可豁免微型上市公司的强制性 ESG 信息披露义务。目前我国并无大、中、小和微型上市公司的法定划定规则,本文建议可以从市值、年度营业收入、员工人数等维度划分。第二,我国可建立附属公司披露豁免规则。如果上市公司是某家集团公司合并报表内的附属公司,而且该集团公司发布了符合要求的 ESG 报告,那么可以豁免上市公司单独披露 ESG 报告的要求。第三,我国可确立在两地或多地上市的公司的豁免规则。目前部分公司不仅在沪深交易所上市,还同时在美国、新加坡或者欧洲等地上市。如果该类公司按照其他交易所要求披露了 ESG 信息,并且相关披露也符合我国披露规则,那么本文建议不必要求境内上市公司重复制作 ESG 报告,只需要求其将 ESG 报告翻译为中文版本并按规定公布。

5. 建立差异化 ESG 信息披露规则

差异化信息披露规则有助于促进实质公平、提高市场效率。[1] 在 ESG 信息披露领域,中小型上市公司承担成本能力相对较弱,实施差异化 ESG 信息披露规则能够减轻中小型上市公司的披露成本,从而增进实质公平和市场效率。因此我国应参考欧盟的经验,建立差异化 ESG 信息披露规则,给予中小型上市公司一定优待。

第一,我国可考虑另行制定一套适合于中小型上市公司的强制性 ESG 信息披露制度。在欧盟《指令》中,中小型上市公司的披露事项仅约为大型上市公司的一半,同时某些事项也只要求中小型上市公司简化披露。欧盟的做法值得我国借鉴,我国也应考虑免除或者简化中小型上市公司某些方面的披露要求。

第二,我国可给予中小型上市公司适用强制性 ESG 信息披露制度更长的过渡期。目前我国多数上市公司尚未披露 ESG 信息,未来我国在实施强制性 ESG 信息披露制度时,应给予所有上市公司 2 年过渡期限以便其做好相应准备。而针对中小型上市公司的过渡期理应更长,可考虑给予其 4 年过渡期,以减轻其披露成本,并便利其进行更充足的准备。此外,我国还可以考虑在过渡期的后半段要求中小型上市公司适用"不遵守就解释"的披露模式,从而更顺利完成过渡。[2]

---

[1]　张文瑾:《注册制改革背景下上市公司差异化信息披露制度探究》,《中国应用法学》2020 年第 1 期,第 170 页。

[2]　Virginia Harper Ho. Modernizing ESG Disclosure,*University of Illinois Law Review*,2022,p. 277,324.

## 六、结语

我国现行 ESG 信息披露制度整体以自愿披露为主,现行制度在实践中产生诸多市场失灵问题,难以支撑 ESG 投资的发展。从法理层面思考,建立强制性 ESG 信息披露制度具有充分的正当性。首先,ESG 信息对投资收益、股票准确定价等均有重要影响,强化 ESG 信息披露对促进 ESG 投资具有重要意义。其次,相较于自愿披露,强制披露能够更有效化解市场失灵问题。最后,少数质疑强制披露的意见亦有可驳之处。考察欧盟和新加坡最新 ESG 信息披露制度,两地规则设计均有值得借鉴的经验,不过欧盟规则构造的效果更佳。在规则构造层面,我国应斟酌域外经验教训以及本国国情,建立"真正的"强制性 ESG 信息披露制度,并构建由双重重大性原则、统一 ESG 信息披露标准、ESG 信息强制鉴证规则、披露豁免规则、差异化披露规则等构成的规则体系。

# 第八讲　数字时代我国可持续金融融入 ESG 体系的法治路径[†]

叶榅平[*]

## 一、引言

当前,"双碳"目标正成为我国推进可持续发展的重要战略框架,可持续金融是实现这一目标、促进经济社会全面绿色低碳转型的有力抓手。从全球范围观察,数字技术与 ESG(环境、社会、治理)理念的融合是当今可持续金融转型与发展的时代主题及驱动力。随着国际 ESG 标准体系的快速发展和金融市场对 ESG 信息披露需求的不断加强,在数字技术的加持下,可持续金融实施范式逐渐向更加规范化、标准化的 ESG 模式转型。[①] 在国际化潮流和我国战略目标的推动下,融入 ESG 体系已成为我国可持续金融发展的必然趋势。然而,从制度实践来看,我国可持续金融发展还面临不少难题和挑战。本文认为,法治是促进可持续金融融入 ESG 体系,引导数字技术加持 ESG 体系发展,推动我国经济社会高质量发展的重要制度保障,应加快可持续金融法治建设,完善 ESG 法制框架,建立 ESG 标准框架,引导数字技术运用以提升信息披露质量,通过法治路径破解可持续金融发展面临的困境,促进我国可持续金融高质量发展。

### 二、数字时代我国可持续金融发展面临的挑战

数字技术与 ESG 理念的融合是当今金融转型与发展的时代主题及驱动力。在数字时代,可持续金融依赖于一个数字技术生态系统,其中的颠覆性技术包括与金融有关的大数

---

　†　叶榅平:《数字时代我国可持续金融融入 ESG 体系的法治路径》,《新文科教育研究》2024 年第 3 期,第 95—110、143 页。

　*　叶榅平,上海财经大学法学院教授。

　①　叶榅平:《可持续金融实施范式的转型:从 CSR 到 ESG》,《东方法学》2023 年第 4 期,第 125 页。

据、人工智能、机器学习、区块链、数字代币和物联网等,这些技术的运作具有高度的互补性。[①] 数字技术加强了社会诸多场景中的数据和信息的联结,这不仅可以降低金融机构的经营成本和提升管理效率,而且可以加强金融机构与金融市场的联系,帮助其获取更多有效信息并及时向市场反馈。[②] 此外,数字技术的运用增强了可持续金融信息的透明度,这也有助于防范和化解可持续转型过程中的各种风险,实现可持续金融的高质量发展。与此同时,现代金融机构在专注经营业务的同时,在环境保护、社会责任、治理体系、价值创造等社会责任方面逐渐投入更多精力,以谋求可持续的发展。作为可持续发展理念的承载者,ESG 符合数字时代可持续金融的发展主题,是金融机构践行社会责任的主要组织范式。ESG 体系保障了可持续金融数据信息的科学性、可得性、可信性和可比性,有利于可持续金融的数字化转型和发展。全球知名分析机构国际数据公司(IDC)在《全球可持续发展/ESG 2023 预测》中就指出,ESG 已经和企业数字化转型融合在一起。[③] 在此情况下,"可持续性"的数据信息界定了一个"技术生态系统"的金融实施范式,旨在通过直接和间接支持经济、环境、社会、治理等可持续发展目标,实现强大、可持续、平衡和包容性的增长。[④] 总之,数字技术可以为可持续金融在环境、社会、治理等可持续目标上做出重大贡献,同时,践行 ESG 理念和建设 ESG 体系也能为可持续金融的数字化发展提供更加科学、可信、可比的数据信息以及制度支撑。

近年来,在积极推动生态文明建设、参与全球气候治理、实施经济社会全面绿色低碳转型战略的背景下,我国可持续金融得到了迅速发展,政策法规体系不断升级和优化,市场参与主体类别逐渐增加,可持续金融产品和服务创新不断深化,市场规模持续增长。[⑤] 同时,数字化技术发展和运用在促进可持续金融产品创新、完善信息共享机制、降低金融风险、提升监管水平等方面也发挥着重要作用。但就整体而言,我国可持续金融发展仍面临"可持续性"标准缺乏和可识别能力差、信息不对称、可持续性投资动力不足、可持续性项目融资困难、"漂绿"现象频发以及相关风险管理难等困境。具体而言,包括以下五个方面。一是可持续金融的界定和分类不明确。由于缺乏适当的标准来识别可持续金融产品及服务,特别是有关"可持续性"的信息匮乏和不对称,可持续金融市场和可持续金融产品及服务缺乏透明度或难以被有效评估,从而导致实施可持续金融的成本增加,对资金流动产生负面影

① UN Sustainable Development Group. People's Money: Harnessing Digitalization to FinanceASustainable Future, 2020 年 8 月, https://www.un.org/sites/un2.un.org/files/2020/08/df_task_force_-_summary_report_-_aug_2020.pdf. ,最后访问日期:2024 年 9 月 10 日。

② 周茂春、张曼雪:《数字化水平的提升能否促进企业 ESG 表现?》,《商业会计》2023 年第 15 期,第 16 页。

③ 姜红德:《数字时代 ESG 推动行业高质量发展》,《中国信息化》2023 年第 4 期,第 24 页。

④ DBS and Sustainable Digital Finance Alliance. Sustainable Digital Finance in Asia: Creating Environmental Impact Through Bank Transformation, https://www.dbs.com/iwov-resources/images/sustainability/reports/ Sustainable%20Digital%20Finance%20in%20Asia_FINAL_22.pdf. ,最后访问日期:2024 年 9 月 10 日。

⑤ 庞超然、李悦怡:《我国绿色金融发展形势、存在的问题和应对建议》,《中国国情国力》2022 年第 12 期,第 20 页。

响,以及潜在风险剧增。[①] 二是"可持续"相关标准不统一,信息披露的可靠性、可比性、可理解性不高。即使有些政策法规要求市场主体披露"可持续"相关的数据和信息,但是由于缺乏统一标准和体系,相关数据信息也缺乏可比性、可验证性和可理解性。目前,对生态环境信息披露的规范指引较多,也较有体系性,但是,有关环境数据和信息统一性仍然是很大的问题。在生态环境监测方面,仍缺乏统一的生态环境效益测算和计算标准,各监管部门发布的生态环境相关数据,其界定、要素、内容、表现形式等方面均存在不同程度的差异,所采用的测算方法、模型、公式也不相同,生态环境数据的科学性、可靠性、统一性很难得到有效保障。[②] 例如,为了引导金融业进行环境信息统一披露,中国人民银行于 2021 年 7 月发布了《金融机构环境信息披露指南》,该指南并未对投融资活动环境效益测算方法做出明确规定和要求,而是允许金融机构参照相关的国家标准或国际标准自主选择测算标准量化测算。[③] 因金融机构采用不同测算方式而导致测算口径、测算方法学以及测算结果的差异性问题仍然没有解决。由此可见,目前我国生态环境数据的准确性、统一性等方面还存在较大问题,难以有效支持可持续金融领域的生态环境风险分析。除了生态环境数据信息外,社会、治理方面的可持续性指标建设和数据收集长期以来得不到重视,数据信息不统一、不完整等问题则更为严重。三是存在"数据孤岛","可持续"相关的数据信息可得性、共享性无法得到有效保障。在生态环境监管部门、金融监管部门、商业银行等金融机构、各类企业之间缺乏有效的信息共享机制,金融监管部门关于企业 ESG 的有效信息无法及时传达到商业银行及其他金融机构,导致商业银行及其他金融机构无法对企业融资项目做出正确的评估和决策。由于政府职能部门、金融监管部门、金融机构以及企业之间数据流通和信息沟通渠道不畅,当某一企业出现重大 ESG 风险问题时,监管部门、市场、金融机构、公众等主体均难以对相关企业的贷款和融资进行监督。[④] 四是信息披露责任缺乏,市场驱动乏力。可持续相关数据信息主要依赖金融机构和上市公司的信息披露,然而,由于大部分金融机构和企业未将 ESG 因素纳入内部管理流程、审批流程,收集信息时需要对底层数据进行梳理或向客户索取数据,因此,在 ESG 效益等定量信息收集中,数据信息的可得性、准确性等方面均难以得到有效保障,进而影响了金融机构及其他企业信息披露的质量。[⑤] 五是监管滞后,"漂绿"问题得不到有效遏制。由于数据信息不充分、缺乏可信性和可比性,可持续金融监管活动难以开展,可持续金融相关数据信息的真实性无法得到有效验证,导致"漂绿"现象时有发生,影响了可持续金融的健康发展。

① G20 Green Finance Study Group. Green Finance Synthesis Report, http://www.pbc.gov.cn/ goutongjiaoliu/ 113456/113469/3142307/2016091419074561646. pdf. ,最后访问日期:2024 年 9 月 10 日。

② 周卫:《数字化转型时期环境监测数据证据效力的司法认定——基于 2015—2020 年环境行政诉讼裁判文书的考察》,《南京工业大学学报(社会科学版)》2022 年第 4 期,第 80 页。

③ 张奔、宫大卫、于潇:《绿色金融标准演进路径及制度逻辑研究》,《统计与信息论坛》2022 年第 9 期,第 67 页。

④ 李翔宇:《绿色金融背景下我国环境信息披露的现状检视与规制进路》,《西北民族大学学报(哲学社会科学版)》2023 年第 3 期,第 137 页。

⑤ 杨峰、秦靓:《我国绿色信贷责任实施模式的构建》,《政法论丛》2019 年第 6 期,第 55 页。

从历史发展脉络来看，我国可持续金融发展的理论研究和法治建设总体上仍然处于企业社会责任(Corporate Social Responsibility，以下简称 CSR)理论阶段。企业社会责任理论是可持续金融发展过程中一个基础和核心的概念，它既是推动可持续金融发展的理论引擎，也是要求金融机构进行"负责任"投资的实践工具。正是在要求金融机构履行企业社会责任的理念之下，可持续金融才逐渐从要求商业银行在开展信贷业务时考虑环境风险的绿色金融，拓展到要求所有金融机构都要履行 ESG 责任的可持续金融。[①] 然而，尽管 CSR 理论和原则经历了持续演变和发展，但其核心理念仍然是具有浓厚伦理色彩的道义责任，强调企业履行社会责任的自发性。在此意义上，无论是监管部门还是金融机构自身都将开展可持续金融活动看成社会要求其承担的道义责任而非法律责任。[②] 因此，法律对金融机构履行企业社会责任只是做一些原则性、倡导性的规定，驱动可持续金融发展的市场机制、法律机制尚未真正建立。[③] 实际上，以道义责任为基础的 CSR 理论已经无法满足可持续金融发展的时代潮流，原因有三。其一，价值理念落后。CSR 理论将企业社会责任简单地理解为尽责行善，只强调企业对社会的单方面付出而不考虑回报，这极大地影响了企业履行社会责任的积极性。其二，缺乏评价标准。企业社会责任的范畴非常广泛，但缺乏核心要素、确定内容及评级标准，无法对企业履行社会责任做出客观评价。其三，缺乏有效的实施机制。CSR 理论的原则性和自愿性使金融机构在投资活动中缺乏承担环境、社会责任的积极性，也缺乏开展这种"责任投资"所需的数据信息，在政府自上而下的政策驱动下，金融机构只能为应付或迎合各种优惠政策措施而进行绿色"包装"。因此，CSR 范式难以成为以市场为导向的金融创新范式。总而言之，传统的企业社会责任理论和原则具有很大的局限性，已难以满足数字时代市场对可持续金融信息披露的强大需求，迫切需要寻求新的可支撑可持续金融发展的理论范式。

### 三、数字时代我国可持续金融融入 ESG 体系的重要意义

随着生态环境持续恶化、气候灾难频发、社会问题迭生、治理失效等严重社会危机的频繁发生，国际社会对可持续发展理念达成广泛共识并形成了一系列可持续发展原则。进入 20 世纪 90 年代后，国际社会开始加快可持续金融标准体系及数据信息建设，可持续金融逐渐迈向信息化、标准化和规范化发展轨道。2004 年 1 月，时任联合国秘书长安南邀请全球 50 家大型金融机构首席执行官参加联合国全球契约组织、国际金融公司(IFC)和瑞士政府联合举行的会议，会议倡议金融机构将环境、社会、治理因素纳入投融资决策，首次提出了 ESG 概念。2004 年 12 月，联合国全球契约组织发布报告《在乎者赢》，该报告指出在金融活

①　IrisH-YChiu、程磊、林琳:《欧盟可持续金融议程——可持续性衡量标准发展的双重重要性治理》,《经贸法律评论》2022 年第 3 期,第 140 页。

②　叶维平:《可持续金融实施范式的转型:从 CSR 到 ESG》,《东方法学》2023 年第 4 期,第 127 页。

③　杨峰、秦靓:《我国绿色信贷责任实施模式的构建》,《政法论丛》2019 年第 6 期,第 55 页。

动引入环境、社会和治理因素评估中具有重要意义。环境、社会、治理三方面的表现逐渐成为可持续金融"可持续性"的重要参照体系和评价标准。此后,联合国支持成立了负责任投资原则组织,该组织于 2006 年发布《负责任投资原则》,以此推动将 ESG 纳入投融资决策。2015 年通过的《巴黎协定》在气候融资方面取得了重大进展,提出"使资金流动符合温室气体低排放和气候适应型发展的路径"的要求和目标。可以说,《巴黎协定》为可持续金融发展注入了强大动力,此后,可持续金融实施范式的 ESG 转型在世界范围内进入了高速发展期。近年来,随着数字技术的深入运用以及可持续金融国际标准逐渐形成和完善,可持续金融分类法、ESG 信息披露、金融机构投融资组合、碳核算等领域的高速发展尤其受到世界各国政府、金融部门和资本市场高度关注。

在《巴黎协定》框架下,我国于 2020 年向世界宣布自主减排计划,承诺"二氧化碳排放力争于 2030 年前达到峰值,努力争取 2060 年前实现碳中和",在"双碳"目标和行动的引领下,我国政府开始引导生产和消费向绿色低碳方式全面转型。金融机构作为金融市场的重要参与者,是资金和资本流通的关键媒介,在引导各种重要经济社会资源流向、产业结构调整和促进经济社会全面可持续转型上具有关键性作用。金融机构带头贯彻落实可持续发展理念,带动资金、资本、资源向可持续发展领域倾斜,是实现生产和生活方式绿色低碳全面转型的重要抓手。同时,数字技术有助于提高透明度及增强真实性,融合数字技术和 ESG 信息披露,可促进可持续金融的高质量发展。2021 年国务院发布《"十四五"数字经济发展规划》,提出在"十四五"期间要抓住数字化发展的机遇,推动我国数字经济健康发展。在此背景下,推动我国可持续金融融入 ESG 体系具有以下几个方面的重要意义。

首先,ESG 体系可以成为贯彻落实新发展理念的重要机制。创新、协调、绿色、开放、共享的新发展理念,既蕴含着与可持续发展密切相关的企业社会责任理念,又突破了传统企业社会责任的范畴①,深刻阐述了新时代经济、社会、环境可持续发展的价值、目标、动力和路径等一系列理论和实践问题。② 贯彻新发展理念是构建人类命运共同体的要求,也是促进中国式现代化的路径。ESG 体系从环境、社会、治理三个方面阐述了可持续发展的深刻内容,并建立了一套标准和落实机制。ESG 理念与新发展理念之间具有内在的契合性,践行 ESG 理念可以成为贯彻落实新发展理念的重要抓手。具体而言,ESG 范式下,企业履行企业社会责任与其核心业务密切相关。CSR 理论片面强调企业对社会单方面的回馈和责任,与其核心业务缺乏必要关联。③ 而 ESG 将企业的经营活动及其在环境、社会、治理三方面的指标紧密联系在一起,强调企业创造商业价值与社会价值的统一,在组织上自然需要将 ESG 治理嵌入企业核心战略。因而,ESG 报告的内容通常与企业的财务表现具有"实质性"的关联,并非毫不相干。在此意义上,ESG 与企业业务深度融合,不是边缘化的概念,并

---

① 刘志云:《新发展理念与中国金融机构社会责任立法的互动》,《现代法学》2019 年第 2 期,第 5 页。
② 邱海平:《全面认识和贯彻新发展理念》,《经济日报》2021 年 12 月 6 日,第 10 版。
③ 李诗、黄世忠:《从 CSR 到 ESG 的演进——文献回顾与未来展望》,《财务研究》2022 年第 4 期,第 18 页。

且,在 ESG 范式下,可持续金融可以在环境、社会、治理的议题下将公平正义的理念融入标准体系,通过 ESG 体系实现资本和社会资源的合理调配,让发展的成果惠及更多人民,实现共享发展。

其次,ESG 有利于满足数字时代市场主体对可持续金融信息披露的强大需求。这主要体现在三个方面。一是可持续金融实施范式的 ESG 转型来自资本市场对环境、社会、治理方面信息披露的强大需求。《巴黎协定》意味着经济社会向绿色低碳发展转型已成为全球共识,这为 ESG 的勃兴和发展创造了前所未有的契机和广阔的前景。在此背景下,资本市场形成了对企业环境、社会、治理方面信息的强大需求,企业社会责任报告由于其自身的局限性已无法满足资本市场的这种信息需求,这在客观上促成了 ESG 的崛起。[①] 二是由于 ESG 信息披露与企业核心业务密切相关,且信息披露质量获得了市场检验和认可,这促使金融机构变被动为主动,将 ESG 表现作为投资的主要考量因素,在此机制的驱动下,各类市场主体践行 ESG 的积极性和主动性得到了增强。三是 ESG 具有规范性的标准体系和实施机制,能够更好地满足数字化时代各类市场主体对信息披露真实性、可信性和可比性的要求。

再次,ESG 体系有利于完善数字时代金融机构的治理体系并提高其治理能力,促进可持续金融的高质量发展。一是 ESG 可以增强可持续金融治理的透明度。在推进金融数字化转型过程中,ESG 有利于引导包括金融机构在内的企业从实现经济、社会、环境价值协调增长的角度制定发展和管理战略,推动企业主动承担社会责任,规范和优化企业内部治理,实现企业治理透明化。二是有利于金融机构可持续发展战略的落实。ESG 范式强调将环境、社会、治理因素统一纳入一个整体的指标体系,本质上源于环境责任、社会责任在治理上具有融合性,最终都体现在企业治理层面。日本经济产业省于 2017 年 10 月公布的《面向可持续成长的长期投资(ESG、无形资产投资)》阐述了 ESG 三者之间的关系:为达成"E"和"S"的目标,有必要对"G"进行完善,也可以说"G"是 ESG 投资中最重要的内容。[②] 这种观点是很有见地的,值得肯定。时至今日,环境、社会责任的履行事实上就是企业治理的重要内容,因而企业需要通过完善自身的治理体系和提高自身的治理能力来实现环境与社会目标。由此可见,践行 ESG 本质上就是可持续金融治理机制的革新,提高了可持续金融整体的治理体系和治理能力。

最后,ESG 体系有利于加强对数字时代可持续金融的监管,维护金融稳定和安全。一是增强了可持续金融数据信息的可追溯性和可信性。在 ESG 体系下,环境、社会、治理相关要素的信息披露具有一套完整的要求和规程,规范性极大地增强了可持续金融数据信息的可信性,为国家制定和调整可持续发展政策、投资者进行投资决策及政府监管提供了依据

① 屠光绍:《ESG 责任投资的理念与实践(上)》,《中国金融》2019 年第 1 期,第 14 页。

② 石岛博、水谷守「ESG 投資に関する法的論点の整理と一考察」中央ロー・ジャーナル第 18 巻第 1 号(2021 年)72 頁。

和创造了条件。二是增强了可持续金融市场监管能力。CSR 报告往往从企业自身利益出发,被企业作为展现自己积极形象的营销手段;[①]ESG 报告则是投资者评估企业投资价值的重要依据,需要接受来自市场主体的检验。具体而言,ESG 报告的目标受众群体主要是资本市场参与方,特别是金融机构投资者。例如,欧盟立法者就明确表示,ESG 报告的受众主要为企业的投资者和非政府组织(NGO)。[②] 换言之,ESG 报告要接受市场主体特别是投资者和非政府组织的监督。因此,以 ESG 报告表现出来的信息披露本身就是企业践行 ESG 的监督工具,企业通过 ESG 报告展示自身形象的同时也需要受其约束,接受市场监督。

正是具备上述优势,ESG 也逐渐成为我国政策文件中经常出现的官方话语,融入数字时代的 ESG 体系已是我国可持续金融发展的必然趋势。在推动 ESG 发展方面,中国人民银行等七部委于 2016 年联合发布《关于构建绿色金融体系的指导意见》,对绿色金融的概念进行了界定;证监会于 2018 年、2022 年相继发布《绿色投资指引(试行)》和《上市公司投资者关系管理工作指引》,指导基金行业发展绿色投资,并将 ESG 纳入投资者关系管理;原银保监会于同年印发《银行业保险业绿色金融指引》,完整地采纳了 ESG 概念,要求金融机构防范 ESG 风险并提升自身的 ESG 表现;中国人民银行于 2021 年发布《金融机构环境信息披露指南》,以引导金融机构进行统一环境信息披露;同年,中国人民银行还发布了《金融机构碳核算技术指南(试行)》,指引金融机构对投融资业务相关的碳排放量及碳减排量进行测算;2022 年,中国人民银行等四部门发布《金融标准化"十四五"发展规划》,为金融标准化建设提供了根本指引。在推动金融数字化方面,中国人民银行于 2022 年印发《金融科技发展规划(2022—2025 年)》,从金融数字化转型的总体思路、发展目标、重点任务和实施保障等方面进行了总体部署。在一系列政策措施的推动下,主动披露 ESG 信息的 A 股上市公司数量逐年增加,同花顺数据显示,截至 2023 年 6 月,已有 1 755 家 A 股上市公司披露 2022 年 ESG 相关报告,占全部 A 股公司的 34.32%,其中,银行披露率为 100%。[③] 一系列政策的出台和 ESG 实践的快速发展,意味着数字时代加快可持续金融融入 ESG 体系已成为我国社会各界的普遍共识。

尽管如此,我国 ESG 体系建设还处在话语层面,ESG 体系框架、信息披露规范指引、信息披露标准、ESG 评级和 ESG 监管等方面的理论研究和制度建设还相对薄弱,均处于被动跟随国际潮流和应对西方 ESG 评级、供应链、ESG 投资实践影响的阶段。这既不符合我国可持续金融发展的时代趋势,也无法满足我国积极推动可持续金融融入 ESG 国际化发展潮流的实践需求。面对蓬勃发展、日益强劲的 ESG 国际化浪潮和挑战,我国可持续金融的理论创新和法治建设任重而道远。

---

① 吴定玉:《国外企业社会责任研究述评》,《湖南农业大学学报(社会科学版)》2017 年第 5 期,第 92 页。
② European Commission. The European Green Deal,COM/2019/640 final,11 December 2019.
③ 《超 1700 家 A 股公司已披露 2022 年 ESG 报告 ESG 报告对投资决策的影响正不断加深》,《证券日报》2023 年 6 月 9 日,第 A4 版。

## 四、以 ESG 理念整合优化可持续金融法制体系为基础

理念是行动的先导，推进可持续金融融入 ESG 体系，首先要深刻理解和高度认可 ESG 体系的价值理念。CSR 强调企业对社会的道义责任，在信息披露上只强调企业对社会、环境的正面影响，而很少关注社会、环境对企业财务指标的影响。与此不同，ESG 不仅要考虑企业利润增长的财务指标，而且要综合考虑企业在环境、社会和治理层面的可持续增长指标，即要求企业在财务分析中将环境、社会、治理因素纳入考虑和分析，并将 ESG 表现纳入投资决策和风险考量。[①] 欧盟关于企业社会责任报告的立法从 2014 年的《非财务性报告指令》进阶到 2022 年《企业可持续发展报告指令》，明显反映了欧盟立法者对企业在环境、社会、治理方面的表现与企业核心业务之间关系的认识发生了深刻变化。前者是一种否定性定义，下定义的方法不仅难以反映事物的性质，而且容易引人误解。因为环境、社会和治理相关的信息与企业的核心业务及财务状况存在密切关系，并不是真的与财务表现全无关系。并且，与之前的非财务性信息只关注企业履行社会责任对社会的影响不同，可持续发展报告也关注企业履行社会责任对企业财务的影响和反作用。[②] 换言之，欧盟的可持续发展指令更重视践行 ESG 理念本身的价值。因此，ESG 体系是提倡责任投资、弘扬可持续发展的投资方法论，本质是要求金融机构等投资者在考虑获取财务收益之余，将环境、社会、治理因素纳入投资决策过程，形成最有价值的投资策略。换言之，践行 ESG 理念本质上是一种价值取向的投资。大量的实践研究也表明，ESG 指标与企业绩效呈正相关，也就是金融机构将 ESG 指标纳入投资决策往往可以得到超额回报，最终获得更高的收益率。[③] 总而言之，不能简单地将践行 ESG 理念当作只讲付出不求回报的善意之举，需要从价值创造、战略发展的高度深刻理解 ESG 体系的真正价值。

我国目前还缺乏专门的可持续金融立法，有关可持续金融发展的法律规范零散地体现在各时期制定的相关法律法规中，主要是一些原则性、倡导性的规定。[④] 近年来，虽然一些法律在修改中增加了关于 ESG 理念的规定，但其原则性和倡导性的规范特征没有很大改变。例如，2023 年修改之后的《中华人民共和国公司法》，要求公司在遵守法律法规的基础上，充分考虑公司职工、消费者等利益相关者的利益以及生态环境保护等社会公共利益，并鼓励公司公布社会责任报告。但对于社会责任的履行在公司治理中的定位及其实施路径问题，公司法没有规定。此外，虽然近年来也有一些地方性的可持续金融立法，但由于缺乏上位法依据和指引，地方性立法在 ESG 体系建设上难有突破和成效。[⑤] 因此，应进一步以 ESG 理念整合与优化可持续金融相关法律规范体系，为可持续金融融入 ESG 体系创造良

①　张慧：《ESG 责任投资理论基础、研究现状及未来展望》，《财会月刊》2022 年第 17 期，第 143 页。
②　黄世忠、叶丰滢：《可持续发展报告的双重重要性原则评述》，《财会月刊》2022 年第 10 期，第 12 页。
③　屠光绍：《ESG 责任投资的理念与实践（上）》，《中国金融》2019 年第 1 期，第 15 页。
④　魏庆坡：《商业银行绿色信贷法律规制的困境及其破解》，《法商研究》2021 年第 4 期，第 77 页。
⑤　郑烨生：《深圳绿色金融发展问题探析及经验借鉴》，《广东经济》2023 年第 4 期，第 22 页。

好的法治环境,并为其专门立法和地方性立法创设条件。

第一,应将 ESG 理念融入可持续金融相关法律法规体系。目前,我国法律法规对企业社会责任的规定过于原则抽象,难以有效督促和规范企业践行社会责任。随着 ESG 理念对企业经营特别是对可持续金融发展的影响日益显著,我国公司法、商业银行法、保险法、证券法及各类企业法等应做出适当调整,特别是要在这些法律的目的性条款中融入 ESG 核心理念,强调"义利并举"的现代企业价值。公司法除了引入 ESG 价值理念外,还应当将 ESG 纳入公司治理框架,落实 ESG 议题在公司治理中的功能定位[①],促进公司建立 ESG 内部治理机制,厘清董事信义义务与践行 ESG 责任之间的关系。[②] 证券法应当对上市公司的 ESG 信息披露义务做出适当规定,确立 ESG 信息披露的原则框架,将 ESG 信息披露纳入监管体系,明确监管部门对 ESG 的监管责任等。商业银行法等相关的金融法应将金融机构践行 ESG 理念的要求法治化,调整相关法律的立法目的,明确可持续金融的分类原则,建立信息披露规则,完善金融监管体制机制等,为可持续金融的发展提供基本的法制框架。总之,将 ESG 理念融入可持续金融相关法律法规体系,可以为引导市场主体积极践行 ESG 理念营造良好的法治环境,也可以为可持续金融的后续立法、法律修改及地方立法创造法制条件,特别是可以为引导 ESG 信息披露标准、企业高管信义义务、机构投资者信义义务、ESG 治理机制等配套制度的改革创造条件。

第二,以 ESG 理念促进我国可持续金融法律规范体系化。我国可持续金融立法还处于较为分散的状态,在法律层面对可持续金融发展缺乏顶层设计,至今没有一部规范可持续金融发展的专门性法律,导致可持续金融法制体系化不足。[③] 近年来,随着 ESG 兴起,各主要经济体加快了可持续金融相关法律制度建设,建立了完整的可持续金融发展法律规范体系。以欧盟为例,其在 2015 年《巴黎协定》和《联合国 2030 年可持续发展议程》签订后,积极探索建立支持可持续金融发展的法律规范体系。欧盟委员会于 2018 年 3 月发布《欧盟可持续金融增长行动计划》,对支持可持续金融发展进行了整体部署。此后,欧盟委员会相继颁布《可持续金融分类方案》《可持续金融披露条例》《可持续发展报告指令》《欧洲绿色债券标准》等一系列法律规范,建立了较完整的可持续金融法律规范体系,该体系对欧盟可持续金融的高速发展发挥了重大作用,保障了欧盟可持续金融发展的国际领先地位。可持续金融是一个复杂的系统,涉及经济、金融、可持续转型、信息披露、风险防范等多个层面,仅靠散落在不同法律文本中的一些零散规定已无法满足其实践发展的需要。[④] 因此,应从贯彻落实新发展理念出发,统筹考虑经济、环境、社会和治理因素,借鉴欧盟等西方发达经济体的可持续金融立法经验,积极探索可持续金融专门性立法。当前急迫的任务应是研究制

---

① 朱慈蕴、吕成龙:《ESG 的兴起与现代公司法的能动回应》,《中外法学》2022 年第 5 期,第 1254 页。
② 倪受彬:《受托人 ESG 投资与信义义务的冲突及协调》,《东方法学》2023 年第 4 期,第 139 页。
③ 魏庆坡:《商业银行绿色信贷法律规制的困境及其破解》,《法商研究》2021 年第 4 期,第 78 页。
④ 黄昱菲、潘晓滨:《我国绿色金融法制体系的现状与完善路径》,《环境保护与循环经济》2019 年第 6 期,第 4 页。

定可持续金融基本法,对支持可持续金融发展进行统筹部署,以促进可持续金融法制由分散的点面立法向专门的体系化构建转型。

第三,以 ESG 理念推动可持续金融规范类型的优化和多样化发展。从国际经验来看,可持续金融的高质量发展,需要政策规范、法律规范、社会规范、标准体系协同促进和规范,特别是需要通过完善的法律规范体系提升可持续金融监管水平和治理能力。目前,我国可持续金融发展过于依赖政策规范推动,这不利于可持续金融的 ESG 转型和高质量发展。应借鉴国际经验,推动可持续金融规范体系的进一步优化和完善。一是促进规范类型的体系化发展。目前,我国可持续金融发展主要靠政策性文件和政策工具推动,法律规范严重不足和滞后,行业自治性规范发展也很慢。<sup>①</sup>应加强可持续金融法治建设,推动行业自治性规范发展,形成政策、法规、社会规范协调发展的规范体系。二是促进软法与硬法协同发展。我国可持续金融以政策性规范等形式的软法为主,硬法规范不足,特别是关于 ESG 信息披露的法律框架尚未建立,信息披露标准和披露模式不明确等问题已严重制约着可持续金融实施范式的 ESG 转型。因此,应重视硬法的功能作用,建立 ESG 信息披露法律框架,明确信息披露标准和信息披露机制,强化 ESG 法律责任,发挥软法与硬法协同规范功能。

## 五、以建立提升可持续金融透明度的 ESG 信息披露框架为核心

信息的充分、公开、透明是可持续金融发展的基础和条件,也是 ESG 体系的核心。首先,ESG 信息披露是 ESG 投资的基础。从投资者角度看,只有获得充分、可信、可比的 ESG 信息,投资者才能根据 ESG 信息进行投资决策。所有企业特别是上市公司按照统一标准和要求披露 ESG 信息不仅是信息可信和可比的基础和条件,而且是市场主体特别是投资者比较差距、提升可持续金融产品和服务定价的准确性的基础和条件<sup>②</sup>,通过可比较的 ESG 信息和资本价格指引,可以引导更多"负责任"的资金进入可持续发展领域。其次,ESG 信息披露是融资者获得市场认可的重要方式。从融资者角度看,只有践行 ESG 理念,在 ESG 上表现良好的企业才能在资本市场上以更优惠的条件融到资金。最后,ESG 信息披露是监管的重要基础和工具。一方面,由于 ESG 涉及环境、社会、治理的广泛议题,且这些议题的具体范围及内容亦处于不断变化之中,采用信息披露手段监管,可以避免信息不对称、知识盲区导致的监管工具不足及监管不当的尴尬;另一方面,采用要求企业进行 ESG 信息披露而非其他监管手段,可以最大限度地减少监管部门对企业的直接干预,维持企业运营的自治空间和灵活度,以便企业根据所处行业的特点、自身规模、发展阶段等实际情况自主制定最为合适的 ESG 管理战略。由此可见,信息披露是 ESG 投资决策、市场机制引领可持续金融发展和 ESG 监管的基础和保障。此外,ESG 信息的系统性和统一性披露也更有利于加强可持续金融监管。因此,无论是国际组织,还是各主要经济体及行业组织等都将信息披露

---

①　方桂荣:《集体行动困境下的环境金融软法规制》,《现代法学》2015 年第 4 期,第 122 页。

②　李宗泽、李志斌:《企业 ESG 信息披露同群效应研究》,《南开管理评论》2023 年第 5 期,第 135 页。

置于 ESG 体系建设的中心。① 如前所述,我国可持续金融发展的主要瓶颈之一就是信息不对称问题,推动我国可持续金融融入 ESG 体系,应将信息披露置于制度建设的中心位置。

目前,我国并没有建立完整的 ESG 信息披露法律框架,相关披露要求和规则主要体现在社会责任报告编制方面。从实践来看,信息披露制度仍然存在不少问题,如披露 ESG 信息的行业覆盖面窄,披露的 ESG 信息量少,披露的定性信息多、定量信息少,披露的投资价值信息多、风险因素信息少,信息披露的持续性不足等。② 因此,如何建构信息披露法律制度框架仍然是我国 ESG 体系建设的重大问题。

第一,完善 ESG 信息披露规范指引。近年来,我国也在加紧推进 ESG 信息披露制度框架建设。证监会于 2018 年 9 月发布修改之后的《上市公司治理准则》,建议上市公司披露环境信息以及履行扶贫等社会责任相关情况;于 2021 年 6 月发布的《公开发行证券的公司信息披露内容与格式准则第 2 号:年度报告的内容与格式》,专门设"环境和社会责任"一节,要求公司逐项披露相关信息。中国人民银行于 2021 年 7 月发布《金融机构环境信息披露指南》,指引金融机构逐步开展环境信息披露工作。2022 年 4 月,证监会发布修订之后的《上市公司投资者关系管理工作指引》,将"环境、社会和治理信息"新增为上市公司与投资者沟通的内容,要求上市公司对 ESG 信息披露事项进行说明。总体上,这些规定还存在很大不足,ESG 信息披露的统一标准尚未确立、责任不明确等问题仍然是困扰我国可持续金融融入 ESG 体系的主要障碍。目前,ESG 已经成为我国相关政策和规范性文件中的官方用语,应进一步推进 ESG 信息披露规范建设,为可持续金融实施范式 ESG 转型提供保障。一是加强 ESG 信息披露顶层设计,加快 ESG 政策法规和指引文件建设。我们通过政策法规的顶层设计,明确可持续金融的概念和分类,确立 ESG 信息披露的基本规范框架,制定 ESG 评价标准的原则指引,指明 ESG 标准与金融监管、金融市场、金融服务融合的路径等,使 ESG 信息披露有章可循、有法可依,为 ESG 标准体系的发展提供制度保障。二是推进 ESG 标准体系整体的平衡发展。目前,我国在环境信息披露指引方面发布了较多的规范性文件,但社会和治理方面的信息披露规范指引还相对薄弱和滞后。③ 因此,要加快社会和治理方面信息披露的规范建设,完善社会和治理信息披露框架,推进 ESG 标准体系的整体平衡发展。

第二,强化 ESG 信息披露责任。ESG 信息披露模式主要有自愿披露、强制披露和"不披露就解释"的半强制披露模式。④ 近年来,各法域的监管者都在积极推动 ESG 信息的强制披露。国际经验表明,加强 ESG 信息披露法律责任,不仅有利于督促金融机构和企业积

---

①　彭雨晨:《强制性 ESG 信息披露制度的法理证成和规则构造》,《东方法学》2023 年第 4 期,第 162 页。

②　刘俊海:《论公司 ESG 信息披露的制度设计:保护消费者等利益相关者的新视角》,《法律适用》2023 年第 5 期,第 21 页。

③　张蔋、蔡纪雯:《ESG 体系在中国发展情境下的嵌入机制与建设路径》,《东南学术》2023 年第 1 期,第 193 页。

④　陆瑶:《金融机构 ESG 信息披露的法律制度研究》,《南方金融》2023 年第 8 期,第 73 页。

极践行 ESG 理念,而且有利于督促监管部门加强 ESG 监管。[①]　目前,我国政策法规对企业 ESG 信息披露采取自愿披露原则,但自愿披露模式存在其自身无法解决的市场失灵问题。尽管强制披露模式存在难以避免的成本问题,但总体上强制披露模式利大于弊[②],仍然是更为可取的模式。综合考虑 ESG 体系的国际发展潮流和我国具体国情,为平衡企业 ESG 信息披露管理的实际水平与市场对 ESG 信息需求之间的矛盾,我国可采取"不披露即解释"的半强制模式,并采取"试点先行,逐步推广"的方式,选择部分上市金融机构和大型国有企业作为试点,借助"不披露即解释"的规则确保信息披露标准的市场创新继续发展,等待条件成熟后再逐步扩大强制信息披露的适用范围,并建立完整的 ESG 信息披露指引。

第三,建立 ESG 信息披露标准。标准是可持续金融的重要支柱,信息披露标准是 ESG 体系的核心。从主要法域 ESG 信息披露指引文件来看,关于 ESG 信息披露标准的设计,主要有两类理念:一类是原则主义,另一类是细则主义。前者指法律规范只规定信息披露应当遵守"重要性"原则,至于哪些信息属于"重要性"信息,则交由监管部门判断。与此相对,后者是指法律规范对哪些是需要披露的"重要性"信息有列举式规定。显然,两种模式都有明显的优缺点。实际上,目前主要的 ESG 信息披露标准都是这两种的混合,即在列举式规定的基础上,以"重要性"原则为信息披露兜底规则确立 ESG 信息披露标准。在企业的财务报告和 ESG 报告编制中,"重要性"都是一个重要的基础性概念,直接决定哪些信息应该在报告中予以披露。"重要性"通常基于报告主体的业务性质、环境外部性、法律要求等内容,并与之具有高度的相关性,遗漏、错报或隐藏"重要性"信息可能会直接影响报告使用者基于这些报告所做出的决策。[③]　欧盟的《可持续发展报告指令》采取双重重要性原则,主要指财务重要性与影响重要性。财务重要性指对企业价值创造产生影响的议题;影响重要性则体现企业对环境与社会影响的议题。双重重要性原则目的是鼓励报告主体在衡量议题的"重要性"程度时,要从对自身财务绩效的影响与对环境、社会、管理的影响这两大维度去考虑,而不能仅考虑财务重要性。[④]

当然,何谓"重要性"仍然面临不同判断标准的问题,比较分析全球报告倡议组织(GRI)、可持续发展会计准则委员会(SASB)、国际综合报告委员会(IIRC)、气候变化相关财务信息披露工作组(TCFD)等发布的 ESG 信息披露指南就不难看出,这些著名的组织对何谓"重要性"是有不同理解和关注侧重点的。[⑤]　然而,倘若企业采取不同的披露标准确定所需披露的信息范围及其内容,将会导致 ESG 报告陷入不具可信性和可比性的尴尬境地。倘若由立法者制定统一标准或由监管者指定一种标准统一适用,虽然有助于解决 ESG 信息披

①　杨峰、秦靓:《我国绿色信贷责任实施模式的构建》,《政法论丛》2019 年第 6 期,第 57 页。
②　彭雨晨:《强制性 ESG 信息披露制度的法理证成和规则构造》,《东方法学》2023 年第 4 期,第 163 页。
③　孙蕊:《重要性原则之概念解读与重构》,《中国注册会计师》2019 年第 6 期,第 47 页。
④　IrisH-YChiu、程磊、林琳:《欧盟可持续金融议程——可持续性衡量标准发展的双重重要性治理》,《经贸法律评论》2022 年第 3 期,第 140 页。
⑤　董江春、孙维章、陈智:《国际 ESG 标准制定:进展、问题与建议》,《财会通讯》2022 年第 19 期,第 153 页。

露可信性和可比性的问题,但以强制方式确定一种统一的披露标准,也可能会严重影响市场创新。① 这对于尚处于快速发展中的 ESG 体系而言可能并非好事。因此,笔者认为,考虑到我国的 ESG 体系建设刚刚起步,立法部门或监管部门不妨对国际上常用的声誉比较好、认可度比较高的 ESG 标准进行深入研究,在比较的基础上选择一种更契合、更适宜于我国企业的国际 ESG 标准作为参考和借鉴的框架。在此基础上,结合我国国情、法律制度环境和金融机构等市场参与主体的披露实践,对其加以适当调整、改造和修正,并在该标准框架中融入我国特色的理念和元素后②,建立我国统一的 ESG 信息披露标准,作为企业进行 ESG 信息披露时应当遵守的标准。同时,在遵循该标准时,应当允许企业在说明理由的基础上有所偏离。这样既可解决 ESG 信息披露的不可信、不可比问题,也可为市场创新留下空间;而立法者或监管者也可以结合 ESG 体系的发展和披露实践情况对披露标准进行适当调整和更新,使信息披露标准更加科学合理。

### 六、以规范数字技术运用提升信息披露能力为保障

在评估数字技术和数字化金融在实现可持续发展目标中的作用时,研究表明,数字技术和数字化金融有三个作用。一是它们对以有利于实现可持续发展的方式分配金融资源有帮助,有利于将资金导向更有利于促进环境、社会可持续发展的领域;二是它们有助于增加信息透明度,从而扩大支持可持续发展目标的财政资源;三是它们可以通过解决可持续性问题来直接改变系统,如监管技术,从而支持可持续金融的发展。③ 可持续金融的数字化不仅要求具备可得、可信、可比的数据信息,而且要求金融机构具备对这些数据信息进行收集、管理、分析、应用的能力。数字技术的运用可以增加有用信息,减少信息不对称,为可持续金融的发展提供更有效的数据分析。同时,可靠的数字技术也可以为监管部门提供"数据驱动的方法"并以此作为传统监管方式的补充。④ 欧盟委员会在一份报告中认为,数字技术进步在可持续金融时代可以发挥重要作用。例如,人工智能和机器学习可以帮助各类主体更好地识别和评估一家公司的活动、大型股权投资组合或银行资产的可持续程度,而区块链和物联网可以促进可持续金融的透明度和问责制,例如,自动报告和追踪绿色债券的收益使用情况等。⑤ 从实践来看,可持续金融的发展面临环境外部性成本的内部化不足、成熟度不匹配、可持续金融定义不明确、信息不对称、金融机构缺乏足够的分析能力等问题。联合国环境署在一份环境调查报告中认为,数字金融和金融技术可以在所有这些方面发挥

---

① 彭雨晨:《强制性 ESG 信息披露制度的法理证成和规则构造》,《东方法学》2023 年第 4 期,第 163 页。
② 陈信健:《从国际政策演进看我国 ESG 信息披露体系建设》,《中国银行业》2022 年第 7 期,第 24 页。
③ Douglas W. Arner,Ross P. Buckley et al. Sustainability,Fintech and Financial Inclusion,*European Business and Organization Law Review*,2019(21),p. 19.
④ 陈治衡:《用金融科技创新强化数字化监管》,《中国金融家》2022 年第 5 期,第 88 页。
⑤ European Commission. Consultation on the Renewed Sustainable Finance Strategy,2020 年 8 月 8 日,https://ec. europa. eu/info/sites/info/fifiles/business_ economy _ euro/banking _ and _ fifinance/documents/2020 - sustainable - fifinance-strategy-consultation-document_ en. pdf. ,最后访问日期:2024 年 9 月 10 日。

关键作用,特别是数据在支持金融决策的作用方面更加丰富、便宜和准确,同时可以促进创新并增强包容性。因此,可持续金融不仅与"商界的愿望紧密相连",而且包括可持续性、企业社会责任、多资本或共享价值以及 ESG 议程等。① 总之,数字技术和数字化金融水平的提升能够促进企业 ESG 表现提高,且能够通过降低企业冗员和地区环境污染程度以及约束融资,分别对其社会责任、环境绩效和公司治理三方面产生影响。② 因此,应当积极运用数字技术促进我国可持续金融发展,将数字化建设与践行 ESG 理念密切融合,以数字化思维引导金融机构及其他企业运用数字技术提高 ESG 信息管理和披露水平,满足金融市场对企业高质量信息披露的需求。但是,我国目前的政策法规对数字化技术在可持续金融领域的运用不够重视,需要进一步完善政策法规,要支持大数据、区块链、人工智能等数字化新技术在可持续金融领域的应用,以法治引导、支持和规范数字技术的运用,助力各类市场主体更好地践行 ESG 理念和披露 ESG 信息。

首先,完善支持可持续金融数字技术运用的政策法规。应融合 ESG 基本主题与重要因素,完善政策法规,特别要规范税收财政政策,引导专项资金和税收优惠支持企业向数字化转型,扶持金融机构及其他企业朝数字化方向转型和发展,在促进数字技术与绿色低碳转型融合的同时,促进环境、社会、治理相关数据信息的收集、存储、公开和应用。

其次,建立数据信息协调和共享机制。发挥政府的引领和协调作用,完善数据资源体系,加强可持续金融 ESG 基础数据体系建设,建立 ESG 数据信息协调与共享机制,推动环境、社会、治理方面公共数据的开放共享。

再次,建立可持续金融数字化发展协作机制。在数字化时代,可持续金融结合了经济学、金融学、投资学、环境科学、ESG、数字科学等多元学科知识,需要多学科、多部门、多主体的通力协作。作为可持续金融体系的重要组成部分,ESG 信息披露的质量受到政策、管理、专业知识、数字技术运用、人才储备等多方面影响。因此,应建立可持续金融发展协作机制,特别是要建立可持续金融与数字技术领域的合作机制,充分调动高校、科研机构与大型企业等市场主体的积极性,有针对性地推进数字技术运用与 ESG 体系的融合研究,为可持续金融数字化转型及 ESG 体系发展的政策法规供给提供支撑。

最后,加强数字安全和风险监管。数字技术在促进可持续金融发展、提升 ESG 信息披露能力的同时,也可能带来各种风险。例如,可持续金融的数字化发展可能在信息安全、数据伦理与"数字鸿沟"等方面带来风险。ESG 体系不仅便于监管部门防范社会治理风险,而且有助于金融机构防范相关政策风险。因此,在推进可持续金融数字化转型的同时,要加紧推进 ESG 体系建设,特别是加快 ESG 法律制度建设,完善 ESG 责任,通过落实 ESG 理

---

① UN Environment Inquiry. Green Digital Finance:Mapping Current Practice and Potential in Switzerland and Beyond,2018 年 9 月 1 日,https://www.greengrowthknowledge.org/sites/default/fifiles/downloads/resource/Green_Digital_Finance_Mapping_in_Switzerland_and_Beyond.pdf.,最后访问日期:2024 年 9 月 10 日。
② 周茂春、张曼雪:《数字化水平的提升能否促进企业 ESG 表现?》,《商业会计》2023 年第 15 期,第 15 页。

念和履行 ESG 责任防范风险,在 ESG 框架下形成监管部门、金融机构、社会组织及企业等多方协同的风险评估与应对机制,防范信息安全、数据伦理与"数字鸿沟"等风险。

数字技术的运用与 ESG 的兴起是金融现代化的时代特征,也是我国可持续金融发展的大势所趋。数字技术的运用在提升企业 ESG 信息披露能力的同时,也对信息披露提出了更高要求。我国可持续金融在融入 ESG 体系和数字化转型中仍然面临不少问题和挑战,特别是在可持续金融分类和标准、信息披露质量及监管能力建设等方面仍存在许多制度短板。在促进可持续金融数字化转型的同时,应积极推动政策和法律建设,促进可持续金融融入 ESG 体系,推进数字技术运用与 ESG 信息披露密切结合,支持可持续金融的高质量发展。

# 第九讲　数字化转型背景下企业 ESG 转型的法治保障[†]

倪受彬[*]

## 一、引言

近年来数字经济发展迅猛,数字化、智能化、绿色化正重塑现代工业,为产业转型升级指明方向,并带来了巨大的投资潜力。企业是经济活动的主体,数字化与 ESG(环境、社会、治理)转型成为企业可持续发展的助力器。数字经济时代,企业数字化转型是促进企业高质量发展的重要途径[①],是提升企业 ESG 表现的关键影响因素,是提升企业的竞争力、促进企业实现可持续发展的重要策略选择。[②] 数字化的发展给企业 ESG 转型带来了新的挑战,二者之间的耦合对于推进新型工业化、推进绿色发展有着十分深刻的意义。国家治理现代化离不开法治保障,其在国家治理现代化中起到了核心和决定作用。[③] 推进企业数字化与 ESG 转型之间耦合的关键就在于绿色治理机制的完善。所谓绿色治理机制包括决策机制、信息披露机制和激励约束机制。现行的法律法规和政策机制无法给予企业有效的激励机制,导致企业数字化与 ESG 转型存在概念化热度极高,但内生动力不足的问题。同时,统一的企业 ESG 信息披露准则没有形成,导致企业没有稳定的合规预期,在缺乏统一合规监管的法治保障基础上,企业实现数字化与 ESG 转型存在一定的制度鸿沟。积极探索数字化背景下企业 ESG 转型的法治保障的实现路径,对后续实现企业的 ESG 数字化转型,应对数字化和绿色化浪潮的双重挑战,促进可持续发展经济目标实现以及推进法治工作具有重要的理论和现实意义。

---

[†]　倪受彬:《数字化转型背景下企业 ESG 转型的法治保障》,《新文科教育研究》2024 年第 3 期,第 77—94,143 页。

[*]　倪受彬,同济大学上海国际知识产权学院教授。

[①]　陈伟忠、马永强、阳丹:《数字化转型与企业 ESG 表现——基于生产安全事故的视角》,《当代财经》2024 年第 8 期,第 141 页。

[②]　杜传忠、李泽浩:《数字化转型对企业 ESG 表现的影响研究》,《华东经济管理》2024 年第 7 期,第 93 页。

[③]　张文显:《法治与国家治理现代化》,《中国法学》2014 年第 4 期,第 10 页。

## 二、数字化与 ESG 转型的耦合

数字化转型全面促进生产方式、生活模式和管理治理方法的革新,ESG 转型则从内部推进企业发展机制变革,实现多赢目标。数字化为企业提供 ESG 数据基础,有利于了解并提升企业 ESG 表现,ESG 则为数字化提供方向和评价标准。数字化与 ESG 转型表现相互促进,共同为企业可持续发展提供动力及工具支持。在全球应对气候变化的重大课题面前,各国纷纷采取措施鼓励企业向可持续化转型,数字化与 ESG 在企业可持续化过程中提供强有力的支撑。

### (一)数字化与数字化转型的时代背景

新一代数字技术发展,且与实体经济深度融合,正不断推动着世界经济增长方式从传统经济向数字经济转变,数据已然成为继土地、资本和劳动力之外的主要生产要素,已然成为推动世界经济社会增长的新动力。① 数字化将物理事物、信息、过程等通过先进的数字技术,精准地转化为数字形态,其本质在于开启现实世界与数字世界之间的通道,将现实世界中的物理事物、信息等转化为计算机可以处理的数字形式,实现信息的高效存储、快速传输和智能处理。其目的在于优化信息管理,提升信息处理的效率和价值,进而推动业务流程的创新和优化。对于企业而言,数字化通过计算网络优化信息传输与处理,融入并优化业务流程,以此来提升生产经营过程中信息的透明度以及管理效率。产业的数字化转型是一个经济转型的过程,通过产业与数字技术深度融合来提升效率。在这一过程中,各个产业利用数字技术,实现产业要素和流程的全面数字化。仿真模拟以及优化设计数字世界等操作,优化配置技术、人才以及资本等资源,可以重构业务流程以及生产方式,促进产业效率的提升。数字化转型的起始在于构建新的基础设施,这些基础设施由数字化技术、产品和平台组成,从而促进多层面(个人、组织、产业)变革,这既是机遇也是挑战。② 企业的数字化转型是在生产管理和研发创新等关键环节引入先进的数字技术,如大数据计算、人工智能等。③ 这缓解了信息不对称,降低了企业融资难度,并提升了企业创新力。④ 企业经营管理的数字化是数字化转型的基石,其催生了一种全新的经济形态,此过程将深刻影响整个经济体系,在经济价值创造方面带来长远变革。

数字经济的发展,使得法律调整的社会经济产生了根本性的变化,其对于法律制度产生的新需求与新影响需要审慎观察分析和前瞻性的预测。⑤《国民经济和社会发展第十四

---

① 谢康、夏正豪、肖静华:《大数据成为现实生产要素的企业实现机制:产品创新视角》,《中国工业经济》2020 年第 5 期,第 47 页。

② 曾德麟、蔡家玮、欧阳桃花:《数字化转型研究:整合框架与未来展望》,《外国经济与管理》2021 年第 5 期,第 66 页。

③ 倪克金、刘修岩:《数字化转型与企业成长:理论逻辑与中国实践》,《经济管理》2021 年第 12 期,第 85 页。

④ 黄大禹等:《数字化转型与企业价值——基于文本分析方法的经验证据》,《经济学家》2021 年第 12 期,第 43 页。

⑤ 高富平、侍孝祥:《数字经济与法律发展——数字社会法律体系的形成》,《数字法治》2023 年第 2 期,第 38 页。

个五年规划和 2035 年远景目标纲要》设专章对数字中国做出勾勒,明确提出:"迎接数字时代,激活数据要素潜能,推进网络强国建设,加快建设数字经济、数字社会、数字政府,以数字化转型整体驱动生产方式、生活方式和治理方式变革。"2021 年 12 月国务院发布《"十四五"数字经济发展规划》对数字经济做出权威定义:"数字经济是继农业经济、工业经济之后的主要经济形态,是以数据资源为关键要素,以现代信息网络为主要载体,以信息通信技术融合应用、全要素数字化转型为重要推动力,促进公平与效率更加统一的新经济形态。"党的二十届三中全会指出,要"加快构建促进数字经济发展体制机制,完善促进数字产业化和产业数字化政策体系"。① 数字化转型不仅提高了企业的市场感知,而且显著提高了企业的 ESG 责任绩效。"数字化转型程度每提高 1％,制造企业的 ESG 责任绩效就会提高 0.124％",在数字化转型技术中,数字化战略比数字化技术对制造企业 ESG 责任绩效的提升作用更为显著,"全要素生产率、信息透明度和投资者黏性是调节数字化转型对制造企业 ESG 责任绩效影响的重要因素"。②引领社会经济数字化的转型之路,同时恪守法律的核心价值与逻辑,推动法律与法学的进步,构成了法律共同体当前面临的重大挑战与责任。

### (二)ESG 转型的缘起与发展

联合国在 1987 年发布报告《我们共同的未来》,可持续发展越来越得到企业的关注。企业 ESG 转型核心是可持续发展。③20 世纪 90 年代初,学术界开始更多地关注商业行为如何影响自然环境,这在"商业与自然环境"的新研究领域得到了证明。随后,在 21 世纪初,这些研究工作围绕着"商业可持续性"一词展开,因为企业对世界的影响也开始成为焦点。④ 2006 年,联合国《负责任投资原则》(Principles for Responsible Investment)报告编制了一系列 ESG 投资和报告标准,阐明了推动负责任和可持续投资的愿望。这一发展意味着可持续性从主要的环境问题扩展到一系列以前作为企业社会责任(CSR)核心的社会问题,如不平等、贫困、粮食不安全和健康问题。这种扩展为更全面的 ESG 话语的出现铺平了道路。

世界经济论坛(WEF)认为,ESG 的出现与企业可持续性的三个范式转变有关,重新阐明和扩大了 CSR 概念的范围。⑤ 首先,可持续性据称已经从标志过渡到实质,因为可持续性不再主要是营销和品牌活动,而是越来越多地被认为是核心业务运营中一个不可或缺的因素,通过不同的指标进行外部验证。其次,可持续发展倡议应该不再分散在各个组织之间,而是整合到一个单一的系统中,在这个系统中,ESG 的三个维度从根本上是相互关联

---

① 《中共中央关于进一步全面深化改革推进中国式现代化的决定》,《人民日报》2024 年 7 月 22 日,第 1 版。

② Haijun Wang, Shuaipeng Jiao. Digital Transformation and Manufacturing Companies' ESG Responsibility Performance,*Finance Research Letters*,2023(58),p. 104370.

③ 世界环境与发展委员会:《我们共同的未来》,王之佳、柯金良,等译,长春:吉林人民出版社 1997 年版。

④ Ergene,S. ,Banerjee,S. B. ,Hoffman, A. J. Sustainability and Organization Studies:Towards a Radical Engagement,*Organization Studies*,2021(42),pp. 1319—1395.

⑤ World Economic Forum(WEF),"3 Paradigm Shifts in Corporate Sustainability Marks New Era of ESG. 2021",2021 年 9 月 30 日,https://www. weforum. org/agenda/2021/09/3-paradigm-shifts-in-corporate-sustainability-to-esg,最后访问日期:2024 年 8 月 11 日。

的。最后,可持续性的定义已经从主要意味着成本节约转变为积极的价值创造,只要 ESG 整合就有望产生战略杠杆,这将丰富未来的增长途径和提升绩效。ESG 与传统的 CSR 的重要区别在于企业 ESG 信息更加详细、具体,并且披露相关数据。相对于 CSR 而言,ESG 具有完整的评价体系。具体表现为 ESG 信息披露、ESG 指标、ESG 评级都有着成熟的标准体系,有利于对企业的 ESG 表现形成共识。随着国际上对绿色低碳发展的重视以及疫情后全球经济复苏转型的迫切需要,特别是国内"双碳"政策的落实、上下游供应链标准的要求,企业为了自身的可持续发展,必须重视 ESG 议题。ESG 议题并非千篇一律,而是以企业的基本情况为依据,根据双重实质性原则①确定企业重大可持续议题,从而确定企业的战略方向、经营布局,推动企业可持续发展。

企业 ESG 转型指的是企业对于 ESG 标准原则的落地实践。ESG 对于企业而言是一个新兴领域,现阶段往往没有统一的规范指引。企业从自身出发,结合业务特点,从内部真正实现 ESG 转型是非常艰难的。ESG 转型对于企业来说应当是一次深层次的变革,不仅仅是发布 ESG 报告等一些"ESG 基本动作"的完成,而应该是将 ESG 纳入企业的整体战略。② ESG 转型本质上是对公司治理机制的改革,其不应当只是为了成为企业名片,而应当是企业发展的必然选择,企业需要确保自身在能够获得经济效益的同时,履行相应的社会责任,真正将环境、社会和治理的三个维度融入自身的战略规划以及业务实践,由此,企业才能够真正做到可持续发展。企业 ESG 转型有利于市场对企业的认可。ESG 转型并不是传统意义上要求企业承担更多的社会责任,而是企业能够在做好其核心业务的基础上将社会责任纳入其中,实现社会价值与商业价值的统一。ESG 概念能够应对企业在经营过程中出现的负面影响。③ 在资本市场中,投资者对于企业的 ESG 表现越来越重视,认为 ESG 表现是企业可持续发展能力和长期价值的体现。企业的根本目标是创造利润,ESG 将企业的利润创造与履行社会责任相结合,使其成为相互促进的两个方面。ESG 报告通常与企业的财务表现紧密相关,强调透明性、目标导向的经营方式,并被要求与企业的核心优先事项相一致。④ 企业在环境、社会和治理方面的表现与其财务目标相结合,可以确保业务的长期可持续性和对社会的积极贡献。随着 ESG 的发展,其中的一些问题也逐渐展现,如 ESG 报告的"漂绿"问题,主要表现为企业过度渲染其在环保领域的成绩,刻意对环保劣迹进行隐

---

① "双重实质性"的概念最早由欧盟委员会在 2019 年 6 月发布的《非财务报告指南:对气候相关信息报告的补充》(下称《指南》)中提出,用以指引企业披露非财务报告指令(NFRD)要求的重大环境、社会和劳工问题。ESRS 沿用了《指南》中双重实质性的概念,并细化了其涵盖的范围,旨在为企业识别 CSRD 下的重大可持续议题进一步提供指引,并使企业更清晰地认识相关风险和机遇。目前,ESRS 下的双重实质性主要涉及两个维度,分别是影响实质性(Impact Materiality)和财务实质性(Financial Materiality),而如果两个维度之间是相互关联的——当一个可持续性议题无论从影响角度还是从财务角度都具有实质性的,那这个议题就具有双重实质性。

② 朱琳:《企业 ESG 转型必修课:以战略为关键 避免三个误区》,《可持续发展经济导刊》2022 年第 6 期,第 24 页。

③ Henrik Nielsen and Kaspar Villadsen. The ESG Discourse Is Neither Timeless Nor Stable: How Danish Companies "Tactically" Embrace ESG Concepts, *Sustainability*, 2023(15), p. 2766.

④ 叶楣平:《可持续金融实施范式的转型:从 CSR 到 ESG》,《东方法学》2023 年第 4 期,第 128 页。

瞒。[1] 若不抑制,ESG 转型将成为空谈,企业的可持续发展也难以实现。

### (三)数字化与 ESG 转型之间的关系

数字化和 ESG 转型是全球企业高度优先关注的两个突出话题。前者侧重于在整个价值链中应用技术,以产生更快、更智能和更理想的业务成果。后者则强调企业应从 ESG 的角度为利益相关者创造更广泛的价值,以带动自身的可持续发展。在当今的利益相关者经济中,这两个目标可以而且应该齐头并进。

ESG 转型推动企业数字化。如果说技术是一种特权,那么 ESG 则是一种使命,即致力于可持续发展。在气候变化或疫苗研究等科学研究中,需要分析大量数据以确定模式,并进行情景分析以得出有意义的推论,这需要强大的高性能计算。数字化为企业整合信息提供便利的工具,为企业 ESG 转型提供数据基础与信息化支持。例如,在环境方面,企业建立碳信息管理系统,监测和管控企业生产经营过程中包括范围 1、范围 2、范围 3[2] 的碳排放情况,以便企业发展绿色低碳技术。企业建立能源管理系统,进行整体化的节能改造,以实现节能降碳。ESG 越多地利用技术所提供的优势,其效率就会越高,效果也会越好。目前,随着数字技术和人工智能的发展以及产业数字化、智能化转型升级的推进,越来越多的公司开始建立供应链数据管理平台,通过大数据和机器学习优化生产和调度决策,处理各种复杂情况。在提高生产率的同时,也能够一定程度地减少碳足迹并提高员工福利,满足可持续发展需求。

数字化促进企业 ESG 转型。数字化技术加速企业从传统生产模式向数字化智能转型[3],企业数字化转型能够推动企业社会责任的履行,降低企业内部的信息披露成本,提升企业的治理水平,增强企业的 ESG 信息质量与管理能力[4],同时能够奠定企业实现可持续发展和长期价值创造的坚实基础。数字信息技术为企业提升 ESG 表现提供技术支撑[5],数字工具和技术助力企业 ESG 转型的一种途径是可以提供清晰、可视化、公开透明的可持续影响力信息。公司如果对有关可持续效益的数据进行分析,就可以做出更有利于可持续发展的决策。具体来说,数字工具和技术可以改善三大类行动:首先,它们可以减少对实体资

① 黄世忠:《ESG 报告的"漂绿"与反"漂绿"》,《财会月刊》2022 年第 1 期,第 5 页。

② 国际通用的温室气体排放核算方法学来自世界资源研究所(WRI)与世界可持续发展工商理事会(WBCSD)联合发布的《温室气体议定书》,该议定书指出企业的碳排放核算范围分为范围 1、范围 2、范围 3。依据《温室气体议定书》,范围 1 的定义为企业的直接碳排放,即自有或是受控范围的碳排放;范围 2 属于间接碳排放,主要指企业购买能源产生的碳排放,比如电力、蒸汽、加热和冷却操作等。依据《温室气体议定书》,范围 3 即上下游(价值链)碳排放,包含了范围 2 之外的其他间接碳排放,主要有 15 种。上游包括购买的商品与服务、资本货物、与燃料及能源相关的活动、上游运输与配送、作业过程中产生的废物、商务旅行、员工出勤和流动租赁资产。下游包括下游运输与配送、固体产品的加工、固体产品的使用、固体产品的报废处理、下游租赁资产、特许经营和投资。

③ 曾光、司晓笛、李云鹏:《数字化转型对高碳排放企业 ESG 表现影响研究——来自 A 股上市公司的经验证据》,《哈尔滨商业大学学报(社会科学版)》2023 年第 6 期,第 101 页。

④ 郭淑娟、闫彩凤:《绿色金融、数字化转型与企业 ESG 表现》,《商业研究》2024 年第 1 期,第 99 页。

⑤ 胡洁、韩一鸣、钟咏:《企业数字化转型如何影响企业 ESG 表现——来自中国上市公司的证据》,《产业经济评论》2023 年第 1 期,第 117 页。

源的依赖;其次,可以减少实体资源带来的负面影响;最后,可以提供更环境友好的服务。数字技术不仅可以通过去物质化提高可持续性,还可以通过其他方式降低实体资源对环境的影响。例如,数字技术可以提高实体资源的使用效率,减少浪费,降低运输需求,促进回收和再利用,等等。除了对实体资源的影响,数字技术还可以为新的解决方案和商业模式提供思路,增加组织在世界范围内的正向影响力。例如,在过去 10 年中,德国化工巨头巴斯夫在其各个业务范围内大力投资数字工具和技术,以提高效率、改善信息流并寻找新的收入来源。与此同时,巴斯夫还率先对其产品和工艺进行调整,以减少对地球的负面影响。

数字化转型是将前沿数字信息技术整合并应用于企业生产经营的全方位战略,其不仅能够提高企业内部信息透明度,减少各评级机构在获取企业 ESG 信息方面的不平等,还能够通过强化外部监督,减少不同评级机构在识别企业潜在的"漂绿"行为能力上的差异,有效缓解 ESG 评级中的分歧。[①]通过利用实时数据、先进的建模技术和创新的数字平台,企业可以改善其商业模式,以保护环境。数字技术不仅能优化运营效率,还赋予了企业做出明智决策的能力,从而直接促进了更具可持续性和生态意识的方法产生。因此,企业比以往任何时候都更有能力推出创新的解决方案和战略,推动有意义的变革,为一个更可持续的未来做出贡献,让环境问题能够得到有效且具有战略性的商业回应。推广通过创新的数字可持续路径发现的更好的行动方式存在一定的挑战,而数字技术的力量正在于其快速和广泛传播的能力,使得不同且疏离的利益相关者产生连接与沟通。企业 ESG 信息数据的管理,是信息披露的基础。企业数字化转型技术的运用,ESG 信息数字化管理系统的建立,能够清晰地对企业的 ESG 表现情况进行分析、对比,使披露信息有迹可循,并完善企业的 ESG 信息管理,保证企业 ESG 数据的连续性,从而对数据的真实性、可比性进行鉴证,极大地缓解了利益相关者与企业间信息不对称现象。[②]数据的可得,在于标准化、数字化体系的建立;数据的可信,在于对数据采集的独立性与对数据信息的鉴证;数据的可比,是在统一标准下通过鉴证数据之间的比较,从而更加准确深刻地认识企业的 ESG 价值。数字技术的引入虽然为企业带来了前所未有的机遇,但也具有一定的风险和不确定性。[③]企业数字化转型可能对企业原有系统造成冲击,增加管理成本[④],对长期可持续发展造成威胁。

### 三、国内企业 ESG 数字化转型的现状

通过对国内数字化与 ESG 相关法律法规的检视及对国内企业 ESG 实践情况的总结,可以考察我国企业 ESG 实践的基本方向和落地实操成本,寻找适宜于促进企业数字化与

---

① 韩一鸣、胡洁、于宪荣:《企业数字化转型与 ESG 评级分歧》,《财经论丛》2024 年第 7 期,第 62 页。
② 李志斌、阮豆豆、章铁生:《企业社会责任的价值创造机制:基于内部控制视角的研究》,《会计研究》2020 年第 11 期,第 116 页。
③ 王俊豪、周晟佳:《中国数字产业发展的现状、特征及其溢出效应》,《数量经济技术经济研究》2021 年第 3 期,第 108 页。
④ 戚聿东、蔡呈伟:《数字化对制造业企业绩效的多重影响及其机理研究》,《学习与探索》2020 年第 7 期,第 115 页。

ESG 转型的法治保障。相比特别出台一套全新的法律规范来统一指导,更关键的是需要发展出一套与 ESG 规范发展相适应的法理、概念以及规则体系。可以通过对现有法律法规进行必要的修订补充以及制定新的法律法规填补空白两个途径实现体系构建。法律体系建设的基础就是检视现行的法律规范并总结其指导下的实践。

**(一)规范检视**

环境、社会及治理的法律规范由普遍适用的基本法律和特定领域的监管要求共同构成。基本法律规范包括环境保护法、消费者权益保护法、劳动合同法、反不正当竞争法和公司法等,为所有市场参与者设定了基本的行为准则。同时,证监会及交易所对上市公司非财务信息报告披露的规定,要求企业在财务报告之外,还需公开其在环境保护、社会责任和公司治理方面的表现,增强了市场透明度和企业的社会责任意识。目前我国企业信息披露的相关规定主要体现在环境保护部门以及金融监管部门的相关法律政策。《中华人民共和国环境保护法》第五十五条对重点排污单位排污情况的公开做出规定。《中华人民共和国公司法》第二十条规定公司从事经营活动,应当充分考虑利益相关者及社会公共利益,承担社会责任,公布社会责任报告。生态环境部出台的《企业环境信息依法披露管理办法》对企业依法披露环境信息以及相关的监督管理活动做出了规定。除法律规定及部门规章外,国家有关部门也制定了相关政策,例如 2016 年 8 月 31 日,中国人民银行、财政部、发展改革委等七部委联合发布的《关于构建绿色金融体系的指导意见》中,对逐步构建并完善上市公司和发债企业的强制性环境信息披露机制进行了明确。

在企业数字化转型方面,我国于 2021 年开始实施《中华人民共和国数据安全法》以及《中华人民共和国个人信息保护法》,对企业数字化转型进行数据合规强制监管。除此之外,《中华人民共和国网络安全法》以及《中华人民共和国民法典》对于数据的跨境传输、个人信息保护的相关问题予以规范。

**(二)ESG 披露相关制度**

1. 中国证监会的规定

2018 年 9 月,中国证监会在《上市公司治理准则》的修订中首次确立 ESG 信息披露的基本框架。此次修订不仅首次将利益相关者、环境保护与社会责任等概念纳入规范,还要求上市公司依法披露环境、社会及治理相关信息,提升透明度,助力可持续发展。发布的修订说明特别强调了此次修订的几个关键变化,包括积极吸收国际先进经验,鼓励机构投资者积极参与公司治理,加强董事会审计委员会的职能,并为 ESG 信息披露搭建了基本框架。这些修订体现了中国证监会致力于提升上市公司治理水平,增强透明度和责任感以及与国际标准接轨的努力。2021 年 6 月,中国证监会在其网站上发布了更新后的上市公司年度报告与半年度报告的格式准则,将公司治理章节前移到第四节,要求披露公司治理的基本状况;将与环境保护、社会责任有关的内容统一整合至"第五节:环境和社会责任",鼓励公司主动披露积极履行环境保护和其他社会责任的工作情况。2022 年 4 月 11 日,中国证监会发布了《上市公司投资者关系管理工作指引》，在其中特别强调了公司环境保护、社会责任和公司治理信息的重要性，将其作为上市公司与投资者沟通的核心内容。根据指引，上市公司需就 ESG 相关事项向投资者提供详细说明，确保信息的透明度和可获取性。这一举措进一步强化了投资者对上市公司 ESG 表现的关注，促进了企业在环境、社会和治理方面的负责任行为。

2. 上海证券交易所（下称上交所）的规定

上交所也早在 2008 年就发布了《关于加强上市公司社会责任承担工作暨发布〈上海证券交易所上市公司环境信息披露指引〉的通知》，其中强调了上市公司应加强对社会责任的承担，并鼓励企业及时公布其在社会责任方面的实践和成就。除此之外，通知还对上市公司在环境信息披露方面提出了明确的要求，体现了对企业环境责任的重视。2020 年 8 月 11 日，《上海证券交易所上市公司定期报告业务指南》发布，对上市公司在履行社会责任方面的信息披露提出了明确要求，并规定在上交所上市的"上证公司治理板块"样本公司等需要单独披露社会责任报告，其他上市公司则鼓励披露社会责任报告。2020 年 9 月 25 日，《上海证券交易所科创板上市公司自律监管规则适用指引第 2 号——自愿信息披露》发布，倡导科创企业在披露环境保护、社会责任履行情况和公司治理等基本情况的基础上，更进一步披露更为详细和个性化的 ESG 信息。2020 年 12 月 31 日，上交所发布《上海证券交易所科创板股票上市规则》，对科创板上市公司在年度报告中披露履行社会责任的情况进行规定。2022 年 1 月 7 日，新修订的《上海证券交易所股票上市规则》发布，对上市公司按时依规披露 ESG 及社会责任等非财务报告方面做出了明确要求。此规定虽然本身没有明确要求强制性披露 ESG 报告，目前上交所的其他规定也未强制要求，但一旦有 ESG 政策出台并与股票上市规则对接，则所有已上市、准备上市的公司都需要直面 ESG 问题。2022 年年初，上交所向科创板上市公司发布《关于做好科创板上市公司 2021 年年度报告披露工作的通知》，要求在年度报告中披露 ESG 相关信息，最新的科创板年报编制模板已有"环境、社会责任和其他公司治理"专章，而"科创 50 指数"成分公司被要求单独发布社会责任报告，若已发布 ESG 报告，可免发社会责任报告，但需重点披露助力碳达峰碳中和及可持续发展的行动情况。

3. 深圳证券交易所（下称深交所）的规定

2006 年，深交所就发布了《上市公司社会责任指引（征求意见稿）》，提出在致力于提升经济效益和维护股东利益的同时，对债权人、职工等利益相关者的合法权益也要主动保护，积极从事环境保护、社区建设等公益事业，完善公司治理结构，鼓励自愿披露公司社会责任报告。2020 年，深交所陆续发布一系列文件①对上市公司披露相关信息进行了规定，规定上市公司在年度报告中必须包含对企业社会责任履行情况的详细披露，纳入"深证 100 指数"

---

① 主要包括《深圳证券交易所上市公司规范运作指引》（2020 年修订）、《深圳证券交易所上市公司业务办理指南第 2 号——定期报告披露相关事宜》与《深圳证券交易所上市公司信息披露工作考核办法》（2020 年修订）。

的上市公司须独立发布社会责任报告,同时鼓励其他公司也披露社会责任报告。此外,将公司是否主动公开 ESG 的履行情况以及内容是否完整充实作为评估其信息披露工作的重要标准。其中,《业务办理指南第 2 号——定期报告披露相关事宜》包含了附件《上市公司社会责任报告披露要求》,这份披露要求中既包括职工权益保护、公共关系和社会公益事业等社会责任事项,又包括环境保护与可持续发展这一环境事项,但没有要求披露公司治理事项,且并未详尽地规定需要披露的事项,与境外成熟的 ESG 报告规则(例如中国香港联合交易所的《环境、社会及管治报告指引》)仍有一定差距。

4. 沪北深三大交易所的《可持续发展信息披露指引》

2024 年 4 月 12 日,在中国证监会的统一部署下,沪北深三大交易所均正式发布了《可持续发展信息披露指引》(以下简称《指引》),除执行范围和制定依据中所引用的上市规则等略有不同外,三大交易所《指引》中的具体规定基本一致。关于适用主体,上交所对"上证 180 指数""科创 50 指数"样本公司、境内外同时上市的公司适用强制披露,对于其他上市公司适用自愿披露。深交所对于"深证 100 指数""创业板指数"样本公司、境内外同时上市的公司适用强制披露,对于其他上市公司适用自愿披露。北交所对于全部上市公司适用自愿披露。《指引》的具体议题共 21 个,要求遵循财务重要性和影响重要性的双重重要性标准,从治理、战略、影响、风险、机遇管理,指标及目标四个内容披露重要的议题。《指引》的发布,一定程度上开启了我国上市公司 ESG 的强制披露时代,其内容设置广泛而深入,包括乡村振兴等反映中国特色的关键议题,打造了更加符合中国国情的可持续发展信息披露规则体系。

### (三)实践现状

1. 标准林立不统一

ESG 标准在企业评价、投资决策和政府监管中的日益普及,导致市场上涌现出了一系列多样的 ESG 披露标准。但由于 ESG 要素同财务指标相比具有数量指标多且难以量化的特点,依照不同的披露标准给出的 ESG 评价往往存在较大的差异,不同标准和不同机构给出的 ESG 结果可比性较差。

从目前 ESG 披露标准的现状看,国际上主流的标准包括全球报告倡议组织标准(GRI)、可持续发展会计准则委员会标准(SASB)、气候变化相关财务信息披露工作组指南(TCFD)、国际综合报告委员会标准(IIRC)等。其中,GRI 被全球广泛采纳,尤其是欧洲企业,美国企业则大多采用 SASB。而由金融稳定委员会(FSB)设立的 TCFD 则在气候相关问题披露上得到世界各国的广泛使用。国际可持续发展准则理事会(ISSB)设立的披露准则(ISDS),有后来居上成为统一 ESG 标准主要候选的趋势。其所具备的有利条件,一是所依托的国际财务报告准则基金会(IFRS)自身强大的国际影响力;二是同众多现有国际主流标准制定机构合作与整合。ISSB 首批可持续披露准则①于 2023 年 6 月 26 日正式发布,标志着全球在推动企业可持续发展信息披露方面迈出了坚实的步伐。紧接着,国际证监会组织(IOSCO)对 ISSB 准则给予了认可,并进一步倡议其成员监管机构考虑将这些准则纳入各自的监管体系。②国内 ESG 标准落地实践过程中,除采用国际上通用的 GRI、TCFD 外,也存在适应国内企业的 ESG 标准。目前,我国尚未构建起一套完备的 ESG 信息披露标准体系,现有的披露规范主要侧重于社会责任的维度。③

2. 披露格式多样

ESG 信息披露格式的统一,对于 ESG 信息的解读及其完整性和可比性具有重要作用,同时也有利于市场透明度和公平性的发展。对于公司而言,虽然不同的公司具有差异化的需求,但是统一的披露格式也能够推动企业以更加完善和标准的形式推进 ESG 信息披露,使得企业 ESG 数字化转型有明确的指引。目前国际上并未形成统一的信息披露格式,国内而言,中国香港联合交易所发布《上市规则》之《环境、社会及管治报告指引》,提供披露格式,但报告质量参差不齐。部分发行人提交的报告表现出极高的专业水准,其内容详尽、条理清晰,符合 ESG 披露的要求。但也存在部分发行人编制过程中缺乏必要的严谨性和透明度,未能充分体现其对 ESG 承诺的实质性履行。国资委于 2022 年发布《提高央企控股上市公司质量工作方案》,要求央企建立 ESG 体系,提出到 2023 年实现央企控股上市公司 ESG 专项报告全覆盖的目标,但并未对指标要求、文本格式提供统一的标准。目前来看,我国尚未形成一套全面的 ESG 信息披露标准体系。目前的披露规则主要面向上市公司和国有企业等特定企业群体,且披露内容倾向于聚焦企业社会责任和环境保护方面的信息,存在一些需要改进之处,包括信息披露的强制性不足、内容不完善、格式不统一等问题。根据统计,环境绩效和社会责任相关信息主要通过企业社会责任报告和年报披露,占比在 90% 左右,近年来其他类型报告的使用比例提升,公司治理相关信息主要通过年度报告披露(见图 9-1、图 9-2)。④ 沪北深三大交易所发布的《指引》对披露形式进行了明确,须为《上市公司可持续发展报告》或《上市公司环境、社会和公司治理报告》,但其适用主体并未涵盖所有上市公司。目前我国 ESG 信息披露存在的问题可能影响信息披露的质量和有效性,限制了ESG 信息披露在促进企业透明度和责任履行方面的作用。

---

① 包括《国际财务报告可持续披露准则第 1 号——可持续相关财务信息披露一般要求》(IFRS S1)以及《国际财务报告可持续披露准则第 2 号——气候相关披露》(IFRS S2)。

② 齐飞、任彤:《可持续信息披露标准的国际实践与启示》,《中国注册会计师》2023 年第 8 期,第 119 页。

③ 我国公司 ESG 信息披露参照较多的标准主要有:《社会责任报告编制指南》(GB/T 36001－2015)、《中国企业社会责任报告编制指南》(CASS-CSR4.0)、《中国工业企业及工业协会社会责任指南》(GSRI-CHINA 2.0)、《上海证券交易所上市公司自律监管指引第 1 号——规范运作》(上证发〔2022〕2 号)、《深圳证券交易所上市公司自律监管指南第 1 号——业务办理》(深证上〔2022〕26 号,2022 年 7 月修订)以及中国香港联合交易所《环境、社会及管治报告指引》等。

④ 《中国 ESG 实践白皮书——基于发债企业和上市公司的观察》,https://www.icmagroup.org/assets/ Whitepaper-on-ESG-practices-Chinese-version-January-2023.pdf. ,最后访问时间:2024 年 9 月 3 日。

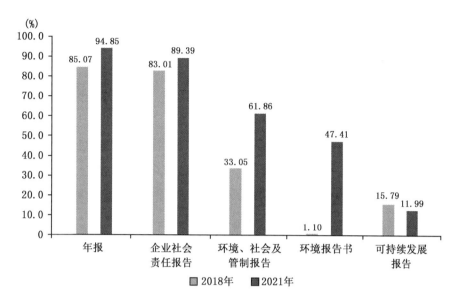

**图 9—1　环境相关指标披露来源分布**

数据来源:中央结算公司。

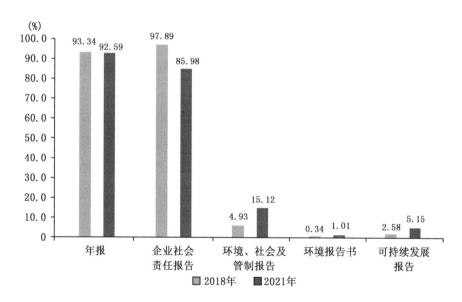

**图 9—2　社会责任相关指标披露来源分布**

数据来源:中央结算公司。

### 3. 转型压力加剧

环境保护方面,在国家宏观政策的驱动下,企业通过技术革新,降低能源消耗以应对气候变化,推动自身转型。"3060"双碳目标是中国为应对气候变化采取的关键措施,同时也是我国向国际社会做出的郑重承诺。2021 年 3 月,实现碳达峰碳中和的目标首次被纳入政府工作报告,标志着中国对这一议题的高度重视。同年 7 月,全国碳排放权交易市场正式启动,进一步推动了中国在减排方面的实质性发展。10 月,我国首次提出将构建起碳达峰碳中和"1+N"政策体系。在如此政策背景之下,企业环境绩效方面,环境管理能力、节能减排及污染防治表现提升较为明显。企业一方面通过制定"双碳"路线图、设置碳排放目标和措施、加强碳信息管理系统建设、采取能源管理措施,实现节能减排;另一方面通过使用绿色技术,推进产品转型,提高资源使用效率,降低环境成本。统一碳市场的建立,为企业节能降碳提供了经济驱动力。社会责任方面,企业对员工、客户、供应商以及社区等利益相关者的保护不断增强,特别是供应链管理方面取得了长足进步。由于供应商对于负责任采购的要求,企业不得不重视供应链管理体系建设,以期获得良好的 ESG 表现,维护与供应商的合作关系。公司治理方面,公司治理机制更加完善,信息披露质量提升。上市公司方面,企业均已设置"三会"(股东大会、董事会、监事会)议事机制,"三会"人员的稳定性和素质持续改善;年报由外部审计机构出具"无保留意见"以及按时披露定期报告的企业比例总体有所上升。

### (四)数字化背景下企业 ESG 转型规制困境反思

企业必须将数字化与 ESG 转型纳入企业发展战略的规划,才能实现 ESG 数字化转型与业务增长的有机统一。结合对国内企业 ESG 数字化转型的实证考察,发现国内企业数字化与 ESG 转型概念化热度高、实操较少的原因主要是绿色治理机制尚未有效构建,其最为核心的机制包括决策机制、信息披露机制和激励约束机制。现有治理机制尚未充分体现出绿色发展的目标导向,未能充分发挥关注环境利益、防控环境风险的实际作用,相关法律规范也未能对之进行相应的规范与指引。[1]现有机制存在法律规范缺失、信息披露困境,进而产生司法保障难题[2],造成企业转型的强制性不足。其中最为核心的是以下两大方面。

1. 统一的 ESG 信息披露监管缺失

ESG 信息披露离不开完善的法律制度的规制。在沪北深三大交易所发布《指引》之前,自愿为主、强制为辅是我国企业 ESG 信息披露的主要特点。自愿披露展现企业自主性,强制披露针对特定群体,如上市公司和中央企业,主要在证券监管、环保和国资管理政策下实施。尽管有强制要求,但披露内容仍局限于部分 ESG 领域,而未能涵盖更为广泛的 ESG 议题。由此可见,无论是从披露的责任主体还是从披露内容的广度来看,强制披露政策仍有其局限性,需要进一步扩展和深化以覆盖更广泛的领域和议题。[3]如《企业环境信息依法披露管理办法》对于企业环境信息的依法披露做出了相关规定,但基本是一种事后披露,披露主体包括重点排污单位、实施强制性清洁生产审核的企业以及已经有生态环境违法行为的一些企业等。这种披露是一种强制性的事后调整,企业的环保行为也是出于外界压力,而

---

① 李传轩:《上市公司绿色治理的法理逻辑及其实践路径》,《清华法学》2023 年第 5 期,第 153 页。

② 张叶东:《"双碳"目标背景下碳金融制度建设:现状、问题与建议》,《南方金融》2021 年第 11 期,第 68 页。

③ 彭雨晨:《ESG 信息披露制度优化:欧盟经验与中国镜鉴》,《证券市场导报》2023 年第 11 期,第 50 页。

不是企业自身核心理念的转变。企业 ESG 转型需要一些外力驱动,但最终要走向引导企业主动建立与其核心业务相关且能带来经济收益的内驱转型上,如此才能促进企业获得经济利益和社会价值的双丰收,达到可持续发展目标。

没有权威统一的 ESG 信息披露指南,导致 ESG 信息披露标准多样,应用性差。在沪北深三大交易所发布《指引》之前,行业上适用的是在行业管理协会的支持和主导下,机构联合编制的 ESG 信息披露相关标准,例如《中国企业社会责任报告指南 4.0》《绿色技术银行 ESG 披露指南》《企业碳信息合规披露与评价指引》等,虽然已经形成统一标准并得到了部分企业的认同,但其性质仍属于自愿披露,尚未得到权威部门的正式认可或出台为政策,导致其难以对接国际主流标准,在一定程度上限制了广泛推广和应用。[①] 从 ESG 信息披露的方式和内容而言,强制披露规则的适用范围较为狭窄,信息披露内容设计不能够满足当前应对气候变化的国际及国内政策要求。一方面,上市公司作为披露关键主体,只有少数公司被要求强制性的信息披露[②],且在没有强制披露规则约束下,大多数上市公司并不愿意主动披露 ESG 相关报告。[③] 另一方面,即便在有披露要求的情况下,部分 ESG 信息类型的披露仍缺乏具体的细节规定。[④] 这可能导致上市公司在披露时对这些具体信息进行简化,影响了信息的透明度和深度。这种缺乏细节的规范,可能会影响 ESG 信息的全面性和准确性,从而影响企业的 ESG 转型。沪北深三大交易所发布的《指引》明确和规范了 ESG 信息披露的内容和要求,对于三大交易所的上市公司来说,确保了披露信息的一致性和可比性,为我国建立统一的 ESG 信息披露制度奠定了基础。但由于目前我国 ESG 发展仍处于初期阶段,《指引》仍然没有规定完全的强制披露,北交所对于所有上市公司采取的都是自愿披露原则。除此之外,《指引》仅涵盖部分上市公司,主体范围存在一定的局限性。从长远来看,企业的数字化可持续发展不仅是上市公司的目标和要求,更是促进产业结构转型升级和经济社会可持续发展的总体要求。为了更好地与国际接轨,支撑国家可持续发展战略的实行,进一步拓宽视野,将 ESG 数字化转型的理念和实践扩展到更广泛的企业主体中具有十分重要的意义。

2. 政府财税等相关激励措施仍需加强

由于环境保护、社会责任、公司治理三大维度涉及的指标并未给企业业绩带来直接的

---

① 郭宇晨:《双碳目标背景下的企业 ESG 信息披露:实践与思考》,《太原学院学报(社会科学版)》2022 年第 2 期,第 34 页。

② 根据《中国上市公司 ESG 发展报告(2023)》,2023 年 A 股市场,仅有大约 1 800 家上市公司单独发布 ESG 相关报告,披露率约占 35%。国资委在 2022 年 5 月 27 日发布的《提高央企控股上市公司质量工作方案》中提出了推动央企控股上市公司进行 ESG 报告披露的要求,使得该类上市公司披露比例达到了 73.5%。相比之下,民营上市公司的披露比例较低,仅为 22.52%。

③ 王遥、刘学东:《中国上市公司 ESG 行动报告(2022—2023)》,2023 年 8 月 30 日,https:// nbd-luyan-1252627319. cos. ap-shanghai. myqcloud. com/nbd-console/1e05aec6a11e84f7217f59353c766403. pdf,最后访问日期:2024 年 9 月 10 日。

④ 《深圳证券交易所主板上市公司规范运作指引》虽然要求上市公司在自愿披露的 ESG 报告中包含职工保护信息,但对职工权益保护的具体内容,如性别平等、残疾人权益、职工健康等,现有规则并未提供明确的定量披露要求。

正向增长,特别是环境因素具有很强的外部性,一些企业特别是民营企业未能对 ESG 进行实质性的关注与实践落地。"ESG 为企业赋能还是增压"一度成为热门话题。从企业的现实利益角度出发,追求利润是公司的目的。企业 ESG 转型的实践落地需要公司管理体系的变革,采用新技术等科技创新手段也必然会对当下的企业产生额外的成本。但从长远来看,ESG 的落地会将短期的成本摊销至未来,必将会产生成本逐渐递减、营收增加的效应。而且对于节能减排以及可持续发展目标的实现,不能仅仅依靠企业本身,政府也应当发挥一定的作用,创建良好的营商环境。此种情况下,不能仅仅依赖企业自身推进 ESG 数字化转型,要避免给企业造成过大经济压力,影响企业转型的积极性及其可持续发展。企业的 ESG 数字化转型是一项系统性的工程,需要政府、企业以及社会各界的共同努力和协作。政府需适时出台相关政策,推进企业的 ESG 数字化转型,为企业减轻负担,也更利于经济社会可持续发展目标的实现。政策激励可以增强企业 ESG 数字化转型的内部驱动力,避免仅通过市场调节带来的滞后性。近年来,我国出台了一系列政策推进企业可持续发展,但是政府政策上对于 ESG 的专项补贴没有明确支持,企业绿色发展贴息补息、财政政策、税收政策等相关激励政策不完善,导致企业在建设碳管理信息数字化系统、创新低碳技术上存在动力不足的问题。七部委联合发布的《关于构建绿色金融体系的指导意见》以金融手段激励绿色发展,但是实践操作下来,由于绿色标准、绿色认证制度的缺乏,部分地区尤其是中西部企业实际享受的绿色贴息补息政策较少,区域绿色金融体系仍需进一步完善,绿色金融政策的执行力度也需进一步强化。[①] 与此同时,研究表明当前阶段绿色金融总体上显著推动企业 ESG 表现的提升,但存在"潜力滞后—缓慢释放"的现象。在发展的初期,绿色金融可能会对企业数字化转型产生一定的抑制作用。但从长远来看,绿色金融促进企业数字化转型,数字化转型在绿色金融与企业 ESG 表现提升之间发挥着重要的中介作用。[②] 企业 ESG 数字化转型,需要绿色发展政策和数字化转型政策共同引导推进,确保企业双管齐下地推进转型。

## 四、企业 ESG 数字化转型的法治路径

企业 ESG 数字化转型法治路径旨在为企业可持续发展提供制度保障。本文从权力—权利维度的中观结构[③]进行法治路径设计,从信息披露机制—奖励机制的法制模式出发,构建权责对等的企业 ESG 数字化转型的保障机制。通过制定统一信息规则为企业 ESG 信息的可信提供统一标准,通过建立 ESG 评级评价制度为企业 ESG 表现完善政策激励制度,实现企业 ESG 信息的可比。

---

① 程庆庆、刘志铭:《绿色金融政策对污染企业 ESG 绩效的影响——来自中国工业企业的证据》,《学术研究》2024 年第 2 期,第 106 页。

② 郭淑娟、闫彩凤:《绿色金融、数字化转型与企业 ESG 表现》,《商业研究》2024 年第 1 期,第 98 页。

③ 张梓太、张叶东:《实现"双碳"目标的立法维度研究》,《南京工业大学学报(社会科学版)》2022 年第 4 期,第 27 页。

### (一)建立统一的 ESG 信息披露基本准则

为加强企业 ESG 信息披露的透明度以及责任感,我国需要进一步完善相关的法律法规,以此明确和强化企业披露 ESG 信息的义务。通过进一步细化披露要求,法律制度的规范作用和引导作用可以得到更好的发挥,确保企业 ESG 信息披露受到更加严格的法律约束。完善的法律约束不仅可以为企业提供明确的指导,也为监管部门和执法机构提供了坚实的法律基础,确保在监管和执法过程中有法可依、有章可循。这也有助于推动企业更加积极地履行社会责任,保护投资者和其他利益相关者的权益。2024 年 5 月 27 日,财政部就《企业可持续披露准则——基本准则(征求意见稿)》征求意见,提出到 2027 年,我国企业可持续披露基本准则、气候相关披露准则相继出台;到 2030 年,国家统一的可持续披露准则体系也将基本建成。这表明我国正在探索符合中国国情的统一可持续发展披露准则体系,与可持续信息披露相关的法规体系也将逐步完善。为了更加科学地评估企业的可持续发展前景,首先要明确 ESG 信息披露主体。信息披露主体的确定将直接影响企业的经济活动,从而确定其环境社会效益。根据企业的经营活动对环境影响的程度来界定是否需要披露 ESG 信息,具体可以根据企业的规模、公众性、行业性等因素确定。其次要统一 ESG 信息披露格式。建立强制性 ESG 信息披露准则与格式,并结合当前全球应对气候变化重要议题做出的政策与要求,明确细化环境信息披露内容,特别是气候变化与生物多样性信息披露,使企业在 ESG 信息披露方面能够更具体化、持续性,避免成为形象建设工程。由于 ESG 信息披露需要遵循双重重要性原则与实质性原则,不同的行业、企业 ESG 信息披露的重点也会有所不同。因此,需要行业协会制定该行业具体的企业 ESG 披露信息指南,但是该步骤要建立在法律法规明确企业 ESG 信息披露义务并明确信息数字化的基础之上。除此之外,还要确保我国的 ESG 信息披露与国际接轨,努力使报告数据在全球范围都具有可比性。

### (二)环保、证券和企业管理等跨部门协同管理与信息联动机制完善

法律的生命在于实施,协同推进管理有助于减少因各部门的信息不协同造成的法律政策无法实施。企业 ESG 数字化转型涉及社会发展的方方面面,金融监管部门应当与生态环境部、发展改革委等部门采取专门监管与协同监管相结合的模式,助力企业 ESG 数字化转型。一方面,企业 ESG 信息披露有利于政府透明度监管,坚持整体协同,梳理多部门、跨领域产业监管重点和风险信息,保证企业 ESG 信息披露数字化背景下,政府部门对企业 ESG 表现情况做出迅速反应,对企业产生外部激励效应,并且通过政策措施最大限度地预防企业"漂绿"。另一方面,促进各相关部门与企业在 ESG 信息披露方面的协同合作,有助于构建一个综合披露的政策环境,将公司治理的各个要素有机结合起来,形成政策的协同效应。与此同时,不仅为我国 2030 年前碳达峰、2060 年前碳中和目标提供信息基础,也为建设成熟完善的碳交易和碳金融市场提供制度前提。使企业 ESG 信息披露工作遵循更加严格和明确的法律规范,既为企业提供了清晰的指导原则,确保其披露行为的合规性,同时也为监管部门和执法机构提供了坚实的法律基础,使其在监督管理和执行法规时有法可依、有章

可循。在数字化、可视化背景下,协同管理与信息联动机制有利于保证企业 ESG 信息披露的统一性和真实性。

### (三)通过 ESG 评级建立完善的财税激励措施

ESG 评级本质上是 ESG 数据在同一框架范围内的可比性。在统一的 ESG 信息披露标准框架下,不同行业可以制定符合行业特征要求的 ESG 评级指标。各地区可以根据辖区内不同行业企业的 ESG 评级表现状况匹配对应的财税激励政策。政府依据这些评级结果,出台相关的财税政策和其他政策工具予以差异化支持。这些政策工具至少可以包括专项资金、补贴、贴息贷款和产业引导基金等。这些措施对于企业 ESG 行为能够起到引导和鼓励作用,把企业转型过程中存在的内部动力不足的问题有针对性地加上利益引导,使其顺应政策方向,积极整合内外部资源,建立企业自身发展目标与社会经济发展目标有机融合的统筹机制,实现利益相关者的利益一致化,激励企业更加积极主动地提高 ESG 表现。

可持续发展如今已经成为全球共同努力的方向,而气候问题的解决是目前国际上最易达成共识的。"双碳"目标的宣布,不仅彰显了我国在全球气候治理中的坚定决心和远大抱负,也展现了我国作为负责任大国在应对气候变化方面所承担的积极角色和引领作用。实现"双碳"目标,需要百万亿元以上的投资规模,因此,ESG 投资成为当前热门,"双碳与ESG"也成为企业实现可持续发展的重要战略目标。绿色经济本身具有长期性、外部性特征,通过制度创新、技术创新为企业 ESG 转型降本增效。数字化为企业 ESG 数据的可得、可信、可比提供技术基础。建立统一的 ESG 信息披露规范,有助于增加企业转变绿色发展动力,完善绿色标准;规范 ESG 评级评价制度,有利于建立企业绿色激励机制,实现企业绿色权利与义务、内部成本与外部效益的平衡。本文对企业 ESG 转型的法治保障的研究路径主要是以企业的权利义务为中心,从微观的角度出发,探讨具体可实施的法治保障。从宏观权力配置的角度审视,关键在于立法机关与行政机关在具体气候立法事项上的权力合理分配与协调。当前,我国在顶层设计层面面临气候变化立法的不足以及"双碳"目标监管的分散性问题。这些问题的解决,本质上取决于权力是否能够得到科学合理的配置。正确的权力配置不仅对于宏观经济和法律制度的构建具有深远影响,而且对于解决制度层面的挑战至关重要。通过优化权力配置,我们可以为国内企业在实现"双碳与 ESG"方面的可持续发展提供全面而坚实的制度支撑,确保政策的连贯性和有效性,从而推动经济社会的全面绿色转型。

# 第十讲　气候变化应对类 ESG 诉讼：对策与路径†

高　琪*

## 一、引言

实现碳达峰碳中和是我国实现可持续发展、推动经济结构转型升级的迫切需要，也是"环境、社会和公司治理"（Environmental，Social and Governance，ESG）市场和合规领域最突出的全球性环保议题。国内层面，我国正在积极推进"双碳"目标相关的一系列政策和举措，但转型也需要立足我国"富煤、贫油、少气"的现实国情和社会经济发展需求。① 国际层面，绿色投资以及国际碳市场的发展为我国对外投资开辟了新赛道②，但我国传统企业对外投资也面临更高的环境法律风险。③

积极稳妥推进碳达峰碳中和离不开司法保障。自 2016 年以来，我国司法机关已积极探索气候变化相关案件的审判规则。④ 2023 年 2 月中旬，最高人民法院发布了"双碳"规范性文件和典型案例。⑤ 但目前国内学术讨论集中于以"弃风弃光"案为代表的生态损害赔偿类

† 高琪：《气候变化应对类 ESG 诉讼：对策与路径》，《东方法学》2023 年第 4 期，第 165－177 页。

* 高琪，上海交通大学凯原法学院副教授、法学博士。本文系国家社科基金一般项目"环境民事公益诉讼案例的法解释学研究"（项目批准号：21BFX188）的阶段性研究成果。

① 人民日报：《不能把手里吃饭的家伙先扔了》（两会现场观察·微镜头·习近平总书记两会"下团组"），人民网，http://hsjk. peo-ple. cn/article/32367417？isindex＝1，最后访问日期：2022 年 3 月 6 日。

② See Bain & Company，Temasek and Microsof，Southeast Asia's Gren Economy 2022 Report：Investing beyond New Realities，https：//www. bain. com/globalsets/noindex/2022/bain-temasek-sea-green-economy-2022-report-investing-behind-the-new-realities. pdf，last visited on 2022－06－01.

③ 韩秀丽：《中国海外投资的环境保护问题——基于投资法维度的考察》，《厦门大学学报（哲学社会科学版）》2018 年第 3 期，第 155 页。

④ 世界环境司法大会：《世界环境司法大会昆明宣言》，最高人民法院网，https：//www. cout. gov. cn/zixun-xiangqing-305911. html，最后访问日期：2021 年 5 月 27 日；《中国环境资源审判（2019）》，最高人民法院网，htps：//www. court. gov. cn/zixun-xiangqing-228341. html，最后访问日期：2020 年 5 月 8 日；最高人民法院《关于印发〈环境资源案件类型与统计规范（试行）〉的通知》（法〔2021〕9 号）。

⑤ 最高人民法院《关于完整准确全面贯彻新发展理念为积极稳妥推进碳达峰碳中和提供司法服务的意见》（法发〔2023〕5 号）。

案件①,对其他案件类型的关注显著不足。而从司法实践来看,我国案件呈现以合同纠纷为主的特点。②

在 ESG 相关的热点议题中,ESG 诉讼受到的关注相对较少。但通过司法渠道监督和敦促公司实现治理模式转型、践行可持续发展承诺,甚至进一步促进相关监管举措和规范的发展,已逐步成为全球 ESG 运动的突出特点和重要手段。ESG 诉讼既可能针对政府的立法、规划和开发决策,也可以针对企业的生产经营投资活动。鉴于 ESG 理念对企业合规和诉讼风险的影响,以及 ESG 的新兴市场和纠纷,本文的讨论更聚焦于针对企业提起的 ESG 诉讼。

本文将从我国相关国际合作、国内转型以及对外投资的现实需求和实际利益出发,贯彻可持续发展理念,观察和分析域外气候变化相关的 ESG 诉讼潮流,结合经济学原理及法教义学技术,探索法院在气候变化减缓中的角色,并就我国气候变化应对类 ESG 诉讼对策和可能路径提出意见和建议。

**二、气候变化诉讼实践:被忽略的多元化特点和过度能动司法的风险**

气候变化应对类 ESG 诉讼(以下简称气候变化诉讼)概念有广义和狭义之分。狭义的气候变化诉讼通常被限定以气候变化为主要法律或事实问题,经由司法或准司法机构裁判的案件。③ 然而,有学者建议将该概念扩展至一切以气候变化问题为基点、动因,虽然没有以气候变化为主要争点,但对减缓气候变化有明显影响的诉讼。④ 这主要考虑气候变化纠纷与其他环境问题的关联性(如大气污染)、各国直接以气候变化为主要争点提起诉讼的实体法和程序法背景和难度不一,以及其他关联诉讼对气候变化减缓的间接影响。事实上,最高人民法院发布的"双碳"规范性文件也采纳了广义的涉碳案件定义。此次所发布的 11个典型案例中,真正符合狭义气候变化诉讼的案件仅有 5 件。⑤

广义的界定更适合从社会学的角度观察和推动以法院为中心的气候运动。而狭义的概念更有助于从教义学意义上聚焦气候变化议题带来的法律解释和适用的挑战。后者是

---

① 甘肃省高级人民法院(2018)甘民终 679 号民事裁定书。

② 张晨:《最高法出台首部涉"双碳"规范性文件,自 2016 年以来全国法院一审结涉碳案件 112 万件》,法治网,最后访问日期:2023 年 2 月 17 日。

③ Joana Setzer & Catherine Higham. Global Trends in Climate Change Litigation:2022 Snapshot,*LSE Policy publication*,30 June,2022,p. 9.

④ Hari M. Osofsky & Jacqueline Peel. Litigation's Regulatory Pahoays and the Administrative State:Lessons from U. S. And Australicn Climate Change Governance,*Georgetown International Environmental Law Review*,2013(25),p. 207,213.

⑤ 涉及碳排放配额执行、碳排放超额补缴行政处罚、温室气体自愿减排项目服务合同纠纷、碳排放权交易纠纷和高耗能企业产能置换合同纠纷。参见《司法积极稳妥推进碳达峰碳中和典型案例》,最高人民法院网,https://www. court. gov. cnlzixun-xi-angqing-389341. html,最后访问日期:2023 年 2 月 17 日。

当前两个知名的气候变化诉讼数据库所采取的立场。① 既有案例数量和类型已经为气候变化诉讼的专门研究提供了较为丰富的样本。故本文采狭义的气候变化诉讼概念展开讨论。

据最高人民法院的统计数据显示,自我国签订《巴黎协定》以来,全国各级人民法院一审审结涉碳案件 112 万件。其中,涉能源结构调整案件 90 万件,占比最大,为 80.4%;涉产业结构调整案件 13 万件,占比 11.9%;涉经济社会绿色转型案件 1.5 万件,占比 1.4%;涉碳市场交易案件 600 余件,占比 0.06%;其他涉碳案件 6.9 万件,占比 6.2%。②

虽然上述数据是基于广义气候变化诉讼的定义统计得出,但明显反映了我国相关实践的多元化特点。其中,在合同而非侵权案件中落实气候政策,才是我国当前气候变化司法实践的主流。与之形成鲜明对比的是,学界对于生态损害赔偿类诉讼的单一路径依赖。在研究领域获得高度关注的仍然是某组织诉宁夏和甘肃某公司的弃风弃光公益诉讼案。既有研究显著偏向 ESG 合规,亦有学者认为这是我国发展气候变化诉讼的最优路径③,却对新的产品和交易机会关注不足,未能充分回应市场对气候变化司法保障的需求。

笔者以为,我国不宜将发展气候变化诉讼的重点放在生态环境损害上。

首先,生态损害赔偿类诉讼主要基于消极事后救济的视角,而观察市场如何衡量各 ESG 价值要素,关注企业在资源交换、利用及管理方面的多元纠纷解决需求,显然更符合积极的事前和事中环境保护理念。随着我国气候变化市场活跃度的提升,以及交易产品和类型的日渐丰富,民商法和经济法一般规则在这一前沿领域的适用将为法院提供大量司法解释的空间,进而促进相关领域法律规则的发展,有利于稳定交易预期、保障交易安全和鼓励交易,在运用市场机制促进可持续发展的过程中充分发挥司法的保障作用。事实上,域外实践已经日益呈现出多元化的特点,突出体现在金融、投资领域的受托人信义义务和消费者保护相关的"漂绿"营销纠纷上。④

其次,气候变化的法律和科技,作为全球最热门的环境议题,其实均受到国际政治和经济的高度影响。发展气候变化诉讼应该从我国实际国情和利益出发,从人民真实的环境改善需求出发,遵循可持续发展原则,切实维护我国国家、企业和群众的正当利益。可持续发展并不意味着将应对气候变化的需求置于绝对优先地位,即使是环境保护的各项需求内部

---

① 即伦敦政治经济学院世界气候变化法气候诉讼数据库(https://climate-laws.org/)和美国萨宾中心的气候变化诉讼数据库(http://climatecasechart.com)。

② 《为积极稳妥推进碳达峰碳中和提供有力司法服务——最高人民法院出台首部涉"双碳"规范性文件并发布配套典型案例》,最高人民法院网,https://www.court.gov.cn/zixun-xiangqing-389371.html,最后访问日期:2023 年 2 月 17 日。

③ 张忠民:《气候变化诉讼的中国范式——兼谈与生态环境损害赔偿制度的关系》,《政治与法律》2022 年第 7 期,第 41 页。

④ See e.g.,Ewan MeGaughey, et al. v. Universities Superannuation Scheme Limited,[2022]EWHC 1233 (Ch); Australian Competition & Consumer Commision v. GM Holden Ld,(ACN 006893232)[2008]FCA 1428;Josephine van Zeben,Establishing a Governmental Duty of Care for Climate Change Miigation:Will Urgenda Tumn the Tide?,*Transnational Environmental Law*,2015(4),pp. 339—357.

也存在冲突和竞争。考虑到我国面临的国际复杂局势和能源转型的现实状况,司法过度介入温室气体排放的复杂利益平衡,会打击化石能源相关的各类企业,并非良策。

近年来,域外直接针对企业的气候变化诉讼日益增加,现已覆盖多个行业,涉及生产、经营和投资等各环节的企业行为。起初,风险主要集中于温室气体排放历史贡献较高的能源和水泥企业,近年来开始逐步延伸至整个化石能源以及塑料、农业、金融、交通、钢铁、服装、玻璃乃至媒体等行业。① 目前,已出现涉及我国企业对外投资的气候变化诉讼。② 一国应对气候变化的相关法律解释和适用也会成为国际相关规则发展的国家实践,有关立场也可能影响我国的气候变化谈判,增加我国企业对外投资的环境风险。考虑域外气候变化诉讼中各类国际社会组织的影响,我国发展侵权类的气候变化诉讼也需要特别谨慎。

基于侵权法的气候变化诉讼在全球仍然面临较大的法律障碍③,一味寻求企业承担气候变化的生态损害赔偿责任只有借助能动司法的扩张性解释来追求社会效果,而相关举措的负面影响已经反映在域外实践中。欧盟在气候变化和人权方面的政治立场及制度环境使其司法能动主义的倾向尤为显著。在皇家壳牌案中,荷兰法院对侵权的注意义务进行了扩张性解释,判决被告减排额度至少应在 2030 年前降到 2019 年排放量的 45%。④ 受判决以及荷兰税收政策的影响,2022 年年底,这家诞生于荷兰的世界第一大石油公司经 99.8%的股东投票同意,去掉公司名称中的"皇家荷兰"字样,并将总部搬迁至伦敦。⑤

## 三、生态损害赔偿类 ESG 诉讼应对气候变化的法律障碍与争议

尽管我国《民法典》第 1234、1235 条已就生态损害赔偿责任做出了特殊规定,但运用侵权法规则寻求私人承担气候变化的损害赔偿责任仍然面临显著的法律障碍。这在域外实践中也不例外。有鉴于此,《统计规范》明确提出,气候变化针对案件中认定行为人是否构成侵权问题不能简单套用传统侵权诉讼理论,要深入探索研究此类案件的特殊裁判规则。⑥以下以我国环境侵权的构成要件为基础,结合相关程序法规则,综合我国和域外的实践经验,详细探讨此类诉讼在侵权法基础理论上面临的障碍和争议。

---

① Latham & Watkins, ESG Litigation Roadmap, 2020, p. 12, 14; Richard Heede, The Eoolution of Corporate Accountability for Climate Change, in César Rodrí guez-Garavito ed. , *Litigating the Climate Emergeney: How Human Rights, Courts, and Legal Mobilization Can Bolster Climate Action*, Cambridge University Press, 2022, p. 250. 中石油也被列为历史排放量(1965—2020 年)前 20 名之列。

② Ali v. Federation of Pakistan, 2016, http://climatecasechart. com/non-us-case/ali-v-federation-of-pakistan-2; Violations of Human Rights by to Federation of Bosnia Herzegovina(BiH) and China Due to Coal Fired Plants in BiH, 2021, http://climatecasechartcom/non-us-case/violations-of-human-rights-by-to-federation-of-bosnia-herzegovina-bih-and-china-due-to-coal-fired-plants-in-bih.

③ 参见第二部分的讨论。

④ Milieudefensie et al. v. Royal Dutch Shell plc. , Case No. C/09/571932/HA ZA 19—379.

⑤ Reuters, Royal Dutch No More—Shell Officidly Changes Name, 21 January 2022, https://www.cnbe. com/2022/01/21/royal-dutch-no-more-shell-officially-changes-name. html, last visited on 2022—02—22.

⑥ 最高人民法院《关于印发〈环境资源案件类型与统计规范(试行)〉的通知》(法〔2021〕9 号)。

## (一)排放温室气体的法律性质

从行为的构成要件来看,最大的法律障碍是排放温室气体在我国是否属于我国民法典和环境保护法规定的"污染环境、破坏生态"的行为? 我国并未将温室气体作为大气污染物。《大气污染防治法》第 2 条在管制上就明确区分了大气污染物和温室气体。气候变化本质上是能源和经济转型问题,温室气体在自然界本就存在,温室气体对于环境的影响也并非总是负面,即使是负面的影响,也并非全然没有科学争议。[①]

在某组织诉甘肃省某公司案中,原告也并未直接主张温室气体排放的损害赔偿。反而是借由燃煤发电会导致大气污染物排放的角度来主张损害环境公共利益。[②] 考虑到证明温室气体对人身、财产和环境造成损害的难度,对相关立法中"污染环境、破坏生态"的表述做狭义解释,将排放温室气体的行为排除在环境公益诉讼和生态损害赔偿特殊侵权规定的适用范围之外,是最简便也最符合事理性质的解释。事实上暗含了域外对气候变化的侵权诉讼以"不可诉的政治问题"驳回的做法。[③] 即使原告仍然可能以大气污染的事由提起公益诉讼或生态损害赔偿诉讼,但在证明因果关系和损害时,也只能以大气污染物为基础判断。

值得注意的是,温室气体在美国正是借由马萨诸塞州等诉联邦环保署一案的判决被纳入清洁空气法的管制。[④] 但是,批评者认为该案的判决为司法权不当侵袭行政权打开了诉讼之门。[⑤] 宽松的原告起诉资格规则"鼓励利益团体、州等利用联邦法院来获取自身不能通过联邦政府或国会所得到的东西,为起诉资格规则披上了一件崭新的外衣,从而允许州凭借最为粗陋的、所声称的损害而出现在联邦法院的法庭上"。[⑥]

## (二)鉴定量化技术及证据规则对认定损害的突破

根据一般的侵权法理论,损害通常要求是明确且可以计量的。但是,这一标准在环境类案件中已受到严重冲击。例如,在李某诉某置地(重庆)有限公司光污染案中,法院就认为环境污染侵权的损害后果"不仅包括症状明显并可以计量的损害结果,还包括那些症状不明显或者暂时无症状且暂时无法用计量方法反映的损害结果"。[⑦]这一解释对于科学技术的创新和进步可能带来严重的负面影响。而法官在创造性地扩张解释损害时,忽略了此案

---

① 郑少华、张翰林:《论双碳目标的法治进路——以气候变化诉讼为视角》,《江苏大学学报(社会科学版)》2022 年第 4 期,第 70 页。

② 甘肃省高级人民法院(2018)甘民终 679 号民事裁定书。

③ 沈跃东:《政治问题原则在美国气候变化诉讼中的运用》,《中国地质大学学报(社会科学版)》2014 年第 5 期,第 68 页。

④ Massachusetts v. EPA,549 U. S. 497(2007).

⑤ Roberts,C. J,Disening Massachusetts v. EPA,549 U. S. 497(2007)NO. 05-1120;Scalia,J,Distenting Massachusetts V. EPA, 549 U. S. 497(2007)NO. 05-1120.

⑥ 沈跃东:《政治问题原则在美国气候变化诉讼中的运用》,《中国地质大学学报(社会科学版)》2014 年第 5 期,第 69 页.;陈冬:《气候变化语境下的美国环境诉讼——以马萨诸塞州诉美国联邦环保局案为例》,《环球法律评论》2008 年第 5 期,第 88 页;Andrew P. Moriss, Litigating to Regulate:Masachusetts v. Environmental Protection Agency,2006—2007 CATO Supreme Court Review,2007,p. 193.

⑦ 重庆市江津区人民法院(2018)渝 0116 民初 6093 号民事判决书。

可以简单适用相邻关系"容忍义务"规则获得救济。[①]此外,现代科学技术和大工业生产并不仅仅带来环境的负面影响,也在可持续发展的其他维度上做出了突出的积极贡献。因此,在污染者负担原则之外,本就有集体负担和共同负担原则。[②]肆意扩张侵权中损害的定义,一味追求让企业承担责任的社会效果,而忽视对其他民事和行政救济手段的探索,并非环境侵权制度健康发展的良策。

超越传统人身和财产损害的生态环境损害更加剧了相关理论和实践的争议。实践中更多以创新环境损害计算方法等方式来规避实体法构成要件带来的法律障碍,实现法律问题向技术事实问题的转化。[③]例如,《关于虚拟治理成本法适用情形与计算方法的说明》(2017)较之前版本新增了一种可以适用虚拟治理成本法的情形,从而规避在司法实践中出现的此类情形无法构成损害的法律困境。即排放污染物的事实存在,由于生态环境损害观测或应急监测不及时等原因导致损害事实不明确或生态环境已自然恢复。事实上,有法官在判决中已经坦陈,虚拟治理成本法的应用体现了对环境违法行为的适度惩罚。[④]然而,这种缺乏法律约束的事实上的惩罚性赔偿,对于个人权利的保护而言无疑是极大的风险。更何况,即使从科学的角度,虚拟治理成本法也存在诸多争议,如缺乏衡量环境变化的科学基准数据。[⑤]相比私法公法化而言,传统的公法措施,如行政处罚,反而受到更多的法律约束。

司法实践中还扩张适用日常生活经验法则来减轻损害的证明难度。[⑥]这种做法忽略了社会理性与科学理性之间可能存在的显著差异[⑦],完全以大众认知替代科学判断,是不审慎且不必要的做法。此外,最高人民法院还基于公共利益放弃当事人主义,允许法官依职权判断,从而降低原告对损害的证明难度。[⑧]

降低损害的证明难度或许有着良善的初衷,但事实上造成的影响是,原告在提出诉讼请求时往往更加随意,怠于证据的收集和准备。例如,在某组织针对宁夏某公司提起的弃风弃光诉讼中,原告经初步计算请求被告就环境损害赔偿3.1亿元,但提出生态环境损害数额以专家意见或鉴定结论为准,显示出原告对于赔偿金额如此巨大的案件并没有充分

① 肖俊:《不可量物侵入的物权请求权研究——逻辑与实践中的〈物权法〉第90条》,《比较法研究》2016年第2期,第53页。

② 陈慈阳:《环境法总论》,元照出版社2011年版。

③ 孙洪坤、胡杉杉:《环境公益诉讼中虚拟治理成本法律适用的认定》,《浙江工业大学学报(社会科学版)》2017年第4期,第379页。

④ 徐州市人民检察院诉苏州其安工艺品有限公司等环境污染责任纠纷案,江苏省徐州市中级人民法院(2018)苏03民初256号民事判决书。

⑤ 孙洪坤、胡杉杉:《环境公益诉讼中虚拟治理成本法律适用的认定》,《浙江工业大学学报(社会科学版)》2017年第4期,第380页。

⑥ 重庆市江津区人民法院(2018)渝0116民初6093号民事判决书。

⑦ 金自宁:《风险决定的理性探求——PX事件的启示》,《当代法学》2014年第6期,第14页;张某燕等诉江苏省环境保护厅对变电站做出环境影响评价行政许可违法案,江苏省高级人民法院(2015)苏环行终字第00002号行政判决书。

⑧ 最高人民法院《关于审理环境民事公益诉讼案件适用法律若干问题的解释》(法释〔2015〕1号)第23条。

准备。①

我国生态损害赔偿的实践以富有争议的方式彻底突破了原有的损害理论和相关证据规则。在此背景下，温室气体排放导致的损害问题，在我国反而有更大可能获得突破。我国于 2022 年印发了《关于加快建设统一规范的碳排放统计核算体系实施方案》②，这固然有促进碳交易的现实需求，但也为运用技术化手段规避损害理论的限制提供了可能。

从域外经验来看，原告在侵权类案件中通常会主张诸如海平面上升、冰川融化、森林破坏、遭受极端气象灾害，或极端天气的频率和严重程度上升等损害。③ 但是这些诉讼往往因不可诉的政治原因、原告不适格，以及公法和行政机关已采取的温室气体调整措施优先于普通法等因素被驳回，法院往往并没有就赔偿问题进行实质性审理。④ 但近年来也开始运用气候变化科学来认定损害。目前最值得关注的尝试，是通过计算某企业温室气体排放占全球排放量份额的方式来折算特定企业温室气体排放行为对特定气候变化带来的环境损害。⑤ 然而，当前相关科学研究仍然面临诸多争议，相关司法鉴定技术也远未成熟，尤其是对于所谓的生态价值等非经济性损害而言。

相比前述极为复杂和不确定的气候损害，森林碳汇可能是现有各种气候损害赔偿请求中最有可能得到更多科学支持的类型⑥，也更容易契合有关损害的法学理论。印度尼西亚近年来在涉及非法林木砍伐和泥炭地火灾案件中，由政府积极向企业索赔气候变化损害，通过计算损害行为增加的温室气体排放量和减损的森林减碳能力，然后与恢复这些损害所需要的单位费用相乘得到最终的损害赔偿金额，并获得了法院的支持。⑦我国也已经在不少非法砍伐林木的刑事附带民事公益诉讼中判决被告赔偿碳汇损失。⑧

但是，抛开碳汇所有权归属，一律要求非法砍伐者承担碳汇损失的做法并不可取。碳汇不仅具有生态价值，也具有财产属性。从林木本身的所有权来看，集体或个人承包国家和集体所有的宜林荒山荒地造林的，承包后种植的林木归承包的集体或者个人所有。诚

---

① 《宁夏弃风案：给孩子留下美好的未来》，自然之友网，http://www.fon.org.cn/action/domain/content/160，最后访问日期：2020 年 8 月 5 日。

② 《关于加快建立统一规范的碳排放统计核算体系实施方案》（发改环资〔2022〕622 号）。

③ 余耀军：《气候损害的概念研究》，《现代法学》2022 年第 3 期，第 172 页；Patrick Toussaint. Loss and Damage and Climate Litigation：The Case for Greater Interlinkage，*Review of European，Comparative & International Environmental Law*，2021(30)，pp. 16—33.

④ Comer et al. v. Murphy Oil USA Inc. et. al, No. 12－60291(5th Cir. 2013)；American Electric Power Co Inc v. Connecticut，564 U. S. 410,423(2011).

⑤ Luciano Lliuya v. RWE, https://climate-laws.org/geographies/germany/litigation_cases/luciano-liuya-v-rwe, last visited on 2022－09－01.

⑥ 张辉、严顺龙：《省高级人民法院与省林业局联合发布工作指引，推动在全省建立统一的生态环境刑事案件林业碳汇损失赔偿制度——我省全国首创林业碳汇损失计量及赔偿机制》，福建省人民政府网，https://fujian.gov.cn/xwdt/fyw/202209/+202 20926_5999175.htm，最后访问日期：2022 年 10 月 26 日。

⑦ Andri G. Wibisana & Conrado M. Cornelius, Climate Change Litigation in Indonesia, in Jolene Lin & Douglas A. Kysar eds.，*Climate Change Litigation in the Asia Pacific*，Cambridge University Press,2020，pp. 239—247.

⑧ 如陈某华滥伐林木案，最高人民法院发布十一起司法积极稳妥推进碳达峰碳中和典型案例之十一。

然,当前碳汇所有权制度未明,但碳汇交易的目的正是通过资源确权和交易的市场化手段保护环境,激励人们更多植树来增加碳汇。非法砍伐的行为人固然违反了管制规范,但如果其砍伐的树木本来就是他所种植的,那么损失的生态碳汇本就因其植树行为所产生。尽管其财产属性没有得到认证,但此时要求植树者赔偿碳汇损失,反而带来适得其反的效果,使得农民进一步丧失植树造林的动力,与发展碳汇交易的制度目的背道而驰。因此,在被伐林木属于非法砍伐者所有的情形下,应当避免将碳汇损失计算在内。随着碳汇交易的发展①,亟需加强对碳汇的确权和权利保护,而相关计算方法更广阔的应用空间也是在交易而非侵权中。

### (三)鉴定量化技术及证据规则对认定因果关系的突破

域外司法实践中,证明特定的温室气体排放行为和特定的气候变化损害之间存在侵权法意义上的因果关系非常困难。②所有人都是温室气体的排放者,即使是排放量很大的企业,其排放量相对全球温室气体的排放总量而言,仍然是微不足道的。③气候变化灾害的成因也复杂多样,受诸多自然和人为因素的复合影响。其中个体的温室气体排放究竟对于环境的改变和灾害的发生有多大作用,往往难以在科学上提供充分的证据证明。对于因不作为导致温室气体排放增加的情形,因果关系的成立就显得更加困难。

为了解决这一问题,气候责任研究所已致力于量化能源企业的温室气体排放对全球温室气体总量的贡献。④相关成果已经被美国加利福尼亚州地方当局作为核心证据用于向能源企业请求损害赔偿,但尚未得到法院裁判的支持。⑤相比特定的气候变化灾害,寻求温室气体排放行为与碳预算之间的因果关系更容易成立。⑥如果将对碳预算的消耗本身作为损害,那么因果关系的成立也会相对更加容易。然而,气候变化涉及复杂的利益衡平,且一切现代生产和生活都涉及对各种环境容量的消耗,由法院通过侵权诉讼在公法管制外增加企业的负担和风险,基于对容量的消耗来认定损害和因果关系,不仅与法教义学相悖,也忽略了企业对可持续发展其他要素的重要贡献,很容易给正常的社会和经济生活带来负面影响。

---

① 核证自愿减排量交易是核证减排量的有益补充,但相关项目备案申请自 2017 年 3 月起暂停至今,市场目前只有存量产品可以交易。参见李苑:《多地推出林业碳汇首单! 未来森林碳汇交易有望形成千亿级市场》,中国证券网,https://news. cnstock. com/news/bwkx-202212-4992796. htm,最后访问日期:2022 年 12 月 20 日。

② Luciano Lliuya v. RWE,https://climate-laws. org/geographies/germany/litigation_cases/luciano-lliuya-v-rwe,last visited on 2022—09—01.

③ 余耀军:《气候损害的概念研究》,《现代法学》2022 年第 3 期,第 170 页。

④ Climate Accountability Institute,Carbon Majors,8 October 2019,https://climateaccountability. org/carbonmajors. html,last visited on 2021—12—03.

⑤ Nicholas M. Berg,David Nordsieck &Michael R. Littenberg,USA:*Caifomia Laosuits Against 37 Fossil Fuel Commpies May Change Lumdscape of Climate Change Litigation*,*Say Lauyers*,11 August 2017,https://www. busines-humanrights. org/en/latest-news/usa-califoria-lawsuits-against-37-fossil-fuel-companies-may-change-landscape-of-climate-change-litigation-say-lawyers/,last visited on 2022—01—12.

⑥ 碳预算是指在有机会避免气候变化的危险影响的前提下,全球仍能排放的二氧化碳量。IPCC,Global Warming of 1. 5℃ 2019,p. 104.

此外,我国举证责任倒置规则也可以被用于规避实体法上满足因果关系要件的困难。原告只需要证明污染者排放的污染物或者其次生污染物与损害之间具有关联性即可。尽管笔者不赞同对于温室气体适用与污染物相同的特殊规则,但显然运用这一规则可以轻易将因果关系举证不力的后果转移给企业。但是,即使将该规则应用于气候变化诉讼,也不应简单照搬一般环境侵权中判断关联性的标准,而应当结合气候变化议题的特殊情形综合判断。

## 四、气候变化应对类 ESG 诉讼多元化实践与理论

前述讨论已经充分展现了单一依赖生态损害赔偿路径发展气候变化诉讼可能面临的法教义学争议以及相应的过度能动司法的潜在风险。而既有研究对 ESG 市场中新的产品和交易机会关注不足,未能充分回应市场对气候变化司法保障的理论需求。以下将选取我国和域外气候变化司法实践中有代表性的市场纠纷类型,识别和探讨关键法律问题,为我国气候变化诉讼的多元化发展提供更符合事前和事中环境保护理念、更具法律科学性的理论支撑。

### (一)合同类气候变化诉讼

通过对北大法宝案例的检索,可以发现我国法院已经审理了大量涉碳民商事纠纷,覆盖买卖、借款、行纪、居间、服务等多个合同类型。[①] 案件数量也从侧面反映了当前我国涉碳交易的频繁以及存在较大的交易风险。这种风险既来源于碳交易规则本身的不完善,更受到行政审批和法律政策变动的显著影响。笔者在案例检索和筛选的基础上,聚焦于狭义气候变化诉讼合同纠纷审判实践中存在的如下突出问题:

1. 行政审批对合同效力的影响

国务院《2030 年前碳达峰行动方案》明确提出淘汰落后产能,产能指标向低耗能、低排放企业转移。为落实产业结构调整目标,转出地、转入地的行政主管部门通过审批、公示和公告等程序加强对产能置换的监管。[②] 受此影响,诸如钢铁、水泥、采矿等行业的产能指标转让纠纷层出不穷,大多指向相关行政审批迟延、未通过情形下的合同效力以及怠于履行报批义务的违约责任。[③] 基于买卖合同的效力争议,还带来了相关居间合同纠纷的连锁反

---

①　如江西某林投资开发有限公司与厦门某资产管理有限公司的公司买卖合同纠纷案,江西省南昌市中级人民法院(2017)赣 01 民终 800 号民事判决书;李某君、樊某与陈某芳民间借贷纠纷案,广东省清远市中级人民法院(2019)粤 18 民终 3566 号民事判决书;浙江某网络科技股份有限公司、广西某建材有限公司等服务合同纠纷案,广西壮族自治区来宾市中级人民法院(2021)桂 13 民终 1082 号民事判决书;某森林认证中心有限公司与某认证服务有限公司合同纠纷案,北京市第二中级人民法院(2020)京 02 民终 485 号民事判决书。

②　《司法积极稳妥推进碳达峰碳中和典型案例》,最高人民法院网,https://www.cour.gov.cn/zixun-xiangqing-389341.html,最后访问日期:2023 年 2 月 17 日。

③　如唐某也水泥有限公司与云南某水泥有限公司买卖合同纠纷案,河北省玉田县人民法院(2020)冀 0229 民初 2367 号民事判决书;某黄金集团公司、隆林各族自治县某经营有限公司、隆林某矿业有限责任公司等探矿权转让合同纠纷案,广西壮族自治区高级人民法院(2019)桂民终 826 号民事判决书。

应。诸如碳汇等新型产品本身需要审批,虽然这些产品的交易不需要审批。此类合同的效力是否可以类推适用待审批合同的规则,也是既有司法实践中日渐显露的问题。

在特殊的情形下,由于法律、行政法规的规定,合同必须经过批准才能生效,反映了国家对特定领域市场交易自由的高度限制和监管。待审批合同在外商投资和矿业权转让等领域最为常见。① 在气候变化领域则多应用于落后产能指标和化石能源矿业权的转让。

《民法典》第 502 条已对待审批合同做出了专门规定,相较原《合同法》第 44 条的规定,明确了待审批合同未生效不影响报批义务条款的效力。此外,2019 年《全国法院民商事审判工作会议纪要》将待审批合同的效力认定为未生效,统一了裁判思路,告别了过去对其性质是否无效、效力待定还是未生效的争议。②

然而,在气候变化诉讼的相关实践中,由于管制类规范的法律效力层级等原因,仍然普遍存在将事实上需要经过行政审批的合同直接认定为有效的情形。例如,在广西某矿业有限公司诉内蒙古某水泥有限责任公司合同纠纷中,法院以水泥产能指标转让审批的依据仅为工信部制定的部门规章,不是法律或行政法规为由,拒绝将此类合同认定为待审批合同,最终以合同已生效但履行不能不构成违约为由驳回起诉。由于合同被认定为有效,居间方认为已经完成了居间服务,还引发了相关的居间合同纠纷。③

笔者以为,对于《民法典》第 502 条"依照法律、行政法规的规定"的解释,不应做如此狭隘的理解,而应该关注合同本身是否需要经过行政审批的事实,将行政法规扩张解释为包括地方性法规、部门规章、国务院决定在内的法规和规范性文件。尽管行政许可法基于依法行政原则,通常限定只能由法律和行政法规(尚未制定法律的情形下)设定行政许可,但也在第 14、15 条规定了若干例外的情形。

从保障交易安全,维护交易秩序的角度来说,将此类合同认定为待审批合同,在审批通过前未生效的做法更为简洁、清晰,也能够获得相同的纠纷处理结果。待审批合同未生效也不影响报批义务条款的效力,还不会因为买卖合同生效而衍生出相关居间协议是否有效的争议。

除此之外,碳交易也受到行政审批的显著影响。在江西某投资开发有限公司与厦门某资产管理有限公司的公司买卖合同纠纷案中,江西公司因国家碳汇主管部门的审批延误导致迟延履约。④ 法院认定合同有效,因行政审批的原因造成的履行迟延不构成违约,进而以合同协商一致解除的方式处理了双方的纠纷。然而,在此类交易中,行政审批能否通过以及通过的时间均是主要的不确定因素,很大程度上提高了双方交易的潜在风险。笔者以为,尽管此类交易的合同本身不需要经过审批,但合同的标的仍需要获得行政审批,可以类

---

① 杨永清:《批准生效合同若干问题探讨》,《中国法学》2013 年第 6 期,第 166 页。
② 杨永清:《批准生效合同若干问题探讨》,《中国法学》2013 年第 6 期,第 171 页。
③ 广西壮族自治区高级人民法院(2020)桂民终 1788 号民事判决书。
④ 江西省南昌市中级人民法院(2017)赣 01 民终 800 号民事判决书。

推适用待审批合同的规则处理。虽然适用附条件合同来处理也未尝不可,但类推适用待审批合同的规则在处理报批义务以及损害赔偿计算等方面都比附条件合同更有优势。

2. 碳交易规则不完善

我国当前尚处于全国碳市场与地方试点碳市场并存的局面。各地碳市场在碳排放交易监管和市场规则上都存在差异。与自发的市场需求不同,碳交易本身基于管制而诞生,又试图运用市场手段更灵活地实现减排目标。通常,对碳交易规则的关注偏向碳交易的特殊性,强调监管规则对碳市场有序发展的保障作用。[①] 但是,较少关注碳交易规则本身与既有民商法一般规则和基础原理的冲突与协调,反而不利于保障交易安全,也将交易中心置于诉讼风险之中。实践中已出现以碳交易所为被告的民事纠纷。[②] 虽然判决本身在法律上没有什么争议,但也提醒各交易市场在完善交易中心职能和交易规则时,需要尽量避免过度介入自由交易和出现与民商法基本规则冲突的情形。

例如,《上海碳排放配额质押登记业务规则》第17条规定质权人除了通过司法途径实现质权外,交易所还可以通过将已出质的配额转至质权人账户或质权人指定的第三方机构账户的方式实现质权。这不符合《民法典》第436条对质权人实现质权的一般规定,而交易所直接转移配额的方式已经违背了担保的基本原理,本质上属于流质。这不仅不利于保护债务人利益,也给交易所自身带来诉讼风险。最高人民法院"双碳"规范性文件的相关表述也是以拍卖为前提,强调优先受偿,多退少补。[③]

3. 新能源强制缔约义务

近年来,受国家气候变化产业扶持政策的影响,我国西部地区风电、光伏发电规模增长过快。然而,囿于新能源发电调峰的实际困难、电力系统基础设施发展现状和电力的市场需求等因素,西北地区出现大量新能源发电量无法为电网消纳的现象。[④] 在此背景下,某组织针对宁夏和甘肃某公司提起公益诉讼,但该案其实更适合从强制缔约义务的角度探讨。由发电企业向电网企业提起诉讼,请求缔约或者主张损害赔偿是更为适当的寻求司法关注的方式。

强制缔约义务通常适用于公共服务领域(典型如水电煤、公共交通、危重病人医疗救助),对提供公共服务的一方施加义务,要么是在机动车事故领域以强制保险的方式填补侵权法的功能。[⑤] 考虑到强制缔约事项的基础性或紧迫性,是否应当将温室气体减排上升到

---

　① 最高人民法院《关于完整准确全面贯彻新发展理念为积极稳妥推进碳达峰碳中和提供司法服务的意见》(法发〔2023〕5号)。

　② 某低碳科技有限公司诉某交易中心有限公司合同纠纷案,广东省广州市龙都区人民法院(2020)粤 0114 民初 2940 号民事判决书。

　③ 某低碳科技有限公司诉某交易中心有限公司合同纠纷案,广东省广州市龙都区人民法院(2020)粤 0114 民初 2940 号民事判决书。

　④ 于瑶、骆晓飞:《半月谈|弃风弃光,"用不完又送不出"西部新能源,纠结消纳难》,腾讯网,https://new.qq.com/rainlal20220330A07LD800,最后访问日期:2022 年 3 月 30 日。

　⑤ 冉克平:《论强制缔约制度》,《政治与法律》2009 年第 11 期,第 93 页。

如此限制契约自由的高度还有待探讨。而且,交易双方都不是一般相对人,而是电力垄断企业和受到大量国家补贴政策扶持的生产者。根据《可再生能源法》第14条的规定,国家实行可再生能源发电全额保障性收购制度。该法第29条进一步规定了相应的行政处罚。但现实中并没有任何一个电网企业被处罚。[①] 究其原因,该法的规定脱离电力行业的现实,且本身还涉及制定发电计划等行政行为,弃风弃光现象远不仅是电网企业的责任。但是,随着行政公益诉讼的发展,监管机构也置身于诉讼风险之中。

司法实践对上述立法显然采取了更为灵活和务实的立场。2023年4月,某组织与甘肃某公司达成调解,协议中并未约定赔偿金,仅承诺根据相关政策和规划,继续投资推进新能源配套建设和输变电送出工程项目,以及加强公众参与。[②] 该协议也得到了法院的认可。事实上,即使按照强制缔约义务规则,如果发电企业明知电网无法消纳,还为了补贴等利益继续生产,放任损害扩大,应当从赔偿金额中扣除相应部分。此外,发电企业还有义务配合电网企业保障电网安全,在全额收购会危害电网安全的情形下,发电企业也面临违约责任。值得注意的是,在云南某生物能源股份有限公司诉某销售有限公司云南石油分公司拒绝交易纠纷案中,虽然可再生能源法对生物质燃料也做出了类似的规定,但几审法院均认为不能在政策不配套的情形下强制双方当事人交易,进而适用了当时的合同法而非可再生能源法处理纠纷。[③] 尽管从法解释技术的角度还有商榷的空间,但判决尊重经济规律,从社会效果来看其实是法院通过司法裁判促进可持续发展的范例。

### (二)受托人信义义务类气候变化诉讼

以气候变化诉讼为代表,域外还常见有关受托人在投资决策中没有[④]或者考虑了[⑤]环境和社会价值是否违反信义义务的司法纠纷。然而,上述基于信义义务的诉讼中原告都以败诉告终。

如果单纯将ESG投资理解为考虑受益人财务利益之外的责任投资(又被称为附属利益ESG),那么其与信义义务显然存在冲突。[⑥] 更常见的做法,是对信义义务进行扩张性解释,将对于环境和社会价值的考量解释为符合受益人中长期利益的做法,有利于提高企业价值

---

① 《专家:"弃风弃光"成灾系因法律执行不力 人大应启动追责》,中国电器工业协会,https://www.ceeia.com/XWzX/d/201610/67660.html,最后访问日期:2016年10月12日。

② 《甘肃弃风弃光案,达成调解!》,环境诉讼研习社微信公众号,https://mp.weixin.qq.com/s/66HD34-rVyjqx-HOPM-BKLg,最后访问日期:2023年4月18日。

③ 中华人民共和国最高人民法院(2017)最高法民申5063号民事裁定书。

④ Ewan McGaughey et al. v. Universities Superannuation Scheme Limited,[2022]EWHC 1233(Ch),[2023-07-21].

⑤ In re Tesla Motors,Inc. Stockholder Litigation,C. A. No. 12711-VCS,[2022-04-27].

⑥ (美)马克斯·M. 上岑巴赫、(美)罗伯特·H. 西特科夫:《信托信义义务履行与社会责任实现的平衡:受托人ESG投资的法经济学分析》,倪受彬、叶嘉敏译,载蔡建春、卢文道主编:《证券法苑》(第三十四卷),法律出版社2022年版,第287页。

和促进持续增长,因而并未违反信义义务。①

　　信义义务在英美法中的发展历程显示,最初的"单一利益"的标准已经逐渐为"最佳利益"所模糊。② 在单一利益原则下,受托人对受益人有义务不受任何第三人利益或者实现信托目的以外的其他动机的影响,否则会引发无可辩驳的过错推定。③ 但最佳利益原则允许受托人基于完全公平原则对有冲突的行为进行辩护。④ 当前,仍然坚持单一利益原则已经是例外而非主流,突出体现在美国雇员退休收入保障法中。考虑到养老基金是美国第一大机构投资者,单一利益标准对 ESG 投资仍然有显著影响。相比英国,美国联邦最高法院采取了更为严格的标准,认为养老金的受托人必须"专门"为计划受益人追求"财务利益"。⑤ 事实上,退休工人的财务安全本身,也属于可持续发展议题所关注的社会利益。

　　即便如此,在股票下跌的情况下,仅仅基于公开信息来证明受托人违反了信义义务仍然是困难的。⑥ 在林某诉某某迪能源案中,原告认为被告的员工股票期权计划管理者持续投资公司股票违反了勤勉义务,因为基于公开信息已经可以判断由于气候变化给煤炭行业带来的变化,公司已处于危险之中。但是,法院认为要求受托人仅基于公开信息判断公开交易的股票价格被高估或者低估是不合理的。⑦ 受托人假设大型股票交易市场提供了股票最佳估值的做法并非不勤勉。即使公司即将面临破产,也不构成受托人应该从公司股票中撤资的特别情形。⑧

　　此外,即使基于最佳利益原则对信义义务进行扩张性解释,考虑了 ESG 因素的投资也并非一定都要做出积极的投资决策。人们通常误以为 ESG 投资就意味着支持更符合环境和社会价值的决策。然而,对于受托人而言,在考虑了 ESG 要素的情况下,做出被动和反向的投资策略也是被允许的。例如,如果受托人合理得出结论认为 ESG 得分高的公司被高

---

　　①　UNEP Finance Initiative,A Legal Framework for the Integration of Enuironmental,Social and Governance Is-sues into Institutiondl Imvestment,Freshfields Bruckhaus Deringer,2005,p. 6.

　　②　徐化耿:《信义义务的一般理论及其在中国法上的展开》,《中外法学》2020 年第 6 期,第 1582 页。

　　③　(美)马克斯·M. 上岑巴赫、(美)罗伯特·H. 西特科夫:《信托信义义务履行与社会责任实现的平衡:受托人 ESC 投资的法经济学分析》,倪受彬、叶嘉敏译,载蔡建春、卢文道主编:《证券法苑》(第三十四卷),法律出版社 2022 年版,第 284,286 页。

　　④　(美)马克斯·M. 上岑巴赫、(美)罗伯特·H. 西特科夫:《信托信义义务履行与社会责任实现的平衡:受托人 ESG 投资的法经济学分析》,倪受彬、叶嘉敏译,载蔡建春、卢文道主编:《证券法苑》(第三十四卷),法律出版社 2022 年版,第 285 页。

　　⑤　Fifth Third Bancorp et al. V. Dudenhoeffer,573 U. S. 409(2014).

　　⑥　October Three,Viability of Stock Drop Claims Based on Public Information,24 April 2017,https://www. octoberthree. com/viabili-ty-of-stock-drop-claims-based-on-public-information/,last visited on 2019—05—25.

　　⑦　Lynn v. Peabody Energy Corp. ,250 F. Supp. 3d 372(E. D. Mo. 2017).

　　⑧　Lynn v. Peabody Energy Corp. ,250 F. Supp. 3d 372(E. D. Mo. 2017);October Three,Viability of Stock Drop Claims Based on Pub-lic Information,24 April 2017,https:/www. octoberthree. com/viability-of-stock-drop-claims-based-on-public-information,last visited on 2019—05—25.

估,而得分低的公司被低估,那么受托人反而可能偏爱得分低的公司。① 由于市场对于负面 ESG 信息可能反应过度②,此时投资被低估的公司反而可能获得盈利的机会。此外,美国联邦最高法院也认为受托人可以在有合理依据认为 ESG 公司不太可能跑赢市场的时候谨慎依赖市场价格采取被动策略。③ 即使采取积极的投资策略确实有利可图,在其他投资者纷纷跟进后,这一策略的收益也会降低。④

ESG 评分需要投资者对可持续发展各要素进行主观判断。例如,由于特斯拉的公开披露限制和工资待遇问题,特斯拉在治理和社会评级上的得分较低。而其对环境的影响还取决于人们如何衡量特斯拉企业的投入和产出。因过度依赖对电动汽车买家的税收补贴,特斯拉还面临监管和政策风险。以上因素导致两项被广泛使用的 ESG 指数对特斯拉的评估出现巨大分歧,在富时指数中特斯拉还低于埃克森美孚。⑤

在 ESG 规则存在高度主观性的情况下,即使信义义务涵盖了对 ESG 要素的考量,只基于各要素中的任意一项或几项而主张受托人违反信义义务的尝试几乎无法得到司法的支持。如果受益人确实有对 ESG 的偏好,经受益人大会一致同意也可以授权受托人进行责任投资。⑥ 但由于 ESG 议题往往充满争议,事实上几乎不可能取得一致⑦,而这其实也反映了可持续发展的多元需求。

当前,在我国的司法裁判中,尚未出现从环境、社会价值角度主张违背信义义务的案例。但随着域外 ESG 因素不断被引入信义义务,我国相关立法的原则性表述也需要司法机关在实践中结合具体案件来探索信义义务的法教义学内涵。

### (三)"漂绿营销"类气候变化诉讼

近年来,域外针对企业"漂绿营销"的气候变化诉讼显著增加,其中主要涉及企业虚假广告和虚假宣传。所谓"漂绿营销",是指企业对未经证实具有绿色环保性能的产品与服务发布误导消费者的环保声明的营销宣传行为,或者为树立其支持环保的虚假形象而进行的

---

① (美)马克斯・M. 上岑巴赫、(美)罗伯特・H. 西特科夫:《信托信义义务履行与社会责任实现的平衡:受托人 ESG 投资的法经济学分析》,倪受彬、叶嘉敏译,载蔡建春、卢文道主编:《证券法苑》(第三十四卷),法律出版社 2022 年版,第 277 页。

② 如某矿业。参见黄韬、乐清月:《我国上市公司环境信息披露规则研究——企业社会责任法律化的视角》,《法律科学(西北政法大学学报)》2017 年第 2 期,第 127 页。

③ (美)马克斯・M. 上岑巴赫、(美)罗伯特・H. 西特科夫:《信托信义义务履行与社会责任实现的平衡:受托人 ESG 投资的法经济学分析》,倪受彬、叶嘉敏译,载蔡建春、卢文道主编:《证券法苑》(第三十四卷),法律出版社 2022 年版,第 309 页。

④ 同上,第 308 页。

⑤ 同上,第 308 页。

⑥ 同上,第 296 页。

⑦ 同上,第 295－296 页。

公关活动、捐赠行为等。① 如果法院认定企业的绿色环保声明构成虚假广告或营销,会依据消费者保护法、反不公平竞争法、商业惯例或者不当得利等传统财产法理论,判令"漂绿者"对消费者的损失进行赔偿。②

在气候变化领域,最主要的争议体现在企业使用诸如"碳中和""气候中性""二氧化碳中性"等用语时如何认定虚假宣传和广告。原告往往主张被告以温室气体排放补偿或抵消类措施(如植树、购买碳汇、资助气候变化项目)等行为替代在实际产品生产和服务过程中切实减排的行为,是对"碳中和"的虚假宣传和广告。

例如,在德国某社会组织诉某甜品企业的案例中,被告宣传其所有产品以气候中性的方式生产,但实际生产过程并非二氧化碳中性,被告以支持气候保护项目的方式抵消其生产过程中释放的二氧化碳。法院驳回了原告的诉讼请求,认为被告的广告是在食品类报纸上发布的,报纸的发行对象是贸易决策者、消费品行业和行业供应商。此外,气候中和不等于无排放,可以通过补偿性措施的方式实现。广告针对的专业受众对此也知情。③

尽管该案法官对针对专业受众的广告采取更为宽松和灵活的解释立场,但更多的案例显示,欧洲在针对普通消费者的广告纠纷中更偏向对碳中和采取狭义理解。④ 但在荷兰某学生诉壳牌案中,法院认为碳中和意味着二氧化碳排放被抵消措施完全补偿,而被告未能保证实践中可以实现完全的抵消。⑤ 在此,法院似乎接受了企业宣传的碳中和可以用抵消措施的方式实现,问题只在于相应措施是否真的足以抵消。相比而言,美国近期才出现零星针对碳中和的虚假宣传案例,案件尚在审理中。⑥ 但在其他气候变化虚假宣传的案例中,则表现出了更为宽松和灵活的立场,侧重考察合理消费者的预期和碳足迹的计算评估方法。⑦

---

① 郑友德、李薇薇:《"漂绿营销"的法律规制》,《法学》2012 年第 1 期,第 118 页;Green Business Bureau,The Seven Sins of Green-washing,https://greenbusinessbureau. com/green-practices/the-seven-sins-of-greenwashing/,16 December 2021,last visited on 2021−12−19.

② 郑友德、李薇薇:《"漂绿营销"的法律规制》,《法学》2012 年第 1 期,第 118 页;Green Business Bureau,The Seven Sins of Green-washing,https://greenbusinessbureau. com/green-practices/the-seven-sins-of-greenwashing/,16 December 2021,last visited on 2021−12−19.

③ Regional Court of Kleves Decision on Companys Climate Neutral Clains regarding Sueets,2022,https://climate-laws. orggeogra-phies/germany/litigation_cases/regional-court-of-kleve-s-decision-on-company-s-climate-neutral-claims-regarding-sweets,last visited on 2022−10−19.

④ Higher Regional Court of Koblenz's Decision on Companys Climate Neutral Claims regurding Grave Lights,2011,https://li-mate-laws. org/geographies/germany/itigation_cases/higher-regional-court-of-koblenz-s-decision-on-company-s-climate-neu-tral-claims-regarding-grave-lights;Australian Competition &Consumer Commission v. GM Holden Lid,(ACN 006893232)[2008] FCA 1428,last visited on 2022−10−20.

⑤ RCC Rulingon Shell "Drive $CO_2$ Neutra" Ⅰ,2021,https://climate-laws. orggeographies/netherlands/ligation_cases/rcc-ruling-on-shell-drive-co2-neutral-1,last visited on 2022−06−05.

⑥ Doris v. Danone Waters of America,2022,http://cimatecasechart. com/case/dorris-v-danone-waters-of-america/＞;Client Eath v. Washington Gas Light Co. ,2022,http://climatecasechart. com/case/client-earth-v-washington-gas-light-col,last visited on 2023−01−15.

⑦ Dwyer v. Allbirds,Inc. ,21-CV-5238(CS),S. D. N. Y. (2022).

碳中和本就不是日常生活用语,大众认知的形成其实主要源于政府的宣传和教育。我国的各类气候变化政策和宣传在提及碳中和时从未排斥补偿性措施的适用,反而多次强调发展碳排放权交易市场。① 但是,为了避免碳中和的过度滥用,也有必要在判定时对于企业所采取的补偿性和抵消性措施的真实性和有效性进行适当的检验。为此,我国还亟须进一步完善和发展碳排放统计和核算方法与体系。在相关技术还未完善的情况下,法院可以结合案情依职权判断。

我国此类诉讼还面临原告适格问题。此类诉讼在域外多基于反不正当竞争和消费者保护立法提起,原告多为行业自治组织和消费者保护团体。我国虽然有消费者保护领域的公益诉讼,但对于原告适格的限制较环境保护领域更严格。如果环保社会组织提起此类诉讼,很可能会在原告适格上遭遇挑战。不过考虑我国司法实践中环境公益诉讼适用范围的扩张,法院可能对此采取从宽解释。②

## 五、结语

首先,长期由欧盟主导的气候变化议题,显著抬高了他国企业进入和参与欧盟市场竞争的成本和门槛,实有绿色壁垒之嫌。③ 在国际气候变化谈判中,欧盟的气候变化立场也与我国和美国存在显著差别。应对气候变化涉及复杂的利益衡平,主要是一国立法和行政机关的职责。绝对优先气候变化的价值需求并不符合可持续发展利益衡平的本意,也有违共同但有区别的责任。

其次,由于气候变化的特殊性,其在满足侵权构成要件时面临更多的法教义学障碍。生态损害赔偿类诉讼主要是消极事后救济的视角,而观察市场如何衡量各 ESG 价值要素,关注企业在资源交换、利用及管理方面的多元纠纷解决需求,显然更符合积极的事前和事中环境保护理念。

再次,在合同而非侵权案件中落实气候政策,才是我国气候变化司法实践的主流,有助于运用市场化手段促进可持续发展。从保障交易安全,维护交易秩序的角度来说,将产能指标转让合同认定为待审批合同是更为适当的解释。此外,对可再生能源法规定的强制缔约义务的解释应当遵循我国能源转型的现实需求和客观规律。

最后,从域外实践经验来看,当前气候变化诉讼的多元化特点还突出反映在受托人信义义务和企业"漂绿营销"行为的相关纠纷上。对于受托人信义义务问题,即使基于最佳利益原则对信义义务进行扩张性解释,考虑了 ESG 因素的投资也并非一定都要做出积极的投

---

① 《深入分析推进碳达峰碳中和工作面临的形势任务 扎扎实实把党中央决策部署落到实处》,人民网,https://politics.peo-ple.com.cn/n1/2022/0126/c1024-32339693.html,最后访问日期:2022-03-26。
② 如中国某某基金会诉某(三河)商业管理有限公司、某(中国)商业管理有限公司环境污染责任纠纷案,河北省高级人民法院(2019)冀民辖终 127 号民事裁定书。
③ 徐宁:《欧盟就碳关税达成临时协议,明年 10 月起试运行》,证券时报网,htp://www.sten.com/article/detail/755494.html,最后访问日期:2022 年 12 月 14 日。

资决策,被动和反向的投资策略也是被允许的。对于企业虚假宣传和广告问题,在认定虚假宣传和广告时对碳中和应当理解为可以通过补偿性措施的方式实现。但是,为了避免过度滥用,有必要对于企业所采取的补偿性和抵消性措施的真实性和有效性进行适当的检验。

# 第十一讲　ESG 与企业合规的发展

朱晓喆[*]

## 一、引言

随着全球治理范式从经济效率优先转向可持续发展优先,ESG(环境、社会与治理)与企业合规的关系已从松散的价值倡导演变为具有法律强制性的制度耦合。这一转变的本质在于,ESG 通过将外部性风险内部化为企业治理成本,倒逼合规体系重构责任分配机制与风险防控边界。传统合规框架以财务风险防控为核心,依赖禁止性规则(如反贿赂、数据安全)与事后追责机制,但面对气候变化的代际影响、供应链人权侵害的跨境传导、人工智能伦理的未知风险等 ESG 议题时,暴露出治理目标片面性、责任主体模糊性及防控手段滞后性三重缺陷。ESG 驱动的合规革新体现为三重互动逻辑:其一,合规义务从消极避责转向积极作为,欧盟《企业可持续发展尽职调查指令》(CSDDD)将生态修复、社区补偿等肯定性义务纳入母公司董事责任范围,要求企业建立覆盖全价值链的"预防—减损—补救"机制;其二,合规标准从地域分化转向全球协同,2024 年欧盟碳边境调节机制(CBAM)通过关税杠杆迫使第三国企业董事采纳欧盟气候标准;其三,合规责任从法人独立承担转向个人连带追究,荷兰海牙法院在 Milieudefensie v. Shell(2023)案中判决董事会对减排目标不足承担个人责任,德国联邦最高法院在 Lliuya v. RWE AG(2024)案中引入"历史碳排放比例责任",允许秘鲁安第斯山区居民依据企业累积碳排放量主张损害赔偿,同时将企业是否建立符合 IPCC 标准的碳管理体系作为责任减免要件,使 ESG 合规成为企业对抗系统性诉讼的核心工具。然而,ESG 与合规的制度融合仍面临内生性张力:国际软法硬法化进程中标准冲突(如中美气候披露规则的技术分歧)、合规成本转嫁引发的供应链权力重构(如欧盟 CSDDD 对发展中国家供应商的合规挤压)、技术赋能下算法偏见与人工监管的效能悖论(如 AI 伦理审查工具加剧"合规自动化陷阱")等问题,亟待通过跨法域规则衔接、差异化合规激励及预防性治理框架予以调和。在此背景下,探究 ESG 与企业合规的互动逻辑,不仅关乎

---

[*] 朱晓喆,上海财经大学法学院教授、博士生导师、副院长、《中外法商评论》主编。

微观层面公司治理能力的提升,更是理解全球可持续发展秩序构建的关键切口。

## 二、ESG 与企业合规概述

### (一)ESG 理论变迁与实践发展初探

ESG 是环境、社会责任与公司治理(Environmental,Social,Governance)的简称。作为一种对企业经济行为和投资活动的统称,包括三层含义:其一,企业在经济管理活动中,将ESG 纳入管理流程,采用非财务指标的考核体系,促进企业以环境和社会友好的方式开展自身的可持续经营活动,这被称为企业 ESG 实践(ESG Practice)。其二,投资者在投资分析和决策过程中融入 ESG 因素考察,关注企业的长期投资价值,并根据评级机构对于企业的 ESG 评估指标做出投资决策,因此称为 ESG 投资(ESG Investing)原则。传统投资原则主要考察企业营业收入、利润率等财务指标,用财务数据测量企业的好坏;而根据 ESG 投资原则,企业在 ESG 非财务指标方面表现良好,才能稳健、持续地创造长期价值,实现经济效益、社会效益、生态效益的共赢。其三,市场评级机构收集企业在 ESG 方面的绩效信息,设计评估方法,对企业的 ESG 表现进行评级,并据此构建各自的 ESG 指数。目前国际上有影响力的 ESG 评级机构包括明晟(MSCI)、富时罗素(FTSE Russell)、路孚特(Refinitiv)等。[1]国内较为重要的评级机构有万得(Wind)、中证指数、华证指数、商道绿融等。在这个意义上,ESG 是一套用来评估企业的投资价值的指标体系。[2] 以上关于 ESG 实践、指数、投资三方面的界定,分别从企业经营者、外部投资者、评级咨询机构的视角来说明同一件事情,下文将根据语境使用和理解 ESG。

ESG 最具先进性特色的理论基础是可持续发展理论(Sustainablity),所谓可持续发展,既包括人与自然之间的关系可持续,也包括人与人之间关系协调的可持续。[3] 20 世纪 80 年代,面对气候变化和环境生态的恶化,国际社会也开始积极采取行动。1983 年第 38 届联合国大会通过决议成立"世界环境与发展委员会"(WCED),并于 1987 年在第 42 届联大通过WCED 报告《我们共同的未来》,该报告将可持续发展界定为"既满足当代人的需要,又不对后代满足其需要的能力构成危害的发展"。为整合国际力量应对温室气体过量排放所带来的全球气候风险,从 1995 年开始联合国《气候变化框架公约》(UNFCCC)的签署国每年举行一次气候变化大会,1997 年参会各国达成《京都议定书》,使温室气体减排成为发达国家

---

① 以 MSCI 评级指数为例,由 3 个支柱(pillars)、10 项主题(themes)、33 项关键项目(key issues)和几千个数据点(data points)组成。其重点关注一个公司的核心业务和行业议题之间的交叉点,这些议题可能会给公司带来重大风险和/或机遇。最终对纳入评级的企业给出从 AAA 到 CCC 不等的评级结果。关于明晟的评级方法论,参见 https://www.msci.com/esg-and-climate-methodologies,最后访问日期:2024 年 3 月 2 日。

② 此外,在宽泛的管理学意义上,有专家在参考企业 ESG 指标体系和原理,在政府的社会治理工作方面引入 ESG,编制指标体系,评价社会治理的成效。例如,张博辉教授等从城市治理、经济发展、生态环境、民生福祉以及精神文明这五个维度 120 多个指标对 39 个国内重要城市开展宏观 ESG 治理评价体系研究工作,取得重要的学术成果。参见张博辉、邱慈观、吴海峰:《中国城市 ESG 治理评价体系》,中国金融出版社 2023 年版。

③ 牛文元:《中国可持续发展的理论与实践》,《中国科学院院刊》2012 年第 27 期,第 280 页。

的法律义务,2015 年第 21 届会议达成的《巴黎协定》明确"将全球平均气温的上升幅度控制在远低于工业化前水平 2 摄氏度的水平,并努力将气温上升幅度限制在 1.5 摄氏度"。在 2021 年第 26 届联合国气候变化大会上,45 个国家的 450 多家金融机构承诺将其管理的 130 万亿美元资产用于实现《巴黎协定》气候治理目标。此外,在应对气候变化方面,绿色金融工具逐渐凸显其作用。2003 年国际金融公司(IFC)在国际银行业发起"赤道原则",要求金融机构审慎核查项目融资中的环境和社会问题,当项目能够对社会和环境负责时,才能够达到金融机构提供融资的标准。"赤道原则"作为项目融资的环境与社会最低行业标准,是推进金融机构积极参与环境保护和节能减排的一般准则。目前已有 36 个国家的 126 家银行加入该原则。2007 年,欧洲投资银行(European Investment Bank,EIB)向欧盟 27 个成员国投资者发行全球首只绿色债券("气候意识债券"),推动了绿色债券的国际化发展。此后,2015 年全球金融稳定委员会(FSB)成立气候相关财务信息披露工作组;2019 年成立的财政部部长气候行动联盟(Coalition of Finance Ministers for Climate Action)批准《赫尔辛基原则》(Helsinki Principles),以通过财政政策和财政资金的使用,促进国家气候行动;2021 年二十国集团(G20)领导人峰会上由中美牵头的可持续金融工作组提交《2021 年 G20 可持续金融路线图》,该路线图提出建立全球统一的可持续披露标准,建立转型金融框架,可持续金融应覆盖生物多样性等重要发展方向,为全球可持续金融的未来发展指出重点方向。

对于中国公司本身而言,早在 2018 年,中国证券投资基金业协会就颁布《绿色投资指引(试行)》,规定对资源回收率高的绿色公司优先投资,综合评价公司信息披露的状况、公司绿色绩效的正负外部性影响构建评价体系。2023 年 12 月 29 日,全国人大常委会发布《中华人民共和国公司法(2023 修订)》,明确公司应当兼顾利益相关者和生态环境保护的利益,从条款上看,这是社会主体在应对市场与社会环境的革新时对公司进行可持续发展的新诉求。[1] 据此,上海证券交易所、深圳证券交易所于 2024 年 4 月 12 日同时颁布《上市公司自律监管指引——可持续发展报告(试行)》,强调可持续发展理念融入公司发展战略、经营管理活动中。换而言之,中国公司推进 ESG 改革不仅为了与国际接轨,促进人类与自然和谐相处,彰显大国担当,同时也是为了满足与域外公司合作所需达到的监管要求[2],降低公司绿色金融的融资成本,更好地满足消费者需求,从而实现公司自身的可持续发展。

从投资原则角度看,ESG 最早可以溯源至传统宗教观念影响下的道德投资(Ethical In-

---

① 蒋大兴:《论公司治理的公共性——从私人契约向公共干预的进化》,《吉林大学社会科学学报》2013 年第 6 期,第 84 页。

② 以欧盟为例,《企业可持续发展报告法令》(Corporate Sustainability Reporting Directive,CSRD)已于 2023 年 1 月 5 日生效,该法令对企业披露可持续发展报告提出要求,基于 CSRD 对企业披露的信息需要涵盖整个供应链,中国企业也可能被其欧盟客户、投资人或其他利益相关方要求披露可持续发展信息。

vesting)原则,即宗教的律法要求避免高利贷、酒精、烟草、赌博、色情等违背道德的营利行为。[①] 20 世纪六七十年代,随着西方国家人权运动、公众环保运动和反种族隔离运动的兴起,资产管理行业催生了社会责任投资理念(Socially Responsible Investment,SRI),即在投资选择中强调劳工权益、种族及性别平等、商业道德、环境保护等问题。[②]例如美国的帕克斯全球基金(Pax World Funds),拒绝投资利用越南战争获利的公司,并强调劳工权益保障;英国的梅林生态基金(Merlin Ecology Fund)只投资于注重环境保护的公司。20 世纪 80 年代,国际社会抵制南非种族隔离政权的运动兴起,在此期间总量高达 6 250 亿美元的基金项目采取"道德筛选",将南非相关公司排除在投资组合外。这一时期,北美的社会责任投资也形成避开酒精、烟草、武器、赌博、色情与核能领域,以及选择同类最佳(Best in Class)的投资策略。[③] 2004 年在时任联合国秘书长科菲·安南主导下,多家金融机构联合发布《在乎者赢》报告,首次提出将环境保护、社会责任和公司治理(ESG)应用于投资领域。2006 年,在联合国全球契约组织(UNGC)推动下,发起"负责任投资原则组织"(Principles for Responsible Investment,UNPRI),旨在帮助投资者理解环境、社会和公司治理等要素对投资价值的影响,各签署机构将这些要素融入投资战略、决策。UNPRI 鼓励签署方采用如下六项原则:(1)将 ESG 纳入投资分析和决策过程;(2)将 ESG 问题纳入投资政策和实践;(3)寻求投资实体适当披露 ESG;(4)促进投资行业对负责任投资原则的接受和贯彻;(5)共同努力提高负责任投资原则的有效性;(6)定期报告实施负责任投资原则方面的活动和进展。据统计,目前 PRI 在全球范围内的签署机构达 4 506 家,其中包括 3 363 家投资机构。资产管理规模由 2006 年的不足 7 万亿美元,到 2021 年年底已超过 121 万亿美元。截至目前中国已有 88 家机构签署 UNPRI,ESG 投资的关注度、投资数量及规模也呈飞速上升趋势。

在公司法领域,企业社会责任理论(Corporate Social Responsibility,CSR)兴起也为 ESG 的发展奠定了基础。传统公司法理论认为,企业的目的就是实现股东利益最大化,即股东至上原则(Shareholder Primacy)。20 世纪 30 年代美国大萧条时期,公司法学界发生伯尔(Berle)和多德(Dodd)关于公司股东至上还是公司利益相关者原则(Stakeholder Doctrine)的论战,前者认为授予公司或公司经理人的权力仅为全体股东的最大利益而行使,公司仅是增进和保护股东利益的工具,公司的董事、经理需要对股东承担类似信托受托人那样的信义义务;后者认为所有权与管理权的分离为公司承担社会责任提供契机,公司管理

---

①　Luc Renneboog, Jenke Ter Horst, Chendi Zhang. Socially responsible investments: Institutional aspects, performance, and investor behavior, *Banking & Finance*, 2008, Vol. 32 No. 9, p. 1725.

②　Blaine Townsend. From SRI to ESG: The Origins of Socially Responsible and Sustainable Investing, *The Journal of Impact and ESG investing*, 2020, pp. 2−3.

③　Blaine Townsend. From SRI to ESG: The Origins of Socially Responsible and Sustainable Investing, *The Journal of Impact and ESG investing*, 2020, p. 5.

者应对社会其他利益集团承担义务。① 此后美国关于公司是否应当承担社会责任的问题几乎每 20 年左右就发生一次讨论,并不断发生理论演进,逐渐获得经济和法理上的支撑。② 公司社会责任思想为 ESG 的普及和发展奠定了理论基础,它促使企业管理层更加关注环境、社会和治理的议题,统筹兼顾股东和利益相关者的诉求。③由于 ESG 的信息披露机制以及评估机构的积极介入,使得 ESG 比公司社会责任理论具有可量化性、强制性、实用性的特点,成为衡量公司整体健康状况的指标,并可用于投资机构的投资决策分析。④

### (二)企业合规理论新趋势

企业合规(Corporate Compliance)字面含义是指企业遵守规则从事经营活动。企业合规制度最早起源于美国⑤,1991 年美国《联邦量刑指南》被视为合规制度的分水岭,其将合规纳入立法,企业合规作为企业犯罪罚金减免和缓刑适用的法定要件。从国际上看,企业合规是为了配合国际反商业贿赂的开展和合作而传播开来,并逐渐被扩展到反洗钱、反垄断、数据保护、出口管制等诸多领域。2010 年国际标准化组织(ISO)发布《合规管理体系指南》,以国际法律文件形式确立有效合规的基本标准。⑥ 我国企业合规实践始于金融业的风险管理,2006 年中国银行业监督管理委员会(现已撤销)发布《商业银行合规风险管理指引》,要求我国境内设立的银行加强商业银行合规风险管理,维护商业银行安全稳健运行。该指引第 3 条第 2 款规定:"合规,是指使商业银行的经营活动与法律、规则和准则相一致。"此后,证券、保险、基金行业的监管部门均发布过合规指引。⑦ 2018 年国务院国资委发布《中央企业合规管理指引(试行)》,2022 年又发布《中央企业合规管理办法》⑧,强调中央企业应当针对反垄断、反商业贿赂、生态环保、安全生产、劳动用工、税务管理、数据保护等重点领域及合规风险较高的业务建构具体合规制度。

---

① Adolp A. Berle. Corporate Powers as Powers in Trust, *Harvard Law Review*, 1931, p. 1049; Merrick Dodd, For Whom Are Corporate Managers Trustees? *Harvard Law Review*, 1932, p. 1145. 但是,伯尔后期作为罗斯福智库成员转变了观点,也认为社会福利是公司追求的目标。参见刘俊海:《论公司社会责任的制度创新》,《比较法研究》2021 年第 4 期,第 21—22 页。

② 施天涛:《〈公司法〉第 5 条的理想与现实:公司社会责任何以实施?》,《清华法学》2019 年第 5 期,第 60—63 页。

③ 黄世忠:《支撑 ESG 的三大理论支柱》,《财会月刊》2021 年第 19 期,第 9 页。

④ 季立刚、张天行:《"双碳"背景下我国绿色证券市场 ESG 责任投资原则构建论》,《财经法学》2022 年第 4 期,第 5 页。

⑤ 有明确记载的最早文献,参见 James R. Withrow, Making Compliance Programs Work, 7 *Antitrust Bull*, 1962, p. 877。

⑥ ISO19600 目前已于 2021 年被替换为 ISO373102021。2021 年 4 月 13 日,国际标准化组织(ISO)正式发布 ISO 37301:2021《合规管理体系要求及使用指南》标准。该标准明确了建立、制定、实施、评价、维护和改进合规管理体系的要求,并提供了指南,替代《合规管理体系指南》。关于企业合规的产生与发展介绍,参见陈瑞华:《企业合规制度的三个维度》,《比较法研究》2019 年第 3 期,第 62—63 页。邓峰:《公司合规的源流及中国的制度局限》,《比较法研究》2020 年第 1 期,第 35—38 页。

⑦ 参考《证券公司合规管理有效性评估指引(2021 修订)》《保险公司合规管理办法》《证券公司和证券投资基金管理公司合规管理办法(2020 修正)》等文件相关规定。

⑧ 关于企业合规的产生与发展介绍,参见陈瑞华:《企业合规制度的三个维度》,《比较法研究》2019 年第 3 期,第 62—63 页。邓峰:《公司合规的源流及中国的制度局限》,《比较法研究》2020 年第 1 期,第 35—38 页。

理论上总结认为企业合规维度有三个方面：(1)从积极层面看,企业合规是指企业在经营过程中要遵守法律和遵循规则,并督促员工、第三方以及其他商业合作伙伴依法依规经营;(2)从消极层面看,企业合规是指企业为避免或减轻因违法违规经营而可能受到的行政责任、刑事责任,避免受到更大的经济或其他损失而采取的一种公司治理方式;(3)从外部激励机制看,为鼓励企业积极建立或者改进合规计划,国家法律需要将企业合规作为宽大行政和刑事处理的重要依据,使得企业可以通过建立合规计划而受到一定程度的法律奖励。[①] 从我国合规的法律实践看,企业合规主要是作为一种刑法激励机制而兴起。虽然我国金融行业、中央企业早已开展企业合规工作,却并未形成有影响力的法律实践。2020年最高人民法院开展涉案企业合规不起诉的试点后,合规不起诉成为新的制度增长点。2021年6月,最高人民检察院等九部门联合发布《关于建立涉案企业合规第三方监督评估机制的指导意见(试行)》全面正式推开合规不起诉制度。近期理论界进一步讨论合规不起诉纳入刑事立法的问题。[②] 可见,我国企业合规的实践与理论的发展是以检察院为主导,建立在涉案企业和负责人出罪的法律效果基础上,企业由此避免因刑事责任风险而遭受损失。近年来在企业刑事合规政策和实践的带动下,我国企业界、监管部门和司法部门普遍推开合规工作。

从投资的眼光看,传统的企业合规和"风险管理""内控体系"联系在一起虽然能够降低经营风险[③],但并不足以达到"有投资价值"的水平。合规只是保障企业不从事违法经营活动的底线,不至于受到行政或刑事处罚而一蹶不振,但企业合规并不能确保其盈利状况,助力企业的可持续发展。换言之,投资者之所以关注企业的合规状况,本质上是在关注企业合规与财务指标之间的关系,避免法律或管理风险给企业带来财产损失。为具体建立、实施、评价和改进企业合规管理体系,2014年12月15日,国际标准化组织(ISO)颁布世界首个国际合规标准《合规管理体系指南》(ISO 19600:2014)。2021年4月13日《合规管理体系要求及使用指南》(ISO 37301:2021)中针对企业合规中应当考虑的问题予以细化,强调考虑企业组织活动中运行的可持续性、与第三方业务关系的性质范围、社会文化和环境背景、企业内部结构流程等多项问题,其中,环境问题、社会文化问题以及内部控制流程的问题与ESG三个端口的因素高频重合,换而言之,ESG是引领企业推进合规改革的重要参考工具之一。

基于商业伦理和塑造企业价值观的考量,若将伦理道德要求作为合规制度的内容,则企业合规与ESG的追求效果趋向一致。如赵万一教授指出,一方面提升企业的道德责任感是合规制度设计的主要目的,另一方面道德所隐含的自律性要求和善恶标准是合规制度获

---

① 陈瑞华:《论企业合规的性质》,《浙江工商大学学报》2021年第1期,第49页。

② 刘艳红:《刑事实体法的合规激励立法研究》,《法学》2023年第1期,第79—94页;李奋飞:《涉案企业合规刑事诉讼立法争议问题研究》,《政法论坛》2023年第1期,第45—58页;李本灿:《刑事合规立法的实体法方案》,《政治与法律》2022年第7期,第65—82页。

③ 邓峰:《公司合规的源流及中国的制度局限》,《比较法研究》2020年第1期,第35页。

得合法性、正当性的伦理基础。合规制度为公司合理行为的塑造提供价值指引,为公司治理的完善提供必要的道德保障。[①] 广义上理解合规的"规"既包括商业伦理道德规范,也包括企业的章程提出较高的履行社会责任的要求,因此现代企业合规的概念已不仅仅是守住底线、被动地进行法律审查的合规,而是一种积极地创建企业价值、塑造企业文化、提高企业道德水准的追求。基于上述转变,大量跨国企业在设置组织架构时将合规岗位称为"道德与合规官"。

总之,随着合规制度的优化,企业合规在审查或评估的要素正逐步扩张至环境、社会和内外部治理领域,这恰恰与公司 ESG 治理的因素逐步重合。基于二者目标的共同性,企业合规从初始阶段强调合乎法律和道德地从事经营活动,避免企业陷入经营风险转向综合考量企业在环境保护、社会责任和公司治理方面的绩效表现,为企业的长远发展和持续成功提供助益。

### (三)ESG 治理与企业合规改革需求的契合度较高

企业合规涉及的"规"是广义上的规则,涵盖包括法律、行业惯例、习惯伦理、公司内部的规章及国际条约等。[②] 在我国颁布的法律文件中亦有明确规定,例如,《中央企业合规管理办法》第 3 条第 1 款明确:"合规,是指企业经营管理行为和员工履职行为符合国家法律法规、监管规定、行业准则和国际条约、规则,以及公司章程、相关规章制度等要求。"不难看出,广义上的"规"恰好内嵌于 ESG 的议题之中,ESG 的指标大多与企业合规的要素发生重合。

ESG 中的 E 是指企业在经营中遵循环境法律和政策规定,关注生态环境保护和可持续发展,多涉及国内外的生态环境保护法律合规问题;S 是指企业在社会层面的影响范围,良好的 S 绩效应顾及包括劳工、消费者、客户、供应商、债权人以及社区等在内的利益相关者,涉及公司法、证券法、消费者保护法、产品质量法、数据法等方面合规问题;G 是指企业建立良好的治理结构,具备完善的权力机构、执行机构、监督机构,管理层合法合规经营,违反商业贿赂、纳税透明度等,涉及刑法、公司法、税法等合规问题。[③] 可见,若企业想要达到良好的 ESG 绩效,首先能够做到合法合规、按照企业章程开展经营活动。而 ESG 作为一种指导企业健康发展、不断增加自身价值、长期持续获得利润的经营原则,其效用远不止于此,在双重重要性原则下,企业的 ESG 绩效不仅取决于三个端口中经营的"定性"要求,同时还结合经营活动的影响对企业经营活动予以"量"的评价,要求企业对照 ESG 各项指标完成企业的高质量可持续发展。因此,虽然企业 ESG 治理与合规改革需求具有较高契合度,但企业合规的审查和考量范围还在逐步趋向 ESG 标准,核心强调的还是经营的底线。而 ESG 评

---

① 赵万一:《合规制度的公司法设计及其实现路径》,《中国法学》2020 年第 2 期,第 72—73 页。

② 陈瑞华:《企业合规的基本问题》,《中国法律评论》2020 年第 1 期,第 178 页。

③ 从各个评级机构的评估指标来看,如富时罗素评级指标 G:反腐败;风险管理;公司治理;纳税透明度。道琼斯(Dow Jones):G 公司治理;重大性;风险及危机管理;商业行为准则。

级体系中涉及 ESG 绩效的定性指标和定量评分没有上限,企业在各方面表现越好,得分越高,其财务绩效及 ESG 绩效也会得到相应提高。近年来的理论研究和经验数据表明,企业 ESG 指数评级越高,投资价值就越大,抗风险能力就越强,投资机构从中获得的超额收益越多。[①] 因此,可以说企业合规是底线,而 ESG 基于合规又超越合规,追求更高的企业长期价值。

### 三、ESG 与企业合规的交汇议题

#### (一)理论层面的 ESG 与企业合规交汇趋势

近年来,ESG 与企业合规的理论研究和制度实践的蓬勃兴起不仅源于公司法对二者优势的认可和采纳,同时也是对企业从"自治"走向"他治"层面所要接受企业外部审视的制度回应。[②] 综合来看,理论层面企业合规的发展之所以能够与 ESG 改革交汇,本质上是因为顺应了公司内部权责配置改革和外部经营活动可持续发展的趋势。

1. ESG 合规淡化股东至上主义的绝对性

自 17 世纪荷兰东印度公司成立并成为世界首家股份制公司起[③],股东利益最大化被视为企业价值的最大化。换而言之,股东通过出资的行为成为公司的控制权人和受益人,公司管理者的一切经营活动专注于使股东获利,这被称为股东至上主义(Shareholder Supremacy),并成为 20 世纪上半叶美国法院的主流立场。[④] 这种观点一度占据着公司治理的主导地位,并充分渗透到各国公司立法和实践之中。实践中,股东在公司权力配置上,有权选举高级管理人员,从而降低两权分离下产生的代理成本;在高管薪酬分配上,股东可以通过设置高管绩效、决定薪酬的薪资结构等方式使得高管利益与股东利益密切相关,从而进一步加深股东至上主义的实用性;在企业经营活动中,公司的经营重点主要围绕如何吸引投资者投资,使得企业经济效益最大化而展开。以信息披露为例,大多数公司所披露的内容为吸引投资者的正面信息(包括但不限于财务绩效、业务规模、发展前景等),而非对利益相关者有益的信息。

---

① 屠光绍:《ESG 责任投资的理念与实践(上)》,《中国金融》2019 年第 1 期,第 14—15 页。张慧:《ESG 责任投资理论基础、研究现状及未来展望》,《财会月刊》2022 年第 17 期,第 145—147 页。关于 ESG 与企业价值的正相关的理论和数据分析,参见贾兴平、刘益、廖勇海:《利益相关者压力、企业社会责任与企业价值》,《管理学报》2016 年第 2 期,第 267—274 页;郑培、李亦修、何延焕:《企业社会责任对财务绩效影响研究——基于中国上市公司的经验证据》,《财经理论与实践》2020 年第 6 期,第 64—71 页;王波、杨茂佳:《ESG 表现对企业价值的影响机制研究——来自我国 A 股上市公司的经验证据》,《软科学》2022 年第 6 期,第 78—84 页。关于 ESG 与企业创新能力和创新质量的正相关关系,参见方先明、胡丁:《企业 ESG 表现与创新——来自 A 股上市公司的证据》,《经济研究》2023 年第 2 期,第 91—106 页。

② 倪受彬:《受托人 ESG 投资与信义义务的冲突及协调》,《东方法学》2023 年第 4 期,第 144 页;杨淦:《合规机制对公司治理的挑战及公司法回应》,《现代法学》2023 年第 2 期,第 138 页。

③ (日)浅田实:《东印度公司:巨额商业资本之兴衰》,顾姗姗译,社会科学文献出版社 2016 年版,第 11—12 页。转引自朱慈蕴、吕成龙:《ESG 的兴起与现代公司法的能动回应》,《中外法学》2022 年第 5 期,第 1242 页。

④ Lochner v. New York,198 U. S. 45 (1905);Dodge v. Ford Motor Co. ,204 Mich. 459,170 N. W. 668(1919). 转引自朱慈蕴、吕成龙:《ESG 的兴起与现代公司法的能动回应》,《中外法学》2022 年第 5 期,第 1243 页。

　　然而,随着公司融资渠道的逐步拓宽,其他利益主体对公司的影响力逐步增大,股东至上主义也随着公司被多方期望兼顾社会利益最大化而遭受批评。[①] 1924 年,英国学者谢尔顿在《经营者的社会责任》一文中提出"社会责任"的概念并倡导公司应当承担为社会提供服务的义务。[②] 最初的社会责任概念仅局限于公司行为的定性标准,即公司经营活动中不仅要追求股东利益最大化,还要将公司利益相关方的利益纳入考量范围,自愿履行道德义务。这种观点因为规定的不够具体而逐渐流于形式,基于这种现象,公司 CSR 的表现被要求进行量化评级研究,经学者分类,共有五种方法,分别是声誉评分法、内容分析法、社会责任会计法、慈善捐赠法和指数法。[③] 其中,声誉评分法是以问卷的形式向专家、学者、公众等发放问卷并依据得分计算企业的综合指标情况,一般多受到社会主体能够公开查询到的渠道影响,同时,由于样本量较少,主观性太强,该方法具有一定的局限性。内容分析法主要聚焦于企业发布的 CSR 报告,通过分析 CSR 报告的数字或者特定词汇出现的频率,来判断企业履行社会责任的情况。这种评估方法不仅工作量巨大,对于企业实际的社会责任表现评价也并不客观,产生争议较多。社会责任会计法在德国和美国均有操作案例,即将 CSR 指标按照会计账簿的形式编制报表,其不足之处在于无法统一标准,无法客观衡量代表社会责任的资产、负债等具体数据。慈善捐赠法正如其名,以企业具体的捐赠金额作为企业 CSR 表现的衡量标准,这种方式首先不能够保证资金的去向是否能够实际达到企业担任社会责任的效果,其次也会对企业的目的产生争议。以上四种方法因为各自具有局限性,所以实践试点比例并不高。

　　对公司 CSR 量化评级的方法而言,应用最广泛的方法为指数法,即选取公司公开披露的 CSR 信息,按照环境自然、员工、产品与服务、社区等大类区分,再按照分类细化评级,最终得到企业整体的 CSR 评分[④],这种评分机制不仅兼顾了企业社会责任的定性分析,也通过评级得到定量的指标,评级较为科学,并经优化后演变为 ESG 评级方法的重要参考。相较于公司自愿报告经营活动中履行的社会责任,公司 ESG 改革的趋势更强调全面的风险管理。换而言之,ESG 改革将公司经营活动的财务绩效和 ESG 绩效同步推进,达到公司履行社会责任的同时进行各类风险管理,而合规机制的建立则是统筹二者的具体实践措施。合规中的"规"作为广义的概念,能够将环境保护、资源回收利用、劳工权益、社区促进等不同利益相关者的需求纳入公司业务流程和审计准则的考量范围,打开公司利益相关者和外部监管者的公司外部治理渠道的作用,更有利于公司的长远发展。此外,公司引入独立董事制度、建立各委员会行使权力也在一定程度上淡化了股东在公司中的绝对控制地位,增强董事对抗公司短期主义投机行为的话语权力,积极回应利益相关者诉求,助力公司可持续

---

[①] (美)肯特·格林菲尔德:《公司法的失败:基础缺陷与进步可能》,李诗鸿译,法律出版社 2019 年版,第 16 页。

[②] (日)金泽良雄:《经济法概论》,满达人译,甘肃人民出版社 1985 年版,第 149 页。转引自王保树:《公司社会责任对公司法理论的影响》,《法学研究》2010 年第 3 期,第 82 页。

[③] 李诗、黄世忠:《从 CSR 到 ESG 的演进——文献回顾与未来展望》,《财务研究》2022 年第 4 期,第 16 页。

[④] 李诗、黄世忠:《从 CSR 到 ESG 的演进——文献回顾与未来展望》,《财务研究》2022 年第 4 期,第 16 页。

经营。

综上,虽然 ESG 合规并未终结"股东至上主义"和"社会责任理论"的争议,但从某种程度上看,ESG 合规冲淡了二者的冲突。公司在经营过程中不再将股东利益以外的社会责任视为公司应当履行的义务,而是将公司经营的目标从股价最大化转向长期股东价值最大化、公司可持续经营活动最大化,使得理论上的股东至上主义与利益相关者主义在"共赢"的基础上实现交汇。

2. ESG 合规改革强化董事监督义务及责任

从比较法视角来看,美国、日本在公司内部治理中将包括董监高在内的高级管理人员控制企业内外部风险职责称为监督/监视义务。二者一般有两种位阶,即高级管理人员首先违反了"注意义务"。需要注意的是,这并不当然构成违反"内部控制义务",还需要高级管理人员因为其疏忽放任不合理经营活动所应承担的"未能监督的责任",然而这在我国传统的公司法中并无明确的规定。该义务的具体内容、体系定位与司法应用亦无明确规定。德国《股份公司法》规定,董事会应当承担的合法性义务分为两种,第一种是自身不实施、不指示他人实施违法行为,即消极的不违法义务;第二种是对企业进行组织和监督,避免违法行为的积极管控义务,与美国、日本所规定的董事监督义务相似,德国将董事会积极采取措施防止企业人员违法的义务称为合法性管控义务(Legalitätskontrollpflicht)。[①] 但在目前司法案件中,针对董事违反监督义务而应承担责任的主张,法官的态度颇为谨慎。

美国著名的 Caremark 案中,原告主张公司董事应当发现员工频繁行贿而未履行制止纠正的义务,构成违反董事监督义务。[②] 法院将董事明知公司正在发生违规行为或者具有违规行为的风险而未采取任何措施的举证责任分配给了原告,换而言之,如果原告无法证明董事知道且应当知道公司正在发生违规事由,董事就无需承担违反监督义务的责任。此后,该观点被 Guttman v. Huang 案予以重申,强调原告需要证明两点:第一,公司存在缺乏信息传输系统或者信息传输机制失灵的情况;第二,上述现象的主要责任应归因于董事。[③] 针对董事的信任监督义务,美国部分案件[④]将其归入董事的忠实义务范畴,对于董事的追责必须举证其存在主观上的恶意。此外,德国、日本也分别将董事事前预防的"组织(体系)义务"和事后抗辩的"管控(监督)义务"做出区分并附以不同的认定标准。[⑤] 这种认定显然加重了原告的举证难度。基于商业行为的不确定性,董事能够结合市场的风险以及公司架构的复杂证明自己对于不合规的行为只是存在善意的疏忽,并不构成故意或者重大过失,从

---

① Grigoleit,Aktiengesetz 1. Auflage 2013,AktG §93 Sorgfaltspflicht u Verantwortlichkeit der Vorstandsmitglieder Rn. 2. 转引自王东光:《组织法视角下的公司合规:理论基础与制度阐释——德国法上的考察及对我国的启示》,《法治研究》2021 年第 6 期,第 22 页。

② In re Caremark Intern. Inc. Derivative Lit. ,698 A. 2d 959 (Del. Ch. 1996).

③ Guttman v. Huang,823 A. 2d 492,506 n. 34 (Del. Ch. 2003).

④ Stone v. Ritter,911A. 2d 362 (Del. 2006);Marchand v. Barnhill,212 A. 3d 805 (Del. 2019).

⑤ 杨淦:《合规机制对公司治理的挑战及公司法回应》,《现代法学》2023 年第 2 期,第 130—131 页。

而使得董事逃脱其应尽的责任。合规管理机制的引入能够通过覆盖经营全过程的评估机制,通过董监高介入业务流程的环节、采取的措施使得高级管理人员履行监督义务的行为透明化,避免董事的渎职行为,加强董事的监督和监管义务,忠诚尽责地履行其职责。

总结来看,要判定董事是否切实履行监督义务及责任,关键在于董事是否有必要建立企业内部合规体系,以及如何设计合规架构。功能主义视角下,董事及董事会具有对企业整体合规风险情况进行评估的责任与义务,风险评估需要全面考虑企业自身的各种现实情况,不能局限于个别的因素。ESG 作为具体的评级方法与量化体系,能够帮助公司迅速定位现阶段公司面临的环境、社会、利益及公司内部治理等大方向的风险类别,并基于不同类别展开细化分析,从而设计出自我评估、管理和监管的合规机制,逐步使得企业的经营目标、权力配置与运行、实际经营活动的基本样态透明化,从事实层面判断董事是否明知或应知公司即将面临的合规风险。[①] 由于 ESG 已经逐步形成"信息披露—评估评级—投资指引"的范式,社会层面 ESG 披露框架、评级指标也逐步形成统一标准,能够较为全面地为公司提供可能涉及违规乃至诉讼的众多风险警示并及时通过评级因素缺失、ESG 绩效降低等方式将公司面临或者未来预期面临的经营风险信号传递给董事。当董事接收到危险信号后,是否有效建立或者完善公司的合规体系才是判定董事真正达到"负责"(Sorge Tragen)的标准。换而言之,董事建立合规制度并不意味着可以完全避免企业违法行为,这亦非司法实务中判断董事是否违背监督义务的衡量标准,判断董事所建立的合规制度本身能否真正遏制问题才是法院的判断重点。

### 3. 降低企业法律风险和经营风险

随着 ESG 理念在全球范围内的渗透,针对 ESG 的质疑及反对声音也逐渐激烈。2021年 6 月,美国以得克萨斯州为代表的保守党派率先针对州政府指定的排斥化石燃料行业养老基金的金融机构予以立法禁止,开启了美国"反 ESG"法规的先河。2023 年 3 月,得克萨斯州共和党参议员 Bryan Hughes 提交的法案规定,外部资管机构需承诺仅基于财务因素进行投资决策,才有资格成为州养老金的受托方。截至 2023 年年底,美国多数州立法机构在考虑反 ESG 立法,以摩根大通与道富环球为代表的资管公司和以摩根大通、花旗银行等为代表的美国四大银行也纷纷与 ESG 概念划清界限,ESG 引领下的合规之路岌岌可危。具体而言,争议焦点主要有三:第一,ESG 给受益人利益单一原则与最大化原则带来颠覆性的冲击;第二,信义义务(Fiduciary Duty)与 ESG 投资理念存在争议;第三,也是核心争议点,即 ESG 是否应当推行,是否能够带来包括现实利益与预期利益在内的,超出传统基金收益的利益。

法经济学的视角下,认定公司实现效益最大化需要统筹包括利益相关者在内的整体利益,具体而言,公司效益的高效落实有三方面决定性因素,即公司的控制权人需要享有最大

---

① 杨淞:《合规机制对公司治理的挑战及公司法回应》,《现代法学》2023 年第 2 期,第 130—131 页。

化剩余利益的权利、管理者目标一致性的落实和股东视角下公司上下游企业外部供给资料的占有缺失。① 由于公司的所有权和控制权呈分离态势,以董事为代表的控制权人在 ESG 合规的趋势下被赋予监督义务,其经营活动和风险控制的举措也将从 E、S、G 三个层面被量化评估,数据的透明会导致公司的控制权人实际承担相较于追求最大化剩余利益目标之外的监督风险,此时,公司所有权人与控制权人的经营目标已产生冲突。以法玛和詹森为代表的芝加哥学派认为,所有权人与控制权人只有在目标一致时才能最大化公司效益②,如果控制权人仅一味追求经济效益,实现股东目的最大化而不顾合规风险,公司面临经济处罚或行政处罚的风险将大大增加,这无疑首先损害控制权人的业绩指标,也会对其带来行政乃至刑事风险,从正常理性人的视角来看,公司的控制权人推进 ESG 合规的意愿会比公司所有人更为强烈。这为股东支持 ESG 合规嵌入公司经营管理的举措奠定了现实基础。

　　管理学的主流观点认为,企业所有权与经营权分离存在"管理防御行为"。20 世纪 30 年代,伯利(Berle)和米恩斯(Means)认为,控制权收益的先决条件是企业管理的"在位"。这就意味着以总经理为代表的高层管理者在经营时会优先考虑其自身的利益,并且会产生管理防御行为。相较于公司的经营情况,高层管理者更关注自身是否能够保住职位,是否有被解雇的风险③,这就意味着企业存在实现经济效益最大化未必能够达到公司治理效率最大化的矛盾观点。从效率的角度考量,当管理者内外部间目标高度一致时,视为达到最大同质性,此时公司管理效率达到巅峰;而管理者内部存在分歧时,管理效率将会随着异质程度而逐渐递减。现代公司作为资源聚合的主体,相当一部分博弈因素并不局限于公司内部职工的影响,反而扩张至供应商所提供的生产资源、公司生产经营地的租赁方、设备供给商等外部因素时,如果管理层仅从股东视角实现股东利益最大化,无疑是挤压公司供应链中其他主体的利益。公司在单次或者短期内获得较大收益的同时,不同主体间的利益也会因为管理分歧而高度异质,管理层也将面临各方的压力,有丧失合法的"职位"保证的风险,进而影响公司本身的合作效率和经营效率。ESG 指引下的合规机制通过将长期要素纳入公司治理的考量范畴,在环境、利益相关者之间以及内部劳工保障等层面设置量化指标,达到加强企业上下游供应商之间的同质性、稳定企业控制人与职工之间目标的同质性,稳定市场(经理市场、公司控制权市场)对经理层的约束力,保障管理层职业的稳定性等良好效果。换而言之,公司发展越好,经济绩效越高,高级管理层的权力越稳定,公司越有能力兼顾 ESG 绩效,实现利益相关者与员工的利益保障,从而达到各方长期主义下可持续发展的目标,切实落实可持续发展理念。

　　对股东而言,现代公司的运行机制具有一定的风险。由于公司的所有权与经营权已经

---

① 陈景善、何天翔:《公司 ESG 分层治理范式:董事信义义务的嵌合模式选择》,《郑州大学学报(哲学社会科学版)》2023 年第 3 期,第 45 页。

② 陈景善、何天翔:《公司 ESG 分层治理范式:董事信义义务的嵌合模式选择》,《郑州大学学报(哲学社会科学版)》2023 年第 3 期,第 45 页。

③ 春生、杨淑娥:《经理管理防御与企业非效率投资》,《经济问题》2006 年第 6 期,第 40 页。

分离,二者之间的关系共有两种主流观点。第一种认为二者系决策机关与执行机关的关系,正如《公司法》第67条对董事会职权的规定,董事会既是公司的业务执行机关,也是公司的经营意思决定机关;①第二种观点认为二者可被视为代理关系,认为董事是股东的代理人,其权力源于股东授权,董事应当为股东价值最大化服务。② 无论采取何种观点,股东所提供资金以股权的形式参与到企业中已脱离股东本身的掌控,处于占有缺失的状态。相较于其他利益相关者而言,供应商所提供的生产资源、公司生产经营地的租赁方、设备供给商均对自身生产资料享有所有、占有、使用的权利,对比之下,股东的股本所面临的风险显然较大。全面推行ESG合规机制的趋势下,供应商等企业外部的利益相关者将会对自身环境风险、人权侵害风险进行识别,使得公司在供应链合作中降低经营风险,减少公司在协商沟通、尽职调查等筹备工作中所应支出的隐性成本,减少利益相关者带来负面事件的可能性,维护股东的合法权益。

综上分析,ESG合规制度的正确落实能够帮助公司股东降低法律风险和经营风险,实现长期主义下公司营利性的目标。现阶段反"ESG"浪潮的来势汹汹,ESG处于初始试行阶段未出现立竿见影的经济收益,也是在全球开展轰轰烈烈"ESG运动"下,各国采取激进措施导致的行为异化。在经济学领域已有较多研究证明,企业的经济效益会在初始推进ESG改革时受到一定波动,并在ESG制度逐步完善下完成对传统投资收益的超越。ESG的概念直至2004年才被正式确认,所涉改革和实践起步更晚,现阶段的ESG实践探索处于起步时期,符合上述的研究结论。同时,正是因为ESG实践处于萌芽时期,国际、国内的企业对于ESG的概念还停留在概念阶段,这就导致推进ESG改革时会受到公司流于形式、将ESG作为营销手段、特定行业(诸如能源行业等)的天然排斥等不利影响,这种不利影响仅能证明ESG的异化落实已经偏离了最初的目的,而非否认了ESG合规改革能够降低企业法律风险和经营风险。

### (二)实践层面的法律试点及现状分析

#### 1. 逐步具体化的ESG法律规范

从国际上看,联合国自20世纪70年代就开始意识到经济发展与环境资源之间存在冲突,并于1972年颁布《联合国人类环境宣言》,提出筹集资金以改善环境的主张。1987年,世界环境与发展委员会在《我们共同的未来》强调可持续发展既要满足当代人的需要,又不能对后代的发展造成威胁③,被视为可持续发展主义的纲领性文件。④《京都议定书》《巴黎协定》等倡议的颁布,确立了全人类都有绿色发展、环境保护、推动可持续发展等共识性的

---

① 王保树、崔勤之著:《中国公司法原理》(第三版),社会科学文献出版社2006年版,第104页。

② 张路:《公司治理中的权力配置模式再认识》,《法学论坛》2015年第5期,第86—88页。

③ 罗慧、霍有光、胡彦华、庞文保:《可持续发展理论综述》,《西北农林科技大学学报(社会科学版)》2004年第1期,第35—36页。

④ 牛文元:《中国可持续发展的理论与实践》,《中国科学院院刊》2012年第27期,第280页。

目标。1992 年,联合国环境规划署颁布《银行界关于环境持续发展的声明》并创立金融自律组织(UNEPFI)正式确立可持续金融的概念。2004 年,ESG 的概念在《在乎者赢:连接金融市场与变化的世界》中被正式确立。联合国在发布《负责任投资原则(2006)》时就将信息披露、投资决策和业内合作等 ESG 因素纳入整体考量的范围,在宏观层面要求投资活动应对经济、社会和环境的可持续发展负责。2015 年,联合国通过并确定了 17 个可持续发展目标(SDGs)拓展了环境与能源、社会、治理层面的可持续发展内容。① 2022 年 11 月,欧洲理事会通过《企业可持续发展报告指令》(以下简称"CSRD"),在扩大公司披露范围的同时也增加了公司披露可持续发展行为的具体要求。在可持续发展主义的指引下,公司可持续发展的纲领性文件及衡量指标正随着实践探索的深入逐步细化完善,并与 ESG 三个领域中的议题产生交汇趋势。2022 年,联合国负责任投资原则(UNPRI)首席执行官 David Atkin 在第十届中国责任投资论坛(China SIF)上公开宣布 PRI 已合作 5 200 余个签署方,代表在管资产超过 121 万亿美元,中国的境内签署机构达到 120 家,系签约速度增长最快的国家之一。② 换而言之,中国在 ESG 领域正积极与国际组织接轨,在此态势下,以可持续发展理论为基础的 ESG 合规改革无疑是助力中国公司顺利推进跨国合作的重要工具之一,具有较大市场需求。

我国国内 ESG 法律的颁布进程逐步向国外靠拢,大致分为三个阶段:第一阶段自 2004 年联合国首次提出 ESG 概念开始,中国开始针对 ESG 的概念进行探索。深圳证券交易所于 2006 年颁布《深圳证券交易所上市公司社会责任指引》,对公司职工、利益相关者、环境及社会、信息披露等方面规定了相应义务。上海证券交易所、中国银行业协会也颁布相关社会责任指引文件③规定企业履行社会责任,实现企业与社会的协调发展。从发文名称及法条内容来看,我国此时对 ESG 的概念认知等同于 CSR(企业社会责任理论)。第二阶段在国家高质量发展和可持续发展的战略下,以上市公司及金融机构为代表的主体率先开始进行 ESG 体系建设、评价标准、信息披露要求的试点。2016 年,中国人民银行、财政部等七部委牵头制定《关于构建绿色金融体系的指导意见》,此后我国开始陆续出现 ESG 评级机构和评级框架。2018 年,中国证券监督管理委员会修订《上市公司治理准则》,新增第八章"利益相关者、环境保护和社会责任",强调上市公司维护公司可持续发展的同时积极践行绿色发展理念,兼顾利益相关者的权益、员工利益。此时我国对于"社会责任"的内涵的认定已与 ESG 的内涵逐步相同。第三阶段共分为两步:第一步将 ESG 的地位上升为公司法中的法律原则以确定其重要性。2023 年 12 月 29 日,第十四届全国人民代表大会常务委员会第七次会议颁布主席令修订《中华人民共和国公司法》,其中,新增第 20 条规定企业在经营活动中应当充分保护利益相关者的利益和生态环境,从原则上将 ESG 与公司应守法守规、诚实

---

① 叶榀平:《可持续金融实施范式的转型:从 CSR 到 ESG》,《东方法学》2023 年第 4 期,第 127 页。
② China SIF:《David ATKIN:负责任投资时代的到来》,微信公众号"商道融绿",2022 年 12 月 18 日发布。
③ 《深圳证券交易所上市公司社会责任指引》,深证上〔2006〕115 号,2006 年 9 月 25 日发布。

守信等原则并列,肯定 ESG 落实的必要性。第二步继续通过北交所、上交所、深交所等机构颁布文件进行 ESG 改革试点,落实上市公司 ESG 具体改革流程中所应当履行的义务。2024 年 4 月 12 日,北交所、上交所、深交所同时发布《上市公司持续监管指引——可持续发展报告》,对上市公司 ESG 活动及披露标准予以统一和整合。

综上,随着 ESG 法律法规的逐渐具体化,上市公司、中央企业率先开始 ESG 改革的探索,公司如何科学推进 ESG 改革,ESG 改革是否受限于公司的规模,中小企业能否凭借 ESG 合规改革维持企业可持续发展,这些问题将随着 ESG 合规的推进具有更广阔的讨论空间和更大的实践价值。

2. ESG 信息披露框架的实践应用

从国际上看,气候披露准则理事会(CDSB)于 2007 年在达沃斯世界经济论坛(WEF)上成立,并于 2010 年颁布《气候变化披露框架》,被视为 ESG 信息披露的初期探索。截至目前,包括全球报告倡议组织、国际可持续发展准则理事会(ISSB)、可持续发展会计准则委员会(SASB)等多个国际组织发布了 ESG 相关信息披露准则与标准。[①] 国际组织根据不同的披露形式将 ESG 信息区分为定性标准和定量标准两类。前者以披露公司具体的经营活动和举措为报告内容,后者则将公司的 ESG 活动与会计指标结合起来定量计算。由于上述所提及的 ESG 披露框架均为各区域国际组织的自发行为,在侧重领域(诸如 GRI 重点强调环境、社会影响而非治理因素)、披露框架上差异较大,经国际证监会组织(IOSCO)、国际会计师联合会(IFAC)等呼吁,国际财务报告准则基金会(IFRS 基金会)成立工作小组对于现阶段全球领域的 ESG 报告框架进行优化,并建立了可持续披露标准的"全球基线"。2021 年 11 月,IFRS 颁布《国际财务报告可持续披露准则第 1 号——可持续相关财务信息披露一般要求(草案)》《国际财务报告可持续披露准则第 2 号——气候相关披露(草案)》,规定公司主体披露框架应当围绕治理、战略、风险管理、指标和目标四个方面进行。2024 年,我国北交所、上交所、深交所颁布的《上市公司持续监管指引——可持续发展报告》中第二章将上述四个方面纳入可持续发展报告信息披露框架,同时强调披露主体应当同时兼顾定性、定量信息。由此可见,国际组织间针对 ESG 信息披露标准的不统一的弊端加以优化,并积极开展试点实践工作,我国也积极与世界最新标准对接,有利于推动国内公司实施 ESG 改革中减少试错成本,提高行业内 ESG 信息披露内容的同质性,顺利推进跨国合作。

2018 年 9 月,中国证券监督管理委员会修订《上市公司治理准则》新增涉及利益相关者、环境保护与社会责任的章节,规定上市公司具有披露环境(E)、社会责任(S)以及公司治理(G)相关信息的义务。根据公开数据显示,自 2018 年起,上市公司披露 ESG 报告的数量明显上升,截至 2023 年,A 股上市公司发布 ESG 报告 1 755 家,相较于 2009 年增长幅度高达 473.05%,沪深 300 指数成分公司也从 2009 年的 129 家增至 278 家,同比增长 215.50%

---

① 例如全球报告倡议(GRI)、可持续会计标准董事会(SASB)、国际合并报告理事会(IIRC)、国际会计准则董事会(IASB)、气候变化相关金融信息披露工作组(TCFD)等框架不同,其标准规定也不尽相同。

（见图 11-1）。

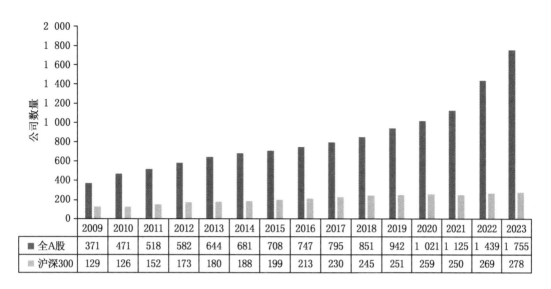

数据来源：商道融绿根据公开信息整理。

**图 11-1　上市公司数量 ESG 报告发布统计（2009—2023 年）**

综上，国际国内间 ESG 信息披露法律法规的陆续出台和披露框架标准逐步统一的趋势，为企业 ESG 活动及改革指明了重点领域及方向，具有现实可操作性及推行落实的现实因素。

### 四、ESG 视角下企业合规的法律制度

ESG 作为可持续发展理论、经济正负外部化理论、利益相关者理论的演进成果。所谓可持续发展理论（Sustainable Development Theory），是指其"外部响应"应处理好"人与自然"之间的关系；"内部响应"应处理好"人与人"之间的关系。[①] 经济外部性（Economic Externality）的概念由马歇尔和庇古在 20 世纪初提出，是指一个经济主体（生产者或消费者）在自己的活动中对旁观者的福利产生了一种有利影响或不利影响。利益相关者理论（Stakeholder Theory）认为任何一个公司的发展都离不开各种利益相关者的投入或参与，所以公司运营时也应通过专业化投资的制度安排兼顾股东及利益相关者的利益。[②]

三大理论从环境与自然科学、经济学和管理学层面指引企业进行 ESG 改革，而相关理论原则的具体化建构则是践行 ESG 理论的重要参考，企业 ESG 的实践又能助力企业在具体领域开展合规管理机制的过程中提供优化方向和操作指引。

---

① 牛文元：《可持续发展理论的内涵认知——纪念联合国里约环发大会 20 周年》，《中国人口·资源与环境》2012 年第 5 期，第 10—11 页。

② 贾生华、陈宏辉：《利益相关者的界定方法述评》，《外国经济与管理》2002 年第 5 期，第 13 页。

### (一)ESG 投资责任原则对企业合规的积极影响

ESG 责任投资之所以具有先进性,是因为其立足于企业可持续发展的特征,以追求企业行业的可持续发展作为主要特色,兼具公平性原则、持续性原则和共同性原则。

1. 公平性原则具体化建构

ESG 的责任投资行为自带财务属性,这使得其必然与证券市场领域有着千丝万缕的关系。自股东的所有权和控制权分离后,信息不对称在投资领域诱发大量证券欺诈。基于证券市场金融产品的多样性和操作流程的复杂性,为防止市场失灵,公权力机关需要积极介入并调控发行方和投资者之间天然的不平等地位。[①] 信息披露制度作为事前规制的重要工具,是帮助打破融资机构与投资者间的信息壁垒的重要工具。[②] 换而言之,信息披露是保障发行人与投资者之间获取信息渠道的公平性,降低投资者与评级机构之间因对金融工具熟悉程度而产生的信息差,在各方天然具有信息不平等的客观条件下减少信息壁垒。[③]

在公司领域,自 1993 年《公司法》颁布之日起,就对公司应公平竞争做出明文规定,即公司应公平地与竞争对手竞争,不应采取非法的手段。[④] 美国学者布兰蒂斯有言:"只有公开才能矫正社会及产业上的弊端,因为太阳是最佳的防腐剂,电灯是最有效的警察。"[⑤]只有公平获取信息的土壤环境才能奠定企业间公平竞争的成果。无论是公司外部的证券市场领域还是公司内部的管理架构,信息的透明度都直接影响营商环境的质量。

我国上市公司的信息披露制度在证券市场领域正逐步从"形式规范"迈向"实质有效"的变革中。中国证券监督管理委员会发布《上市公司信息披露管理办法(2021)》规定信息披露的义务主体、信息披露频次等信息,并在第五条中鼓励公司自愿披露影响投资者价值判断与投资决策有关的信息。2022 年,中国证券监督管理委员会颁布《上市公司投资者关系管理工作指引》将 ESG 纳入上市公司与投资者之间应积极沟通的范畴,各方也逐渐开始探索细化 ESG 信息的具体披露准则。例如,2021 年,生态环境部印发《企业环境信息依法披露格式准则》规定企业应披露包括污染物、碳排放、清洁生产审核、融资信息等方面的具体内容,并披露企业应对环境风险的防控信息、临时报告、违法情况等不同阶段应披露的信息内容。2024 年,北交所、上交所、深交所三家交易所颁布《上市公司持续监管指引——可持续发展报告》,其披露框架更强调公司应当披露在环境、社会和治理层面前期的风险防控工作,强调公司应当构建应对 ESG 相关影响、风险和机遇的治理结构与内部制度,预测公司面临可持续发展相关影响的风险并设计策略与方法,识别、检测和管理可持续发展下公司

---

① 莫志:《上市公司环境、社会和治理信息披露的软法实现与强化路径》,《江西财经大学学报》2022 年第 2 期,第 118 页。

② 许多奇:《信息监管:我国信贷资产证券化监管之最优选择》,《法学家》2011 年第 1 期,第 51—52 页。

③ 许多奇:《信息监管:我国信贷资产证券化监管之最优选择》,《法学家》2011 年第 1 期,第 48—49 页。

④ 赵旭东、周林彬、刘凯湘等:《新〈公司法〉若干重要问题解读(笔谈)》,《上海政法学院学报(法治论丛)》2024 年第 2 期,第 22 页。

⑤ 严武:《证券市场管理国际比较研究》,中国财政经济出版社 1998 年版,第 64 页。

的风险与机遇并设置相关目标。综上,对于公司 ESG 信息披露的规定更倾向于前瞻性规定,这与防止企业违法违规的合规传统目的不谋而合。同时,这也与企业合规的工作重点从初始阶段强调合乎法律和道德地从事经营活动转向综合考量企业在环境保护、社会责任和公司治理多方面表现的转变不谋而合。以国务院国有资产监督管理委员会 2022 年发布的《中央企业合规管理办法》第 20 条的规定为例,中央企业所建立的合规风险识别评估预警机制应当全面考虑合规风险,对风险发生的可能性、影响程度、后果予以分析并及时预警。换而言之,相关倡导性 ESG 信息披露条款在公司风险识别阶段强调公平、公开地披露相关信息,将非股东成员、大众的利益纳入考量范围,不仅有助于投资者和社会公众通过 ESG 信息的披露情况关注 ESG 的执行[①],还为企业合规的具体举措指明了方向。

2. 持续性原则具体化建构

持续性原则最初起源于布莱特报告《我们共同的未来》(Our Common Future),描述主要围绕核心的两个观点,即人类要发展,同时也要有发展的限度,使得人类的子孙能够安居乐业地永续发展,这种观念逐步向着自然主义科学、经济学和社会学延伸。[②] 法学作为一种"应然科学"(Sollenswissenschaft)在持续性原则影响的趋势下,所解决的问题为如何平衡公司经营的持续性、环境的持续性以及社会整体营商环境的持续性。

公司合规近几年之所以在我国成为热议话题,核心目的是维护公司经营的持续发展、外部环境和跨国合作的持续发展。20 世纪 70 年代,美国已经展开企业合规的实践,并成为公司治理和经营管理的内容之一。美国律师协会(ABA)合规指南起草人之一保罗·E. 麦格雷尔(Paul E. Mc Greal)指出,公司的合规伦理体系的建构首先应符合法律规定和道德规定,通过推进风险评估、加强督导等方式实现公司内部经营的可持续发展。[③] 其次,合规制度的风险管理既包括公司内部的环境控制、评估决策以及信息的沟通,也包括回应外部承担监督角色的规制者、执法者、行业监管方等对持续性构建完善合规制度行业标准的期待。从宏观层面来看,有学者认为,"合规"之"规"的范围不限于国内法与商业伦理规则,还可能涵盖公司业务所能触及的其他国家或国际性组织的法律或规则。[④]

现阶段碳达峰碳中和(以下简称"双碳")目标引领经济社会绿色发展低碳转型已成为共识。2020 年 9 月 22 日,我国公布了"双碳"目标,即二氧化碳排放将在 2030 年前达到峰值,2060 年前实现碳中和。这也要求企业必须顺应这一趋势,并积极采取改革措施以达到"双碳"目标的新要求。ESG 合规在此趋势下成为企业转型的新契机,为企业可持续发展开创了新的演进方向。ESG 作为衡量企业行为方式的国际评价体系,既能衡量企业可持续经营和盈利的能力,也能保障企业发展不以损害环境和社会福祉为前提,从而使整个社会、环

---

① 施天涛:《〈公司法〉第 5 条的理想与现实:公司社会责任何以实施?》,《清华法学》2019 年第 5 期,第 77 页。

② 罗慧、霍有光、胡彦华等:《可持续发展理论综述》,《西北农林科技大学学报(社会科学版)》2004 年第 1 期,第 35—36 页。

③ 邓峰:《公司合规的源流及中国的制度局限》,《比较法研究》2020 年第 1 期,第 35 页。

④ 李本灿:《我国企业合规研究的阶段性梳理与反思》,《华东政法大学学报》2021 年第 4 期,第 121 页。

境更加具有可持续发展的能力。

对于 ESG 的研究从经济领域展开，经济学家通过将 ESG 的相关指标纳入计量模型，得出相关指标与企业的经营表现息息相关。其具体而言包括：第一，良好的公司治理有助于提升企业价值；[1]第二，当 ESG 作为一个整体的概念在企业治理的过程中发挥效用时，绝大多数研究发现 ESG 有助于改善企业财务绩效[2][3][4][5]；第三，公司所处地区市场化程度越高、政府干预越少、法治环境越好，ESG 表现对企业价值的正向影响越大。[6] 综上，公司 ESG 的良好绩效能够从降本层面缓解公司融资约束、降低融资成本，同时依靠自身建立的 ESG 合规内控体系获得更高的财务绩效，降低内外部风险，最终助力企业的可持续发展。

结合学者观点，ESG 合规的先进性主要有以下几个方面：首先，ESG 合规会涉及主体的多样化。传统企业合规中所关注的社会责任对象主要受限于债权人、供应商、用户、消费者、当地住民等群体[7]，强调在公司除了需要谋求利润最大化之外还需要承担维护和增进社会利益的义务。而 ESG 合规强调公司能否与不同领域所涉及的利益相关方实现共赢。其次，ESG 评级框架具有多样化、综合化的区分。从富时罗素、明晟指数（MSCI）、路孚特等国际知名 ESG 评级机构的相关评分框架来看，ESG 将公司环境保护、合理利用资源、合规经营、积极纳税、风险管理与控制等措施作为基本的行为准则，相关评价的内涵远远超过传统公司社会责任。[8] 最后，ESG 合规指引所采取的措施也具有前瞻性。以实务为例，2024 年 5 月 10 日，浙江省生态环境厅颁布《浙江省企业生态环境合规管理指引（2024 版）》，顺应合规改革新趋势在企业可能涉及的法律风险之外新增了环境领域合规高频风险指引、合规管理体系建设等前瞻性内容。其中，该指引规定了包括大气污染、水污染、土壤污染等在内的经

---

① Balachandran B，Faff R. Corporate governance，firm value and risk：past，present，and future，*Pacific-Basin Finance Journal*，2015，35：1—12. 转引自王琳璐、廉永辉、董捷：《ESG 表现对企业价值的影响机制研究》，《证券市场导报》2022 年第 5 期，第 24 页。

② Yoon B，Lee J H，Byun R. Does ESG performance enhance firm value？evidence from Korea，Sustainability，2018，10(10)：3635—3652. 转引自王琳璐、廉永辉、董捷：《ESG 表现对企业价值的影响机制研究》，《证券市场导报》2022 年第 5 期，第 24 页。

③ Taliento M，Favino C，Netti A. Impact of environmental，social，and governance information on economic performance：evidence of Acorporate "sustainability advantage" from Europe，*Sustainability*，2019，11(6)：1738—1763. 转引自王琳璐、廉永辉、董捷：《ESG 表现对企业价值的影响机制研究》，《证券市场导报》2022 年第 5 期，第 24 页。

④ 张琳、赵海涛：《企业环境、社会和公司治理（ESG）表现影响企业价值吗？——基于 A 股上市公司的实证研究》，《武汉金融》2019 年第 10 期，第 36—43 页。转引自王琳璐、廉永辉、董捷：《ESG 表现对企业价值的影响机制研究》，《证券市场导报》2022 年第 5 期，第 24 页。

⑤ Broadstock D C，Chan K，Cheng L T W，Wang X W. The role of ESG performance during times of financial crisis：evidence from Covid-19 in China，*Finance Research Letters*，2020，38：101716. 转引自王琳璐、廉永辉、董捷：《ESG 表现对企业价值的影响机制研究》，《证券市场导报》2022 年第 5 期，第 24 页。

⑥ 王琳璐、廉永辉、董捷：《ESG 表现对企业价值的影响机制研究》，《证券市场导报》2022 年第 5 期，第 24 页。

⑦ 朱慈蕴：《公司的社会责任：游走于法律责任与道德准则之间》，《中外法学》2008 年第 1 期，第 31 页；施天涛：《〈公司法〉第 5 条的理想与现实：公司社会责任何以实施？》，《清华法学》2019 年第 5 期，第 72 页。转引自朱慈蕴、吕成龙：《ESG 的兴起与现代公司法的能动回应》，《中外法学》2022 年第 5 期，第 1245 页。

⑧ 朱慈蕴、吕成龙：《ESG 的兴起与现代公司法的能动回应》，《中外法学》2022 年第 5 期，第 1245 页。

营管理风险做出解释和法律风险分析,并给出合规改革建议。这与 ESG 评分的因素具有较高的重合度。换而言之,在以浙江省为例的企业环境合规试点中,考量的风险已经涵盖绝大多数 ESG 评级机构中关于环境方面的考量因素,能够保障公司 ESG 改革的持续推进,维护公司与环境之间的动态平衡,实现企业环境层面的低碳转型的可持续发展。

当公司同时在自身经营和环境可持续层面取得成就后,ESG 指引下的合规改革将不再浮于表面。公司能够通过具体的风险评估和合规指引较为直观地了解公司将面临的法律和经营风险,从而积极地落实风险防控措施。利益相关者理论指出,企业承担环境责任和社会责任能够向利益相关者传递企业值得信赖的信号,降低企业与利益相关者之间的交易成本,提升利益相关者参与企业价值创造的效率。① 换而言之,公司的合规改革能够降低公司在市场及供应链中的融资成本和时间成本,有利于公司与供应链之间的持续合作与发展,稳定的合作关系在一定程度上有助于公司管理层空出更多的时间考虑员工、消费者与供应商等的相关利益,从而形成良性循环,创造更大的企业价值。②

3. 共同性原则具体化建构

共同性原则在自然科学领域区分为总体目标的共同性和利益与责任的共同性,强调各个主体相互依赖,彼此影响。③ 延伸至公司法领域,则需要重点聚焦商事主体、构成要素及其商事关系层面对共同性原则进行具体化建构。商事关系是一种经营关系,由营利、营业、商人三大要素构成,对于商人而言,商事活动的首要目标是追求财富的最大化和交易的高效率,同时,也密切关注公众的利益和交易的安全保障。④

营利作为商事活动的本质目的,是投资活动中追求资本再生、保险活动中保险的资金保值、信托关系中的财产保值增值的活动。这就导致公司的经营模式并不局限于自身的经营活动,而是积极与外界建立金融商事关系、公用商事关系。当公司以一个法人的形象实施经营活动时,首先就要遵守环境保护、消费者保护、劳动者保护以及证券、基金等金融市场对于公司营利行为的规制。这与合规制度所指向的行为规范相吻合。商事主体及行业领域之间的营利活动共同受到各领域的规制,ESG 作为综合性的概念,在环境保护、社会责任、内部治理等方面具有明确操作指引的工具,相关评价机构在三大领域下设置 260 余个指标,能够涵盖公司与外部建立各类关系所要满足的规范要求,指引并进一步细化公司的具体行为。

营业是商事主体营业财产从事经营的连续不断的行为。⑤ 其中既包括公司及其职员在

① Freeman R E, Evan W. Corporate governance: A stakeholder interpretation, *Journal of Behavioral Economics*, 1990, 19(4), pp. 337—359. 转引自王琳璘、廉永辉、董捷:《ESG 表现对企业价值的影响机制研究》,《证券市场导报》2022 年第 5 期,第 24 页。

② 朱慈蕴、吕成龙:《ESG 的兴起与现代公司法的能动回应》,《中外法学》2022 年第 5 期,第 1246 页。

③ 龚胜生:《论可持续发展的区域性原则》,《地理学与国土研究》1999 年第 1 期,第 5—6 页。

④ 施天涛:《商事关系的重新发现与当今商法的使命》,《清华法学》2017 年第 6 期,第 136—137 页。

⑤ 施天涛:《商事关系的重新发现与当今商法的使命》,《清华法学》2017 年第 6 期,第 137 页。

公司内部依照职权履行的积极义务,同时也包括不违法犯罪所应承担风险防控的消极义务。前者在企业合规中被称为实施性规范,即明确公司的内部流程准则,通过公司的董事会各部门的地位、职责、培训方向对公司内部员工进行规范。后者称为功能性合规规范(Funktionale Compliance-Regelungen),通过设立合规的工作组,使得企业能够"遵守"各领域的法律规定,不违反相关的义务。《德国公司治理准则》第 4.1.3 条规定董事会负担公司推动经营活动的合法性(Legalitätspflicht)义务,即对公司外部法律规范和企业内部对规章准则的遵守情况进行整体把控。董事会在必要时所采用的组织性措施能促使公司职能部门及员工依法依规履行职责,维护企业的伦理道德规范。① 我国《中央企业合规管理办法》《国家金融监督管理总局关于促进金融租赁公司规范经营和合规管理的通知》等合规规范重点规定了企业的制度建设、运行机制以及优化业务流程。相关规定与 ESG 改革中的企业内部治理措施有较多重合,能够保障公司内部组成人员履行职责的合法合规,降低内控流程的潜在风险。

商人作为经营关系的灵魂和统领,对营业组织、行为和环境具有统筹的作用。② 11 世纪晚期和 12 世纪初,商法逐步形成一个完整的法律体系,多采用强制性规范,而商人则在商法强制性规范的趋势和天主教会的期待下被鼓励在商业交易中维持道德标准,可以说,商人是组织国际集市、组建商事法院的重要动力之一,支配着城市和城镇中的各种商业关系③,并为合规的产生奠定了基础。由于企业合规制度最初是为推进国际反商业贿赂等而产生的制度工具,本质上需要各国商人基于营利导向积极遵循国际公约,达成共识。诸如美国于 1977 年颁布的《反海外腐败法》、1988 年制定的《内幕交易和证券欺诈取缔法》等,均在OECD(经济合作与发展组织)、APEC(亚太经合组织)颁布的相关合规指南中得以体现。随着经济的进步,金融产品逐渐丰富,合作模式逐渐多样化,全球企业联系也日益密切。在此趋势下关于反洗钱、数据保护、劳工保护等领域逐步被纳入国际合规的规定,随着不同国家的市场逻辑逐渐融入国际市场体系,各领域对于商事主体的要求也逐步趋向统一。换而言之,各领域所带来的系统性风险以及公司违法违规风险的受害人并不仅由公司本身承担,还可能影响公司的合作方、职工乃至整体环境,这种风险显然不可计算。故共同性原则作为国际、国内公司 ESG 转型与合规治理重构中的关键因素,应当在 ESG 合规的过程中发挥实际效用。

---

① BGH,Urteil vom 10. Juli 2012 -VI ZR 341/10 (OLG München) ; BGH: Keine Garantenpflicht von Vorstandsmitgliedern oder Geschäftsführern gegenüber Dritten zur Verhinderung von Vermögensschäden,NJW 2012,3439 . 转引自王东光:《组织法视角下的公司合规:理论基础与制度阐释——德国法上的考察及对我国的启示》,《法治研究》2021 年第 6 期,第 19 页。

② 施天涛:《商事关系的重新发现与当今商法的使命》,《清华法学》2017 年第 6 期,第 142 页。

③ (美)哈罗德·J.伯尔曼:《法律与革命》(第 1 卷),贺卫方、高鸿钧、张志铭等译,法律出版社 2008 年版,第 333—334 页。

## （二）传统合规价值观的 ESG 变革趋势

1. 正当性原则的具体化建构

（1）形式正当性：从"侧重刑事"的重点合规到"综合合规"并进的实践方向

"企业合规"（Corporate Compliance）从企业经营的角度看是企业为预防、控制和应对各种法律风险所采取的一种管理机制。[①] 早期的合规研究主要集中在刑法、行政法领域，以美国《反海外腐败法》、英国《反贿赂法案》、法国《关于提高透明度、反腐败以及促进经济生活现代化的 2016—1691 号法案》等为代表的法案推动合规计划的全球化运行[②]，我国有多家企业近几年在"走出去"的过程中因违规被外国制裁，除了承担巨额罚款，还被要求在企业内部制定并实施合规计划，部分公司还被要求改组企业管理层。[③] 故我国推进企业合规改革具有刑事、行政领域的现实需求，激励公司主动进行"去犯罪化"改革。企业合规作为公司治理的传统理念被应用于政法乃至刑法的领域时，在产生预防犯罪效果的同时也会为企业带来潜在的风险，即暗含着"创新"就有涉及违规乃至犯罪的可能，这将导致企业与行业的故步自封。换而言之，社会环境需要企业在治理的过程中从"侧重刑事"的预防规制转移至施行"综合合规"的积极举措，从而突破公司入罪和出罪的狭义概念，更好地发挥企业合规治理的优势。

时至今日，企业合规问题已经发展至经济法的各领域（如反垄断法、证券和金融监管以及跨国商业行为）[④]和企业刑事合规几大板块。我国早期推进企业合规的进程主要有三：一是一些企业主管部门或行业协会做出了相关部署和规定强力推动企业合规；二是检察机关在有关部门的配合支持下，在部分地方开展企业合规改革试点，主要规定对办理的涉企刑事案件在依法做出不批准逮捕、不起诉决定或根据认罪认罚从宽制度提出轻缓量刑建议的同时，督促涉案企业做出合规承诺并积极整改，促进企业合规守法经营，预防和减少企业违法犯罪；三是律师界积极组织并参与培训，举办关于企业合规的研讨会，开展企业合规业务探索。[⑤] 2019 年国务院公布《优化营商环境条例》，企业刑事合规计划成为促进商业环境参与者行为合法的争议焦点。[⑥] 随着营商环境的发展，企业合规的重点仅仅放在刑事合规上已经无法达到现代国家的整体发展目标。根据国务院国资委发布的《中央企业合规管理指

---

① 陈瑞华：《论企业合规的中国化问题》，《法律科学》2020 年第 3 期，第 34 页。

② 李本灿：《法治化营商环境建设的合规机制——以刑事合规为中心》，《法学研究》2021 年第 1 期，第 174 页。

③ 陈瑞华：《企业合规的基本问题》，《中国法律评论》2020 年第 1 期，第 181 页；李本灿：《法治化营商环境建设的合规机制——以刑事合规为中心》，《法学研究》2021 年第 1 期，第 177—179 页。转引自朱孝清：《企业合规中的若干疑难问题》，《法治研究》2021 年第 5 期，第 3 页。

④ 赵万一、苏志猛：《民法典视野下公司合规制度的法律实现》，《山东大学学报（哲学社会科学版）》2022 年第 5 期，第 105 页。

⑤ 李玉华：《我国企业合规的刑事诉讼激励》，《比较法研究》2020 年第 1 期，第 20 页。转引自朱孝清：《企业合规中的若干疑难问题》，《法治研究》2021 年第 5 期，第 4 页。

⑥ 李本灿：《法治化营商环境建设的合规机制——以刑事合规为中心》，《法学研究》2021 年第 1 期，第 174 页。

引》①,以央企为试点的合规风险重点转移向市场交易领域、安全环保领域、产品质量领域、劳动用工领域、财务税收领域、知识产权领域以及商业伙伴领域,合规流程的建构也逐步向着综合性部署、前瞻性规划、定期评估的趋势展开。

在义务层面,我国现阶段法律将企业的环境合规义务分为通用环境合规义务和专项合规管理义务。前者包括环境影响评价、"三同时"建设和验收、排污许可、环境风险监测及应急处置、环境管理台账记录与环境信息披露等,主要规定在《环境保护法》《环境影响评价法》《排污许可管理条例》等法律法规之中;后者则包括大气污染防治、水污染防治、固体废物污染防治、土壤污染防治、噪声污染防治和清洁生产、节约能源等专项领域,主要由《大气污染防治法》《水污染防治法》《固体废物污染环境防治法》《土壤污染防治法》《噪声污染防治法》《清洁生产促进法》等专项法律法规予以规定。对于企业经营而言,专项合规的相关规定分布较广,规定较多,若要落实全部信息并推进合规改革,企业无疑负担着沉重的压力,而 ESG 作为综合的评价指标,在环境领域项下的子议题中能够将相关规定进行归纳总结。企业仅需履行既定的 ESG 合规改革即可明确综合合规的方向,在帮助企业及时发现经营活动的风险漏洞,避免相应民事、行政乃至刑事责任的同时也为我国营商环境的优化指明方向。

(2)实质正当性:从"应对监管"的底线思维到企业"内生驱动"的道德观

中国对于合规制度的关心主要集中于本土公司赴国外上市能否满足国外法对合规的要求②,达到国外的上市标准不仅是跨国企业扩张经营的通行证,也是从事商业活动的最低底线。然而,企业合规的本质实际上是企业重塑道德观、价值观和社会责任观建设的内生性变革,对企业合规指引的规定不应仅是外部强加的义务,更是企业内生的需求。③ 现代意义上的合规不仅强调企业应当守法经营,还强调企业对商业伦理的遵守。④ 法律责任和道德责任属性的不同决定了在规制路径选择方面应有所差异:法律责任是法律已经规定的、企业必须承担的最低限度的责任。法律责任的特点使其规制路径不应且无法脱离于依托法律强制力的硬性规制手段。而道德责任是超脱于法律的,在法律强制力约束之外企业应当承担的更高层次的责任。⑤ 就企业而言,不触碰法律的红线是企业基本的底线,但企业为追求营利通常只会顶格实现法律的最低要求,如果试图对企业提出更高的标准,单纯的法

---

① http://www.sasac.gov.cn/n2588035/n2588320/n2588335/c20235237/content.html,最后访问日期:2023 年 2 月 8 日。

② 赵万一、苏志猛:《民法典视野下公司合规制度的法律实现》,《山东大学学报(哲学社会科学版)》2022 年第 5 期,第 104 页。

③ 赵万一、苏志猛:《民法典视野下公司合规制度的法律实现》,《山东大学学报(哲学社会科学版)》2022 年第 5 期,第 105 页。

④ (日)川崎友巳:《合规管理制度的产生与发展》,李世阳译,载李本灿等编译:《合规与刑法:全球视野的考察》,中国政法大学出版社 2018 年版,第 12 页。转引自李本灿:《法治化营商环境建设的合规机制——以刑事合规为中心》,《法学研究》2021 年第 1 期,第 174 页。

⑤ 周林彬、何朝丹:《试论"超越法律"的企业社会责任》,《现代法学》2008 年第 2 期,第 37 页。

律约束就显得有些力不从心。软性规范相较于前者提供宣传、认证或是提供政策优惠等激励措施更容易刺激企业达到较高要求。[①] ESG 原则作为依赖于国家对于自身信用和经济发展的看重而自愿选择的行为偏好,通常借助于行业准则、行为标准、政策引导等软性方式调整和引导各类主体的行为。遵循该软性法则最大的好处是给企业带来更好的声誉与知名度、税收减免以及政策支持,这些事项可以直接促进企业的营利,使得企业达成激励措施指引下的各项要求承担更高层次的道德责任,实现企业与社会利益的双赢。

由于市场竞争机制的存在,未进行合规改革的企业相较之下会失去宣传途径和相应的政策支持,这就意味着其要承担更高的生产成本,具备更低的竞争力,企业也就相当于受到了惩罚,换而言之,激励与惩戒其实是一体两面的问题。[②] ESG 合规不仅能够为企业提供符合监管要求的指引,更能帮助企业形成新发展理念下公司治理特征的方法论。企业通过以ESG 发展理念为导向,塑造符合 ESG 发展观念的企业发展观,将生态环境、社会责任和公司治理等 ESG 相关的具体要求融入企业发展的各个方面,有意识地转变利益至上的理念,不仅为股东负责,更为所有利益相关者负责,真正实现可持续发展。

2. 效率原则的具体化建构

(1)企业 ESG 合规调控经济外部性的动力不足

从经济学上看,经济外部性理论影响下的公司在最初接触到企业社会责任概念时会有内生动力不足的风险。公司在 CSR 领域的正外部性是指企业通过实施企业社会责任合规治理的行为对利益相关方、社会公众等公司外部主体带来积极的影响,但这些影响对于企业的创收能否起到推动作用,相关成本能否通过市场机制得到充分的补偿,相关治理举措能否突破传统盈利方式的局限性,达到增加企业财务绩效的效果,目前研究中鲜有提及。ESG 作为超越 CSR 的更高阶理论,在公司内部具有调控经济外部性不足的优势。

早期 CSR 理论强调企业承担环境责任和社会责任能够向利益相关者传递企业值得信赖的信号,降低企业与利益相关者之间的交易成本,有利于提升企业价值创造的效率。[③] 随着 ESG 概念的更新,公司在治理领域(G)的合规改革能够促进企业经营的争议较小[④],在环境、社会层面的治理措施能否为企业创造超出传统模式之外的收益仍引起讨论。[⑤] 后来学界对于 ESG 的认知从三个领域的单独分析转变为将 ESG 看作统一的整体,即从企业 ESG

---

① 赵旭东、辛海平:《试论道德性企业社会责任的激励惩戒机制》,《法学杂志》2021 年第 9 期,第 117 页。

② 赵旭东、辛海平:《试论道德性企业社会责任的激励惩戒机制》,《法学杂志》2021 年第 9 期,第 117 页。

③ Freeman R E, Evan W. Corporate governance: Astakeholder interpretation, Journal of Behavioral Economics, 1990, pp. 337−359. 转引自王琳璘、廉永辉、董捷:《ESG 表现对企业价值的影响机制研究》,《证券市场导报》2022 年第 5 期,第 24 页。

④ Balachandran B, Faff R. Corporate governance, firm value and risk: past, present, and future, *Pacific-Basin Finance Journal*, 2015, pp. 1−12.

⑤ 对环境、社会领域促进公司经营发展持肯定观点的有 Friede G, Busch T, 卫武等学者,通过设计计量模型得出企业积极参与环境和社会责任层面的治理有利于提升企业价值。但是仍有一部分学者通过分析得出不明确、负相关等不同的结论。

整体表现分析,大多数研究都得出了企业 ESG 的治理举措有利于提升企业财务绩效的结论。[①] 具体而言,企业的生存和发展需要从外部环境汲取各类资源[②],企业积极承担环境责任和社会责任能够促进外部环境的优化,使得企业获取外部资源的成本更低、效率更高,从而赢得利益相关者的信赖和支持,逐步在外部战略资源的抢夺中获取竞争优势。

ESG 评级表现优异的企业通过向消费者和投资方传递正向积极的信号,梳理企业可持续发展、生态友好的企业声誉,从而实现企业价值的间接提升。现阶段实践案例中,企业着手涉及 ESG 领域的合规流程时,也有可能发现新的竞争优势与机遇。后疫情时代,消费者和投资方的投机需求发生转变,逐步从高风险型的收益需求转向落袋为安的保本争利的保值需求,投资方在此趋势下更加看重所选企业的长期存续能力。针对经济外部性的动力不足的问题,企业 ESG 合规调控效果主要从三方面推进:第一方面,面对市场环境变动带来的常态化风险及突发性风险,公司的 ESG 合规能够最大限度防控风险扩张所带来的不利影响,从各领域的制度层面防范化解重大风险,保障公司和企业的损失最小化。第二方面,公司 ESG 的合规治理与我国"双碳"目标的低碳环保理念相互契合,企业也能在 ESG 合规改革中获得相关的政策支持。第三方面,企业能够通过对于 ESG 的接触和学习拓宽业务创新思路,拓宽盈利新赛道。例如,菜鸟在 ESG 普及的浪潮下发现员工选取的包装箱存在耗材浪费问题并推出绿色 B2B 循环箱,通过搭载自研 RFID 芯片,实现"一箱一码"循环,目前已在英氏、欧莱雅等知名品牌合作伙伴端应用,降低成本的同时提高企业的盈利收入。数据显示,菜鸟预计全年将循环利用约 16 万次,相当于每年减少 16 万个纸箱的使用。[③]

总体而言,公司 ESG 合规治理的成本虽然在改革初期影响企业的财务绩效,站在长期主义的视角下,公司 ESG 的合规治理有利于降低融资成本、在整体营商环境 ESG 化的过程中占领先行优势,并在企业内部经营活动中防范化解重大风险,减少损失的同时获得政策的支持,同时开拓新型经营模式与发展机遇,从而调整经济外部性的不足。

(2)负外部性效应直接影响企业 ESG 合规效果

外部性的理论起源于经济学,是指个人或企业无需完全承担决策成本或不能充分享有其决策成效的非完全内生化情形,而负外部性效应给各方带来的则是福利损失(成本)的情形。[④] ESG 的经济负外部性主要影响合作方、利益相关者以及社会群体等。该影响是指原有受益人只按照"利益最大化原则"追求自身投资回报财务利益,而将经营活动中产生的环境污染(E)、供应链违规对合作方造成的损失(S)以及侵犯劳工权益(G)等未经他人同意而

---

① 王琳璐、廉永辉、董捷:《ESG 表现对企业价值的影响机制研究》,《证券市场导报》2022 年第 5 期,第 24 页。

② Pfeffer J,Salancik G R. *The external control of organizations:Aresource dependence perspective.* San Francisco: Stanford University Press,1978. 转引自王琳璐、廉永辉、董捷:《ESG 表现对企业价值的影响机制研究》,《证券市场导报》2022 年第 5 期,第 24 页。

③ 落地循环箱的菜鸟:《菜鸟携手英氏上线绿色 B2B 循环箱,预计每年可少用 16 万个纸箱》,微信公众号"菜鸟",2022 年 9 月 19 日。

④ 唐跃军、黎德福:《环境资本、负外部性与碳金融创新》,《中国工业经济》2010 年第 6 期,第 6—7 页。

施加给他人的额外成本。[①] 此种行为仅提高了外部性制造者效用水平，却没有顾及相关人的效用水平，会产生厂商利润最大化行为和消费者效用最大化行为的偏差，远离了社会所要求的效率目标。

现阶段全球主要 ESG 披露指南和指标体系的规定仅围绕着固定领域的具体指标定性定量分析。在此条件下，"ESG 负外部性"的损害行为及后果判定，因果关系的论证以及具体损害价值难以统计，遑论后续的修复成本，故 ESG 合规治理的负外部性评定陷入僵局。新加坡金融管理局于 2021 年 11 月发起设立"绿色足迹项目"，对企业经营中与绿色相关的轨迹进行跟踪、记录[②]，并于 2024 年 5 月 20 日与我国人民银行就绿色金融开展合作，通过统一分类标准，从而筛选中国企业有意向跨境发行符合共同分类目录（Common Ground Taxonomy，CGT）标准的绿色融资债券，并通过相关赠款计划来促进绿色金融资源的国际流动。这种合作机制下，企业若仅追求投资回报财务利益，就难以满足 CGT 标准的各项明细，在增加企业外部各方成本与风险的同时丧失融资机遇。除分类标准外，2023 年 11 月，新加坡推出了 Greenprint（绿色足迹）的数据操作平台，将金融要素与实体经济互联，从而弥补损害价值难以计量的问题。[③] 随着卫星遥感、碳核查、数字化、区块链技术的逐步完善，ESG 数据和信息的统计技术使得投资标的的负外部性的测量成为可能，ESG 将在科技与大数据的支撑下变得规范化、标准化、精确化。精确的数据与透明的信息能够使得企业抓住每一次变革的机遇，同时兼顾各方的利益，最终减轻企业及社会整体的负外部性影响。企业的 ESG 合规治理将通过信息披露等方式使得 ESG 绩效优势进一步扩大，从而实现从传统合规举措到 ESG 可持续发展的整体变革。

### 五、企业 ESG 合规边界的拓宽

1. 利他主义原则的具体化建构
（1）国内外企业供应链规范概览

ESG 在劳动用工领域、商业伙伴领域的合规进程均有促进作用。供应链中的人权保护对我国企业和国家经济有着重要影响。我国以国企、出口导向型企业等为代表的企业均存在陆续发布企业社会责任报告、ESG 报告，披露企业在供应链中的人权义务的履行情况。中国企业通过企业社会责任认证、供应链认证等多种标准，如欧盟木材法规所需的相关认证等，来体现人权尽责，从而实现向合作方或者潜在合作方传递利他主义信号，帮助企业建立良好的声誉机制。

在企业合规的视角下，ESG 引导下的合规治理是中国企业积极推进供应链合规，促进

---

①　倪受彬：《受托人 ESG 投资与信义义务的冲突及协调》，《东方法学》2023 年第 4 期，第 143 页。

②　倪受彬：《受托人 ESG 投资与信义义务的冲突及协调》，《东方法学》2023 年第 4 期，第 143 页。

③　SG Global Network：《MAS，China to Deepen Green Finance 新加坡金管局与中国央行加强绿色金融合作》，微信公众号：SG Global Network，2024 年 6 月 8 日。

国际合作的具体表现。[①] 欧盟通过 2021/1253 号授权条例对传统适当性制度进行了扩张解释,确立风险偏好与可持续偏好并行的双重目标框架,这意味着虽然投资获益为投资者的首要选择,却并不与 ESG 理念相冲突。相反,ESG 理念中的可持续发展主义能够被扩张解释到投资者目标框架中,实现各方共赢。[②] 我国以《中央企业合规管理指引》为代表的指引规定也有类似的体现,企业被要求对重要商业伙伴开展合规调查,通过签订合规协议、要求做出合规承诺等方式促进商业伙伴行为合规,这使得企业的身份既是义务主体,也是权利主体,在付出成本的同时也作为获益者存在于交易市场中。从宏观角度看,企业通过 ESG 引导建立内生驱动的道德思维,在内部构建完善的合规管理体系,做好市场交易、安全环保、产品质量、劳动用工、财务税收、知识产权以及商业伙伴领域的综合合规,从外部看,则能遵循企业供应链的在刑事、行政、民商等各领域的法律规定,最大范围内实现利他和利己的共赢状态。企业供应链的规范可分为国际软法、国内立法以及区域性条约。

①国际软法

近年来,一些国际组织、行业协会等非政府组织制定了若干不具有强制约束力的指导性原则或指南,其中包含关于供应链中人权和环境保护的规则。

20 世纪 80 年代开始,在西方国家兴起抵制购买"血汗工厂"产品的消费者运动,以保护劳动者的基本人权。服装制造商 Levis Staruss 公司的东南亚供应商因雇佣工人在监狱般的环境中劳动而遭到消费者的抵制,人权保护的呼吁逐步扩大。2000 年《联合国全球契约》在达沃斯世界经济论坛审议通过,提出包括在人权、劳工标准、环境、反腐败等几个方面的十项基本原则及内容,企业应当在尽最大努力避免侵犯人权(即"不伤害")之外,还应通过伙伴关系之间的行动积极地维护人权。通过伙伴关系的行动主要是指通过商业伙伴即供应链中的企业进行的集体行动,行动主体不仅包括企业本身,还包括供应链在生产及流通的过程中所涉及的原料供应商、制造商、运输商及零售商等多个主体。公司基于利他的原则在供应链上推进人权合规,相关合规成果将会融入供应链的有机组成部分(诸如零件、半成品等产品),并最终影响产品本身。[③]《联合国全球契约》作为原则性导向在全球工商界内获得了高度认可,极大地推动了全球工商企业对人权的尊重与保护。

2003 年,联合国人权委员会开始将供应链中人权和环境的具体推进展开第一次尝试。通过向经社理事会提交《跨国公司和其他工商企业在人权方面的责任准则》,来确定国家在人权领域的首要责任地位,工商企业在其影响范围内有义务尊重、保护和增进人权。该责任准则试图以成为世界范围内最全面、权威的公司准则而引起争议。国际商会与国际雇主认为该准则对于商事主体的强制性义务会给公司带来巨大压力,向人权私人化方向迈出的

①　王秀梅、杨采婷:《国际供应链中的人权保护:规则演进及实践进程》,《社会科学论坛》2022 年第 3 期,第 122 页。

②　袁瑞璟:《法经济学视角下 ESG 信息强制披露的边界与制度创新》,《南方金融》2024 年第 4 期,第 50 页。

③　例如,如果在供应链某阶段出现了负面评价,诸如原材料的采集是压迫职工、侵犯人权完成的,那么参与生产的合作方都会难以抹去该产品系侵犯人权的产物,消费者、媒体等组织的关注将会把这种负面影响持续扩大。

步伐过于激进。由于跨国公司等工商企业及其母国的极力反对,《责任准则》未获得通过。<sup>①</sup>这是联合国人权委员会为工商业制定人权保护规则的一次不成功的实验。<sup>②</sup> 由此可见,实践中的利他主义在本质上是基于自身利益最大化的考量下做出的共赢选择,位于供应链核心地位的跨国公司更倾向于将自身社会责任成本与风险"外部化"(Externalize)给供应商和其他实体,对于后者而言,承担相关成本能够为自身带来合作机会及市场开拓的优势,是全球供应链企业社会责任治理的主要动因。而过于激进的统一化标准无法满足利他主义下不同供应链角色的公司诉求,跨国公司之间也就社会责任的治理明确了合作与协调为核心价值,而非不应一味地强调权力控制。涉及供应链的相关指引既需强调跨国公司的核心地位,也要协调供应链中不同主体的冲突利益。

2011 年 6 月 16 日,人权理事会通过第 A/HRC/RES/17/4 号决议,一致通过了《联合国工商业与人权指导原则》(UNGP),该原则由一般原则、国家保护人权的义务、公司尊重人权的责任和受害人如何获得救济四个部分共 31 条原则组成,承认公司的社会治理需要在供应链中得以延伸,为公司社会责任统一标准的治理提供框架参考,相关规定后续被广泛纳入以国际劳工组织为代表的国际组织的规范性文件。此时已经逐步构建起原则引导具体标准的指引模式。<sup>③</sup>

②国内立法

美国劳动部于 2009 年 9 月公布报告,该报告称在美国有来自 58 个国家的 122 种产品已证实违反国际标准中有关强迫劳动和雇用童工的规定。在此背景下,加州于 2010 年 9 月通过了《加州供应链透明度法案》,并于 2012 年 1 月 1 日正式生效。该法案要求年度全球总收入超过 1 亿美元的公司需要披露供应链中可能存在的强迫劳动及相关整改措施。对于众多从事跨国交易(出口贸易)的公司而言,基于合作成本及市场扩张的考量逐步推进社会(S)领域的改革能够避免公司出现负面宣传、业务中断、潜在诉讼、公众抗议和消费者信任丧失的不利后果,也会间接产生利他的积极影响。<sup>④</sup> 2016 年 1 月,美国平等就业机会委员会(EEOC)发布了对《雇主信息报告》(EEO-1)的拟议修订,要求包括 100 名员工以上的公司收集并提供包括种族、民族、性别和工作类别的工资数据,向联邦政府提供公司的实际雇用情况,EEOC 将利用这些数据来协助调查投诉。该报告系在 S 领域通过信息披露的方式保障性别、种族的平权,鼓励雇主实行同工同酬,保障员工的合法权益。同时,由于职工的待遇将随着披露透明的信息逐步提升,公司雇用员工的选拔机制将更为公平,更有利于招纳人才。

---

① 孙萌、封婷婷:《联合国规制跨国公司人权责任的新发展及挑战》,《人权》2020 年第 6 期,第 80 页。

② 王秀梅、杨采婷:《国际供应链中的人权保护:规则演进及实践进程》,《社会科学论坛》2022 年第 3 期,第 114 页。

③ 王秀梅、杨采婷:《国际供应链中的人权保护:规则演进及实践进程》,《社会科学论坛》2022 年第 3 期,第 124 页。

④ Interfaith Centre on Corporate Responsibility. Effective Supply Chain Accountability: Investor Guidance on Implementation of the California Transparency in Supply Chains Act and Beyond. 转引自王秀梅、杨采婷:《国际供应链中的人权保护:规则演进及实践进程》,《社会科学论坛》2022 年第 3 期,第 115 页。

　　2017 年 3 月 27 日,法国通过的《企业警戒义务法》规定连续两个财政年度结束时总部位于法国境内的公司若公司及其直接和间接子公司员工为 5 000 名以上的,或总部位于法国境内,国内外员工为 10 000 名以上的,应当及时实施"警戒计划",以查明用工风险,防止公司的雇佣行为侵犯员工的基本人权和自由。同时,公司推进的经营活动不能以任何方式损害人类的身体健康及风险,不能对环境造成不可挽回的破坏。[①]　与美国侧重平等相比,法国更强调企业的积极措施,即企业的工作重点应当放入风险防范,公司作为责任主体积极介入排查,防止损害的发生与扩大。同年法国颁布《尽职调查义务法》,在《法国商法典》第 L. 225-102-4 条中新增供应链主(Chain Leader)的监管义务,具体而言,供应链主应积极与子公司和供应商建立合作监督机制,履行制定、实施和公布风险监控方案的义务。[②]　若供应链主未能够落实相关法律规定,则其可能具有违反《法国民法典》第 1240 条和第 1241 条承担民事损害赔偿的风险。

　　2019 年,荷兰投资协议范本(Dutch Model Investment Agreement)规定投资者应对人权保护做出承诺。2020 年荷兰通过《童工尽职调查法案》防止童工在供应链合作中被剥削。大宗商品如黄金、咖啡、烟草等因高利润的性质导致劳动力的需求较大,儿童也作为劳动力参与其中。基于这种现象,该法规定所有向荷兰消费者提供商品和服务的企业必须识别其供应链中雇用童工的风险并采取行动减轻该风险,若企业不遵守法规可对其根据商业法实施制裁。目前,荷兰《童工尽职调查法案》尚未生效[③],但为后续《关于负责任和可持续地进行国际经营的立法建议》的发布打开了思路[④],前者旨在禁止利用童工提供产品或服务的行为,而后者则通过扩大供应链尽职义务的范围,限制跨国贸易中的人权、劳工以及环境损害行为从而达到《童工尽职法案》追求的目的。

　　德国于 2016 年启动了《经济与人权国家行动计划》(NAP),号召企业积极进行内部监督机制改革,在供应链中关注保护人权和环境问题,并列出了鼓励企业保障人权和保护环境的措施。2021 年,德国通过《企业供应链尽职调查法》[⑤](《德国供应链法》),该法要求在德国注册或设有分支机构的大型公司具有对人权保障以及环境保护的合规性进行尽职调查的义务,该尽调义务并不局限于企业本身,而是拓宽至供应链的上下游企业,依据与供应商合作的密切程度做出不同规定。

---

　　① 王秀梅、杨采婷:《国际供应链中的人权保护:规则演进及实践进程》,《社会科学论坛》2022 年第 3 期,第 115 页。

　　② Asemblee Nationale. PROPOSITION DE LOI relative au devoir de vigilance des societes meres et des entreprises donneuses d'ordre,2017—02—21,https://www. asemble-nationale. fr/14/pdf/ta/ ta0924. pdf,last visited on 2021—11—17. 转引自张怀岭:《德国供应链人权尽职调查义务立法:理念与工具》,《德国研究》2022 年第 3 期,第 60 页。

　　③ 王秀梅、杨采婷:《国际供应链中的人权保护:规则演进及实践进程》,《社会科学论坛》2022 年第 3 期,第 115 页。

　　④ Twede Kamer. Wet verantwoord en duurzam international Ondernemen,2021—03—11,https://www. twedekamer. nl/ka-merstukken/wetsvoorstelen/detail? id=2021Z04465&dosier=35761,last visited on 2022—03—10. 转引自张怀岭:《德国供应链人权尽职调查义务立法:理念与工具》,《德国研究》2022 年第 3 期,第 60 页。

　　⑤ BT-Drs. 19/28649. 转引自张怀岭:《德国供应链人权尽职调查义务立法:理念与工具》,《德国研究》2022 年第 3 期,第 61 页。

③区域性条约

2014 年 12 月 5 日，欧盟委员会发布的《欧盟非财务信息披露指令》(NFRD)正式生效。该指令要求平均员工人数超过 500 人的大型公共利益主体需要披露其在环境、社会和员工事务、尊重人权、反腐败和贿赂事务等非财务方面的影响。换而言之，企业信息披露的管理报告不仅需要披露重大财务数据，还需将非财务数据一并报送并披露。《欧盟非财务信息披露指令》的颁布为联合国《2030 年可持续发展议程》提供了重要参考，也为后续 ESG 信息披露制度在各国的落实提供参考。该《指令》要求欧盟成员国必须在指令生效 2 年内，将其转化为各国的法律。

在该指令颁布后，特殊领域就已经开始了供应链合规的尽职调查。例如 2017 年 5 月 19 日欧盟发布冲突矿产法规，该法规要求自 2021 年 1 月 1 日起，对于钨、锡、钽和金(即 3TG)的欧盟境内进口商、冶炼厂和精炼厂等商事主体的进口量超过规定时，公司有义务实施强制性的尽职调查以防止矿产来源于冲突地区，从而防止冲突的升级和人权的侵犯，据统计，超过 600 余家进口商将会受到该法规的影响。①

2021 年，《企业可持续发展报告指令》作为修订 NFRD 的法律提案对于信息披露主体范围的扩大、报告标准的规范与提升、促进数字化改革等方面做优化以保证披露数据的准确性和完整性。为应对 ESG 信息披露制度的逐步强化，欧盟委员会于 2022 年 2 月 23 日发布《企业可持续发展尽职调查指令》(CSDDD)，针对在欧盟经营的大型公司和高风险行业的中小型公司，以及在欧盟有重大业务的第三国公司需要遵守 CSDDD 规定的尽职调查和报告义务，及时制定尽调政策、设置尽调程序、进行风险评估并采取防控措施、定期检查尽调的有效性、积极与利益相关方沟通并披露相关信息。由此可见，欧盟针对 ESG 信息披露的规范趋势逐步向风险防控倾斜，从形式层面的披露要求到实际层面的披露要求。公司通过将尽职调查纳入企业 ESG 合规管理，通过识别和评估风险因素并对其进行优先级排序，实施及时的防范措施或补救措施。

综上来看，对于企业 ESG 的合规治理，不再局限于赋予公司纯粹的利他义务，而是在思想上实现利他主义与可持续发展主义的双线并行。其特征为，在具体措施上更具有前瞻性，在风险发生的初期及时筛查防控，在降低企业 ESG 合规的治理成本的同时引入以大数据为代表的先进技术，使得企业 ESG 合规治理高效落实的可能性进一步增加。

(2)国内外企业供应链法主体的适用范围

①适用企业范围

从外国立法规定来看，《德国供应链法》规定的义务主体分为两类：第一类为公司的管理机构、主要营业地点在德国的；第二类为在德国的员工数超过一定指标的。《德国供应链法》将包括公法实体、公共机构或者非营利性组织(如社团、教会)等都纳入规制范围，只要

---

① 王秀梅、杨采婷：《国际供应链中的人权保护：规则演进及实践进程》，《社会科学论坛》2022 年第 3 期，第 117 页。

相关主体在市场上从事商业活动便属于《德国供应链法》的适用对象。① 换而言之，该法对大型跨国公司的规制将更为明显，即旗下达到 3 000 人以上的公司，即使其注册地、中央行政机构、主要营业地点不在德国，也要在经营活动中按照德国法条的规定遵守对童工、劳动者、环境的保护并落实尽责义务。

法国相较于德国更看重公司旗下员工人数的要求。《尽职调查义务法》规定，住所地在法国并拥有员工超过 5 000 人的企业（包括子公司的员工人数），或者法国国内和国外的分支机构员工总数超过 10 000 人的股份公司应当在经营活动中重点关注核心人权、基本自由、健康、安全以及环境保护。

欧盟《尽职调查指令草案》适用标准对于公司的规模、员工数、从事的业务领域都做了规定，同时对兼职员工的数量根据全职等效（FTE）计算。② 若企业没有对活动链（Chain of Activities）上的相关方实施尽职调查、及时与利益相关者对话、开通申诉机制等行为，则有受到经济处罚并承担相应的民事责任的风险。可见，德国法和法国法着重以"员工数量"衡量企业人权保障义务的认定标准，欧盟指令的规定更为先进，即拓宽了人权保障的含义与范围。从实践来看，并非员工数量越多，劳工受到损害的风险越大。不同的业务领域与扩张企业规模更容易使得大型跨国公司在履行 ESG 合规治理中产生疏漏。

②企业供应链范围

由于企业的人权与环境保障义务涵盖其产品或服务的整个供应链，与传统民事法律上"行为人仅对自己行为负责"的原理不同，企业具有对供应链上具有独立法律地位的直接或供应商进行尽调的义务，以及对若未尽到尽调义务而产生的损害承担法律责任的不良后果。③ 例如，《德国供应链法》中对于企业的非经营性义务就包括"保证""培训及继续教育"等针对供应商的"行为准则"，换而言之，企业供应链的 ESG 合规义务范围（包括但不限于人权、环境等）将以筛选合作机制的方式传递给上下游企业，通过第三方机构保障自身与供应链合作企业的 ESG 合规情况并及时确定合作状态。欧盟《尽职调查指令草案》也采取了类似的规制方式并投入应用。雀巢咖啡通过与非洲部分国家的咖啡豆种植户密切合作，通过提供种植方式、技术，以及杀虫剂等提升咖啡豆的整体质量，提高种植户的积极性，以互惠互利的方式使得雀巢奈斯派索（Nespresso）事业部在十余年间都保持着较高的业绩增长率。由此可见，供应链上的法律责任具有连带性的同时，积极影响也将贯穿供应链上下。④

基于供应链上公司合作的远近程度不同，加之对适用法律的综合考量，《德国供应链法》对"直接供应商"和"间接供应商"的概念进行了立法界定。其中，直接供应商（Unmit Telbarer Zulieferer）是指企业产品供应或者服务提供合同的合作伙伴，并且其供应对于企

---

① 张怀岭：《德国供应链人权尽职调查义务立法：理念与工具》，《德国研究》2022 年第 3 期，第 68 页。

② 张怀岭：《德国供应链人权尽职调查义务立法：理念与工具》，《德国研究》2022 年第 3 期，第 69 页。

③ §2 Abs. 7 und 8 LkSG. 转引自张怀岭：《德国供应链人权尽职调查义务立法：理念与工具》，《德国研究》2022 年第 3 期，第 70 页。

④ 黄世忠：《ESG 视角下价值创造的三大变革》，《财务研究》2021 年第 6 期，第 12 页。

业产品的生产或者对于服务的提供和保障不可或缺。间接供应商（Mit Telbarer Zuliefer-er）是指一个企业虽然不是直接供应商，但其供应对于企业产品生产或者服务的提供和保障不可或缺。[1]

2. 受托管理原则的具体化建构

（1）企业供应链一般性尽责义务

①程序层面的一般性义务

利益相关者理论的概念初现于 19 世纪 60 年代，其最初的概念为一种离开其支持后企业将无法存活的利益群体。[2] 换而言之，公众、环保组织、社区居民等与公司密切相关的主体具有弱势地位，为科学合理规划企业 ESG 合规改革，促进环境保护与可持续发展，保障人权。早期赋予跨国企业义务的规范多以联合国《人权指导原则》、OECD《跨国公司指南》等各类软法为主，由于供应链尽责的实施机制定义不同，相关规定难以实施。随着立法强度的逐渐增加，2017 年，法国推出《尽责义务法》规定违反供应链尽责义务的需要承担民事责任，德国基于供应链尽责义务的性质并未将其归入民事责任的范畴，而是采取了以监管权为中心的公共实施机制认定供应链尽责义务的一般性规定。挪威也与德国采取相似的做法。

作为程序上的一般性义务，《德国供应链法》对此的规定类似民法上的"注意义务"，即企业在供应链尽职调查中应当积极承担以适当的方式关注人权与环境保护的注意义务。[3] 与民法规定不同的是，此时的注意义务并非承担担保责任或者结果义务（Erfolgspflicht），而是一种努力义务。换而言之，由于供应链所涉主体较多，根据公司意思自治的原则，公司无法以合作商的身份干预对方的经营与治理，此时所做的努力义务仅能局限在公司在其既有的影响力范围内促进人权与环境，乃至劳工社区相关权益的保障。公司是否应当承担责任，与损害是否发生无关。

②实质层面的一般性义务

为最大限度地促使企业推进 ESG 合规改革，以欧盟、德国公司为代表开始进行企业供应链尽责义务（Corporate Supply Chain Due Diligence）的试点。企业供应链尽责义务是指企业预防、减少或终止其自身、子公司、供应商在上下游经营活动中降低人权保障风险、环境风险等消极影响的具体措施，对于公司而言具有两方面的尽责义务，即对于未来风险的防控义务规范，以及对于不利影响的尽力消除义务。

在风险防范上，公司通过实施适当措施来识别分析在自身、子公司及其供应链经营活

---

① §2Abs. 5 und 6 LkSG. 转引自张怀岭：《德国供应链人权尽职调查义务立法：理念与工具》，《德国研究》2022 年第 3 期，第 70 页。

② 贾生华、陈宏辉：《利益相关者的界定方法述评》，《外国经济与管理》，2002 年第 5 期，第 16—17 页。

③ Jens Koch, Aktiengesetz, § —76, 16. Aufl. , 2022, Rn. 35k.

动中对人权与环境可能造成的实际和潜在的消极影响。[①] 例如,欧盟首先将人权与环境的尽责义务纳入《尽责指令草案》,规定公司对内应当积极制定相关政策,从内部明确行为准则及义务程序的流程以及适用该流程的供应商范围。公司对外则需就潜在风险与可能受到影响的群体协商,以便收集实际或潜在消极影响的信息进行性质认定和风险衡量。当公司已经识别并确认某种商业行为会导致人权与环境消极影响时,应尽快确定预防措施或者缓解措施,并依据相关准则规定向自身供应链商业伙伴履行"合同传导"的义务。[②] 为保障企业落实 ESG 企业合规的质量,《尽责指令草案》对特定主体(诸如工会、相关社团组织等)赋予申诉举报以及后续知情权的权利,并规定公司应及时披露 ESG 尽责义务。

对于公司不利影响的消除,欧盟《尽责指令草案》与成员国(例如德国)的规定一致,即看重企业针对消极影响所采取的措施的"努力义务"(Bemühenspflicht)是否实际有效,而非关注企业是否真正完全消除了不利后果(Erfolgspflicht)。[③] 企业实际建立内部明确行为准则的行为并不意味着企业本身或者高级管理人员实际履行了努力义务,而是是否实际采取了法定的预防、阻止或减缓措施。

(2)企业供应链具体行为义务

基于上述一般性尽职调查义务的框架下,汇总欧盟、德国等相关文献共可分为以下四类义务。

①风险管理与风险评估义务

企业应当建立"适当且有效的风险管理机制",并将之纳入"所有重要的经营过程",以确保履行尽职调查义务。[④] 风险管理机制应贯穿主要经营活动,并对供应链及上下游企业启动人权、劳工、环境风险预防、减缓和消除的重要举措,并以其是否实际"有效"为标准,判断公司的合规改革能否降低相关权益受到侵害的风险。[⑤] 在"努力义务"的判断标准下,企业对于 ESG 合规管理机制的具体结构享有广泛的自由裁量权。例如,《德国供应链法》第 4 条第 3 款规定,应当在企业内部确定负责监督风险管理机制的主体,诸如任命人权专员,并保障其拥有一定的独立性以及履职的必要权限和资源。[⑥] 这也就意味着,不同国家可自行确定监督主体,相关专员享有自行决断实施风险管理的权利,这使得风险管理机制建立的

---

① Art. 6 CSDDD. 转引自张怀岭:《涉外法治视域下欧盟企业供应链尽责规制逻辑与制度缺陷》,《德国研究》2023 年第 5 期,第 103 页。

② 张怀岭:《涉外法治视域下欧盟企业供应链尽责规制逻辑与制度缺陷》,《德国研究》2023 年第 5 期,第 110—111 页。

③ Koch(Hrsg.),Aktiengesetz,§ 76,16. Aufl.,2022,Rn. 35k. 转引自张怀岭:《涉外法治视域下欧盟企业供应链尽责规制逻辑与制度缺陷》,《德国研究》2023 年第 5 期,第 113 页。

④ § 4 Abs. 1 LkSG.. 转引自张怀岭:《德国供应链人权尽职调查义务立法:理念与工具》,《德国研究》2022 年第 3 期,第 72 页。

⑤ § 4 Abs. 2 LkSG.. 转引自张怀岭:《德国供应链人权尽职调查义务立法:理念与工具》,《德国研究》2022 年第 3 期,第 72 页。

⑥ § 4 Abs. 3 LkSG.. 转引自张怀岭:《德国供应链人权尽职调查义务立法:理念与工具》,《德国研究》2022 年第 3 期,第 72 页。

创新性大大提高。此前英国玛莎百货(Mark & Spencer)意识到集中采购、跨区销售的经营模式在采购端降低采购成本增加了货运成本上升和碳排放量时,及时调整采购经营模式,大量减少了碳排放。

在风险管理机制的框架下,企业应依法调查确认其自身经营范围和直接供应商经营范围内的人权与环境风险。而对于间接供应商,则设置不同的注意义务标准。由于《德国供应链法》第 3 条第 2 款对于直接供应商与间接供应商的考量因素规范较为全面(诸如企业经营范围、影响力、损害发生可能性以及后果衡量等),这就导致大型直接供应商具有规避尽职调查义务的风险。对此,《德国供应链法》做出明文规定,强调直接供应商若通过合同等方式人为地将直接供应关系变更为间接供应关系,则该供应商依然被视为直接供应商。[①]

②采取预防措施义务

《德国供应链法》第 6 条第 1 款规定企业经风险评估后,若确认经营活动中有人权或环境侵害风险的存在,需及时采取适当的预防措施。包括但不限于对于人权保护的原则性声明、评估依据以及现阶段风险以及企业所采取的预防措施并建立申诉举报机制。[②] 相较于德国,欧盟对此更强调对各方主体的沟通。首先,企业基于潜在风险的性质及复杂性制定并实施针对消极影响的预防行动方案后,应当以定性和定量相结合的方式与受影响的利益相关者群体协商。从合作的视角来说,公司不仅承担商业伙伴的合同保证义务,同时也承担着合作方的声誉风险,积极落实"合同传导"[③]有利于与大型合作商合作降低风险损害程度,适度对受到危及的中小企业提供按照企业实际经营规模提供相适配的保障措施,避免其因突发风险事件遭受重大冲击。其次,为保障实施效果且合规,公司预防性措施引入适当的行业组织或者独立第三方的认证措施以保障其得到遵守。最后,欧盟法对于公司已采取其他措施但仍没有效果的情况下,允许企业与其他实体合作以防范化解重大风险。

③采取补救措施义务

若企业依据风险评估机制确认自身或者直接供应商的经营领域范围内存在 ESG 相关的侵害风险时,具有"采取适当的补救措施"来"阻止侵害发生、结束侵害状态或者降低侵害的程度"的义务。[④] 德国法规定所谓补救措施的类别主要针对公司与直接供应商,其中包括与直接致害企业协商制定、与同行业其他企业在行业倡议和行业标准的框架下共同合作以及在采取风控措施期间暂停与风险企业的商业关系。[⑤] 而对于间接供应商,在评估其涉及 ESG 风险时可对间接供应商进行控制、培训并提供支持并结合已有损坏(如有)制定补救措

---

① §5Abs.1S.1LkSG. 转引自张怀岭:《德国供应链人权尽职调查义务立法:理念与工具》,《德国研究》2022 年第 3 期,第 73 页。

② 转引自张怀岭:《德国供应链人权尽职调查义务立法:理念与工具》,《德国研究》2022 年第 3 期,第 74 页。

③ 张怀岭:《涉外法治视域下欧盟企业供应链尽责规制逻辑与制度缺陷》,《德国研究》2023 年第 5 期,第 109 页。

④ §7 Abs.1 LkSG. 转引自张怀岭:《德国供应链人权尽职调查义务立法:理念与工具》,《德国研究》2022 年第 3 期,第 75 页。

⑤ §7 Abs.2 LkSG. 转引自张怀岭:《德国供应链人权尽职调查义务立法:理念与工具》,《德国研究》2022 年第 3 期,第 75 页。

施与方案,或与直接供应商沟通暂停合作往来。

④存档、报告与披露义务

现阶段 ESG 信息披露的落实存在局限性。ESG 信息披露主体在相关报告中通常存在披露内容集中宣传企业的功绩[①]、信息披露质量无法评估[②]、距离国际标准差距较大[③]等问题。然而随着对公司 ESG 合规活动的逐步探索存档,信息披露的内容也逐渐明晰。具体而言,《德国供应链法》第 10 条第 2 款规定,披露信息应当包含侵害人权与环境风险的行为以及公司的具体措施,公司采取措施后有何效果以及未来风险防控的方向。

针对前述预防、补救措施,企业应当至少每年定期审查,并针对企业面临的新型业务、新兴领域的具体风险加以分析,并及时评估更新风险防范机制和合规处理机制,从而保障供应链尽职调查的可持续性运用,推动企业的可持续发展。[④] 尽管德国立法者强调,尽职调查义务的披露不应当以牺牲商业秘密为代价,并在《德国供应链法》第 10 条第 4 款中规定,经营秘密和商业秘密应当在供应链尽职调查义务的披露中予以"适当保障"。后续如何平衡商业秘密(例如直接以及间接供应商名单)的同时履行法定披露与报告义务,有待继续讨论。[⑤]

---

① 许家林、刘海英:《我国央企社会责任信息披露现状研究——基于 2006—2010 年间 100 份社会责任报告的分析》,《中南财经政法大学学报》2010 年第 6 期,第 84 页。

② 刘媛媛、韩艳锦:《上市公司社会责任报告规制制度演进及合规分析》,《财经问题研究》2016 年第 3 期,第 106—109 页。

③ 王青云、王建玲:《上市公司企业社会责任信息披露质量研究——基于沪市 2008—2009 年年报的分析》,《当代经济科学》2012 年第 3 期,第 74—80 页。

④ 张怀岭:《德国供应链人权尽职调查义务立法:理念与工具》,《德国研究》2022 年第 3 期,第 76 页。

⑤ Erik Ehmann/Daniel Berg. Das Lieferkettensorgfaltspflichtengesetz(LkSG):ein erster Überblick,S. 290. 转引自张怀岭:《德国供应链人权尽职调查义务立法:理念与工具》,《德国研究》2022 年第 3 期,第 76 页。

# 第十二讲　ESG与律师业务的创新

高桂林*　张浩楠*

## 一、引言

随着全球商业规则加速向 ESG(环境、社会与治理)标准转型,律师业务正经历从单一法律风险防控向系统性价值共建的范式跃迁,其创新动能体现为技术工具革新、服务模式重构与职业伦理迭代的三维共振。传统法律服务的核心在于通过文本解释与合规审查为企业构筑风险防线,但 ESG 的跨域性、长期性与外部性特征——从气候转型的财务量化到供应链人权追溯的技术穿透,从生物多样性损害的代际追责到绿色金融产品的合规设计——倒逼律师行业突破专业壁垒,将数据科学、算法模型及跨学科协作深度植入服务全流程。以欧盟《企业可持续发展尽职调查指令》为例,其强制要求企业对全球供应链中的环境与社会风险实施动态监测,推动律所开发融合区块链溯源与人工智能预警的合规管理系统,通过实时抓取供应商的能源消耗、劳工权益等数据并与国际标准自动比对,实现风险识别的颗粒度从“企业级”细化至“生产线级”;而美国证券交易委员会的气候披露规则要求上市公司量化极端天气对资产价值的潜在冲击,则催生律所与气候经济学家、数据科学家的协同作业,通过耦合气象预测模型与财务评估框架,构建“物理风险—转型风险—法律敞口”的立体化分析体系。这一转型不仅重塑法律服务的技术基础设施,更重构其商业逻辑:国际律所联盟研究显示,2020 年至 2024 年全球头部律所的 ESG 业务收入增长逾五倍,其中碳关税合规咨询、可再生能源项目融资等新兴领域贡献率达 72%,而传统并购与诉讼业务份额收缩 19%,折射出资本流向与法律需求的深刻转向。技术赋能的“双刃剑”效应在此过程中尤为凸显,算法工具虽大幅提升 ESG 数据处理的效率与精度,却亦引发“合规自动化

---
*　高桂林,法学博士,首都经济贸易大学法学院教授、博士生导师;首都经济贸易大学环境与经济法治研究中心主任、北京市人民监督员、民建北京市委参政议政工作委员会副主任委员;中国商业法研究会常务理事,中国法学会环境资源法学研究会常务理事,中国法学会财税法学研究会常务理事,北京市法学会环境与资源法学研究会会长,北京市法学会常务理事,北京市生态损害赔偿专家库成员。张浩楠,首都经济贸易大学法学院博士研究生。

陷阱"——部分律所依赖人工智能筛选供应链风险时,因训练数据偏差导致系统性忽略特定区域或群体的权益问题,迫使监管机构出台算法审计指南,要求法律科技工具必须保留人工复核与解释通道。跨国规则体系的碎片化则加剧创新复杂性,欧盟碳边境调节机制与亚洲多国碳排放核算标准的技术冲突,迫使律所构建"规则转换器"服务模块,通过开发兼容不同司法辖区要求的数字化合规平台,帮助企业应对绿色贸易壁垒;而生物多样性保护领域国际软法与国内硬法的衔接难题,则催生"生态合规"这一全新服务品类,要求律师团队整合环境科学评估与法律文本设计能力,为企业在自然资本核算、生态修复责任分配等前沿问题提供解决方案。更深层的变革在于律师职业伦理的重塑——当气候损害赔偿诉讼将企业历史碳排放与当代生态灾难建立法律责任关联,当董事会的 ESG 绩效指标直接绑定管理层薪酬与公司估值,律师的角色已从法律条文的解释者升级为可持续发展规则的共同缔造者,其服务范畴从传统的合同纠纷解决延伸至企业战略决策、技术创新伦理审查乃至公共政策游说。这种身份跃迁在带来商业机遇的同时亦引发职业边界争议:法律服务在介入 ESG 评级体系设计、碳信用衍生品开发等新兴领域时,如何平衡客户利益与公共利益?算法模型在替代部分法律判断时,如何防止技术理性侵蚀法律价值的独立性?跨国合规实践中,如何调和发展中国家供应链成本约束与发达国家人权环保标准的刚性要求?这些问题揭示,ESG 驱动的律师业务创新不仅是技术工具升级或服务品类扩容,更是法律职业在文明范式转型中重新定位自身社会功能的系统性工程——它要求律师行业在知识结构上打破"法律—商业—科技"的学科藩篱,在价值取向上超越客户利益最大化的传统教条,在方法论层面建立"预防性治理+适应性创新"的双重能力,从而在全球可持续发展秩序构建中完成从规则执行者向规则编码者的历史性跨越。

## 二、ESG 概述及其重要性

### (一)ESG 概念及发展历程

ESG(环境、社会和治理)是指在投资决策中考虑环境、社会和治理因素的一种投资理念和企业评价标准。ESG 概念最早可以追溯到 20 世纪 60 年代的社会责任投资(SRI),当时主要关注企业的道德和社会责任。[①] 然而,随着全球环境问题的日益严峻和企业社会责任意识的提升,ESG 逐渐成为一种更为全面和系统化的评价体系。

2006 年,联合国环境规划署金融倡议(UNEP FI)和联合国全球契约(UN Global Compact)联合发布了一份名为《在乎者赢》的报告,首次提出了 ESG 的概念,并强调了将 ESG 因素纳入投资决策的重要性。[②] 这份报告不仅为 ESG 理念的普及奠定了基础,也推动了全球金融机构和企业在投资和运营中更加重视 ESG 因素。

---

① 刘军、韩玉斌:《ESG 报告鉴定证与政策建议》,《国际商务财会》2023 年第 16 期,第 13 页。
② 杨睿博、杨明:《开展粤港澳大湾区 ESG 政策理论与实践创新》,《宏观经济管理》2023 年第 5 期,第 54 页。

随后,2006 年,联合国负责任投资原则组织(UNPRI)的成立进一步推动了 ESG 在全球范围内的应用。[①] UNPRI 旨在鼓励投资者将 ESG 因素纳入投资决策,以实现长期可持续的投资回报。目前,已有超过 4 000 家机构签署了 UNPRI,涵盖了全球大部分主要的资产管理公司、养老基金和保险公司。

近年来,随着气候变化、社会不平等和企业治理问题的日益突出,ESG 已成为全球投资者和企业的重要关注点。各国政府和监管机构也纷纷出台相关政策和法规,推动企业在环境保护、社会责任和公司治理方面做出改进。例如,欧盟于 2020 年推出了《可持续金融披露条例》(SFDR),要求金融机构在投资产品中披露 ESG 相关信息,以提高透明度和投资者的知情权。[②]

### (二)ESG 在全球范围内的实践应用

ESG 理念在全球范围内的实践应用已经渗透到各个行业和领域,成为企业和投资者决策的重要依据。在金融行业,ESG 已成为衡量投资风险和回报的重要标准。许多资产管理公司和基金公司纷纷推出 ESG 主题的投资产品,如 ESG 指数基金、绿色债券和可持续发展基金等。这些产品不仅吸引了越来越多的投资者,也在推动企业改善 ESG 表现方面发挥了重要作用。

在企业层面,ESG 已成为企业可持续发展战略的重要组成部分。许多跨国公司和大型企业纷纷发布 ESG 报告,披露其在环境保护、社会责任和公司治理方面的表现。例如,苹果公司在年度 ESG 报告中详细介绍了其在减少碳排放、提高供应链透明度和促进员工多元化等方面的努力。通过这些举措,企业不仅能够提升自身的品牌形象和竞争力,还能更好地应对环境和社会风险。

在政策层面,各国政府和监管机构也在积极推动 ESG 的发展。例如,美国证券交易委员会(SEC)于 2022 年提出了新的 ESG 披露要求,要求上市公司在年度报告中披露其在气候变化、人权和员工福利等方面的信息。这一举措旨在提高企业的透明度[③],帮助投资者更好地评估企业的 ESG 风险和机会。

ESG 在新兴市场的发展也值得关注。尽管新兴市场的 ESG 实践相对滞后,但近年来,随着投资者对可持续发展的关注增加,越来越多的新兴市场企业开始重视 ESG。例如,印度的塔塔集团和巴西的淡水河谷公司都在积极推动 ESG 实践,通过改善环境和社会表现来提升企业的长期竞争力。

ESG 在全球范围内的实践应用已经取得了显著进展,成为推动企业可持续发展和投资

---

①　刘云波:《ESG 与责任投资》,《中国资产评估》2021 年第 12 期,第 81 页。

②　朱民、郑重阳、潘泓宇:《构建世界领先的零碳金融地区模式——中国的实践创新》,《金融论坛》2022 年第 4 期,第 4 页。

③　透明度这一概念最早由美国证券交易委员会(SEC)提出并将其作为信息披露的重要要素,1996 年 4 月 11 日 SEC 在其发布的关于 IASC"核心准则"的声明中,对"高质量"准则的具体解释是可比性、透明度和充分披露。

者决策的重要工具。未来,随着全球环境和社会问题的进一步凸显,ESG 的重要性将进一步增强,成为企业和投资者不可忽视的关键因素。

### 三、国内外 ESG 实践案例及数据分析

#### (一)国际知名企业 ESG 实践案例

在国际上,许多知名企业已经将 ESG 理念融入公司的战略规划和日常运营,取得了显著的成果。以下是一些国际知名企业的 ESG 实践案例:

1. 苹果公司

苹果公司是全球领先的科技企业之一,其在 ESG 方面的表现尤为突出。苹果公司致力于减少碳排放,推动可再生能源的使用,并在供应链管理中实施严格的环境标准。2020 年,苹果宣布计划在 2030 年前实现碳达峰,这一目标涵盖了其整个制造和供应链环节。[①] 苹果公司还推出了多项环保产品,如使用 100％再生材料制造的 iPhone 包装盒,以及通过回收旧设备来减少电子垃圾的"Daisy"机器人。

2. 联合利华

联合利华是一家全球领先的消费品公司,其在 ESG 方面的表现备受认可。公司致力于可持续采购,减少碳足迹,并推动社会公平。联合利华的"可持续生活计划"(Sustainable Living Plan)旨在到 2030 年实现 100％的可持续采购,同时减少其产品的环境影响。联合利华还通过支持小农户和改善工作条件,推动社会公平和包容性增长。

3. 特斯拉

特斯拉是一家以电动汽车和可再生能源解决方案著称的公司,其在 ESG 方面的表现也十分突出。特斯拉的使命是加速世界向可持续能源的转型,其电动汽车产品已经在全球范围内得到了广泛认可。特斯拉不仅在产品设计上注重环保,还在生产过程中采用了先进的环保技术和管理方法。2021 年,特斯拉宣布其超级工厂将实现 100％的可再生能源供电,进一步减少了碳排放。

#### (二)国内企业 ESG 实践中的数据表现

在中国,越来越多的企业开始重视 ESG 理念,并在实践中取得了显著成效。以下是一些国内企业在 ESG 方面的数据表现:

1. 阿里巴巴集团

阿里巴巴集团是中国最大的电商平台之一,其在 ESG 方面的表现备受关注。2021 年,阿里巴巴发布了首份 ESG 报告,详细披露了公司在环境保护、社会责任和公司治理方面的举措和成果。报告显示,阿里巴巴通过优化数据中心能效和推广绿色物流,减少了大量的

---

① 《苹果公司计划 2023 年实现供应链及产品"碳中和"》,中国新闻网,2020 年 7 月 22 日,https://www.chinanews.com.cn/cj/2020/07-22/9244512.shtml,最后访问日期:2024 年 7 月 23 日。

碳排放。2020 年,阿里巴巴的碳排放强度相比 2015 年下降了 45%。[①] 阿里巴巴还通过"公益宝贝"等项目,支持了大量社会公益事业。

### 2. 中国石化

中国石化是中国最大的石油和化工企业之一,其在 ESG 方面的表现十分突出。2021年,中国石化发布了 ESG 报告,展示了公司在环境保护、社会责任和公司治理方面的努力。报告显示,中国石化通过优化生产流程和推广清洁能源,减少了大量的碳排放。2020 年,中国石化的碳排放总量相比 2015 年下降了 15%。[②] 中国石化还通过支持教育和扶贫项目,推动了社会公平和包容性增长。

### 3. 腾讯公司

腾讯公司是中国领先的互联网企业之一,其在 ESG 方面的表现备受关注。2021 年,腾讯发布了 ESG 报告,详细披露了公司在环境保护、社会责任和公司治理方面的举措和成果。报告显示,腾讯通过优化数据中心能效和推广绿色办公,减少了大量的碳排放。2020 年,腾讯的碳排放强度相比 2015 年下降了 30%。[③] 腾讯还通过"腾讯公益"等项目,支持了大量社会公益事业。

## (三)案例分析与数据解读

通过对上述国际和国内企业的 ESG 实践案例和数据表现进行分析,我们可以得出以下几点结论:

### 1. 环境绩效的显著提升

无论是国际企业还是国内企业,都在环境保护方面取得了显著的进展。苹果公司、特斯拉、阿里巴巴和中国石化等企业通过优化生产流程、推广可再生能源和减少碳排放,实现了环境绩效的显著提升。这些企业的努力不仅有助于减缓气候变化,还为企业带来了良好的社会声誉和经济效益。

### 2. 社会责任的积极履行

在社会责任方面,联合利华、腾讯等企业通过支持小农户、改善工作条件和推动社会公益事业,展现了积极的社会责任感。这些企业在履行社会责任的同时提升了员工的满意度和企业的品牌形象,为企业的发展提供了有力支持。

### 3. 公司治理的不断优化

在公司治理方面,苹果公司、阿里巴巴等企业通过建立完善的 ESG 管理体系和透明的披露机制,提升了公司的治理水平。这些企业的治理实践不仅有助于提高企业的运营效

---

① 《2021 阿里巴巴碳中和行动报告》,阿里巴巴集团官网,2021 年 12 月,https://data. alibabagroup. com/ecms-files/1452422558/a43f4154-8596-444b-8d74-6ed7c666c743. pdf. 最后访问日期:2024 年 7 月 23 日。

② 《2021 年中国石化可持续发展报告》,中国石化集团官网,2022 年 8 月 12 日,http://www. sinopecgroup. com/group/Resource/Pdf/SustainReport2021. pdf. 最后访问日期:2024 年 7 月 23 日。

③ 《腾讯 2021 年环境、社会及管治报告》,腾讯集团官网,2021 年 12 月,https://www. tencent. com/index. php/zh-cn/esg/esg-reports. html. 最后访问日期:2024 年 7 月 23 日。

率,还为企业赢得了投资者和客户的信任。

### 4. 数据的透明与公开

无论是国际企业还是国内企业,都在 ESG 报告中提供了详细的数据支持,这不仅有助于投资者和利益相关者了解企业的 ESG 表现,还为企业提供了改进的方向。透明的数据披露有助于提高企业的透明度和可信度,增强企业的竞争力。国际和国内企业在 ESG 方面的实践和数据表现表明,ESG 理念已经成为企业可持续发展的关键驱动力。通过在环境保护、社会责任和公司治理方面的不断努力,企业不仅能够实现自身的可持续发展,还能够为社会和环境带来积极的影响。

## 四、ESG 相关的法律问题理论分析

### (一)环境保护法规对企业行为的影响

环境保护法规在企业行为中的影响日益显著,尤其是在全球气候变化和环境危机日益严峻的背景下。这些法规不仅要求企业减少污染和碳排放,还鼓励企业采取可持续的生产和经营方式。例如,欧盟的《绿色协议》(European Green Deal)提出了一系列旨在实现碳中和的政策目标,要求企业减少温室气体排放,提高能源效率,使用可再生能源。这些法规不仅对企业的生产过程提出了具体要求,还对企业的产品设计、供应链管理等方面产生了深远影响。

在中国,环境保护法规同样对企业行为产生了重要影响。《中华人民共和国环境保护法》及其相关配套法规,如《大气污染防治法》《水污染防治法》等,对企业在环境保护方面的责任进行了明确规定。例如,企业必须安装和维护污染监测设备,定期报告排放数据,并接受环保部门的监督检查。对于严重违反环境保护法规的企业,将面临罚款、停产整顿甚至吊销营业执照等严厉处罚。

环境保护法规不仅提高了企业的合规成本,还推动了企业进行技术创新和管理改进。许多企业通过引入先进的环保技术和管理方法,不仅减少了环境污染,还提高了生产效率和产品质量。例如,某国际知名汽车制造商通过采用低排放技术和清洁能源,不仅大幅减少了碳排放,还提高了汽车的燃油效率,赢得了市场和消费者的认可。

### (二)社会责任法律框架的构建

社会责任法律框架的构建是 ESG 理念的重要组成部分,旨在确保企业在追求经济利益的同时积极履行对社会和利益相关者的责任。这一框架通常包括劳动权益保护、消费者权益保护、社区发展和慈善公益等方面。

在劳动权益保护方面,各国纷纷出台相关法律法规,要求企业保障员工的合法权益。例如,《中华人民共和国劳动法》和《中华人民共和国劳动合同法》对企业在劳动合同管理、工资支付、工作时间、休息休假等方面做出了明确规定。企业必须依法为员工提供安全的工作环境,缴纳社会保险,确保员工的合法权益不受侵害。企业还应关注员工的职业发展

和培训,提升员工的职业技能和工作满意度。

在消费者权益保护方面,法律法规要求企业确保产品和服务的质量安全,保护消费者的合法权益。例如,《中华人民共和国消费者权益保护法》规定,企业必须提供合格的产品和服务,不得进行虚假宣传,不得侵犯消费者的隐私权。对于违反消费者权益保护法规的企业,将面临罚款、吊销营业执照等处罚。企业还应建立健全消费者投诉处理机制,及时解决消费者的合理诉求,提升消费者满意度。

在社区发展和慈善公益方面,企业应积极参与社区建设和公益事业,促进社会和谐发展。许多企业通过设立基金会、开展公益活动、支持教育和医疗事业等方式,履行社会责任。例如,某国际知名科技公司在全球范围内设立了多个教育基金,支持贫困地区的学生接受优质教育,帮助他们改变命运。这些举措不仅提升了企业的社会形象,还增强了企业的品牌影响力。

### (三)公司治理中的 ESG 要素与法律规制

公司治理是 ESG 理念的重要组成部分,旨在通过建立健全的治理结构和机制,确保企业在追求经济利益的积极履行对环境、社会和治理的责任。[1]公司治理中的 ESG 要素主要包括董事会结构、信息披露、风险管理等方面。[2]

在董事会结构方面,法律法规要求企业建立健全的董事会,确保董事会成员具备专业能力和独立性。例如,《中华人民共和国公司法》规定,上市公司应设立独立董事,独立董事应具备独立性和专业性,能够对企业重大决策进行独立判断和监督。企业还应建立健全的董事会下设委员会,如审计委员会、薪酬委员会等,确保各项决策的透明性和科学性。[3]

在信息披露方面,法律法规要求企业及时、准确地披露与 ESG 相关的信息,提高企业的透明度。例如,欧盟的《非财务报告指令》(Non-Financial Reporting Directive)要求大型企业披露其在环境、社会和治理方面的表现。[4] 企业应定期发布 ESG 报告,披露其在环境保护、社会责任和公司治理方面的具体措施和成效。企业还应建立信息披露管理制度,确保信息的真实性和准确性。

在风险管理方面,法律法规要求企业建立健全的风险管理体系,有效应对 ESG 相关的风险。例如,企业的风险管理委员会应定期评估和监控 ESG 风险,制定相应的风险管理策略和措施。企业还应建立健全的内部控制制度,确保各项风险得到有效控制。企业还应建

---

① 陈景善、何天翔:《公司 ESG 分层治理范式:董事信义义务的嵌合模式选择》,《郑州大学学报(哲学社会科学版)》2023 年第 3 期,第 44 页。

② 汪榜江、郑祥玉:《基于数字经济的 ESG 整合:核心要素、内涵框架与因子逻辑》,《财会通讯》2022 年第 14 期,第17 页。

③ 杨嵘、赖岳:《石油企业董事会治理的国际比较研究》,《西安石油大学学报(社会科学版)》2013 年第 1 期,第 44页。

④ Non-Financial Reporting Directive , European Parliament(Apr. 30,2021),https://www.europarl. europa.eu/RegData/etudes/BRIE/2021/654213/EPRS_BRI(2021)654213_EN.pdf,last visited on 2024－07－23。

立健全的危机应对机制,一旦发生 ESG 相关的危机事件,能够迅速采取措施,减少损失和影响。

公司治理中的 ESG 要素与法律规制相辅相成,共同推动企业实现可持续发展。企业应建立健全的治理结构和机制,确保在追求经济利益的同时积极履行对环境、社会和治理的责任。

### 五、律师业务在 ESG 领域的现状

#### (一)律师业务介入 ESG 的必要性

随着全球对可持续发展的关注日益增加,环境、社会和治理(ESG)已成为企业和社会发展的关键议题。[①] 律师作为法律服务的提供者,在这一过程中扮演着不可或缺的角色。ESG 涉及的法律问题复杂多样,包括环境保护法规、劳工权益保护、公司治理结构等,这些都需要专业的法律知识和经验来处理。例如,企业在制定 ESG 战略时,需要确保其符合当地的环保法规,避免因违规操作而遭受法律制裁。律师可以通过提供专业的法律意见,帮助企业规避潜在的法律风险,确保其 ESG 战略的合法性和合规性。

ESG 的实施不仅关系到企业的社会责任,还直接影响其财务表现和市场竞争力。越来越多的投资者和消费者开始关注企业的 ESG 表现,将其作为投资决策和购买选择的重要依据。[②] 律师可以通过提供法律咨询,帮助企业建立健全的 ESG 管理体系,提升其在资本市场的吸引力。例如,律师可以帮助企业制定透明的报告制度,确保其 ESG 信息披露的准确性和完整性,从而增强投资者和消费者的信任。

ESG 还涉及跨领域的合作和协调。企业在实施 ESG 战略时,需要与政府、非政府组织、社区等多个利益相关方沟通与合作。律师可以通过提供法律支持,帮助企业处理这些复杂的利益关系,确保其 ESG 战略的有效实施。例如,律师可以协助企业与政府机构沟通,争取政策支持和资金补助;律师还可以帮助企业与非政府组织建立合作关系,共同推进社会公益项目。

#### (二)当前律师业务在 ESG 领域的参与度

尽管律师在 ESG 领域的重要性日益凸显,但目前律师业务在这一领域的参与度仍存在一定的局限性。许多律师事务所尚未将 ESG 作为其核心业务之一。这主要是因为 ESG 涉及的法律问题较为复杂,需要律师具备跨学科的知识和技能,而传统的法律教育和培训体系往往难以满足这一需求。因此,许多律师在处理 ESG 相关业务时,可能会感到力不从心,难以提供高质量的法律服务。

企业在寻求 ESG 法律服务时,往往面临选择困难。目前市场上提供 ESG 法律服务的

---

① 张慧:《企业 ESG 信息披露质量与股票市场表现——基于双重代理成本的视角》,《首都经济贸易大学学报》2023 年第 3 期,第 74 页。

② 李立卓、崔琳昊:《ESG 表现如何影响企业声誉——信号传递视角》,《企业经济》2023 年第 11 期,第 29 页。

律师事务所和律师数量有限,且服务质量参差不齐。这导致企业在选择合适的法律服务提供者时,需要花费大量时间和精力调研和评估。例如,一些企业在寻找 ESG 法律顾问时,可能会发现许多律师虽然具备法律专业知识,但缺乏对 ESG 领域的深入了解,无法提供针对性的法律建议。

ESG 领域的法律服务市场仍处于初级阶段,缺乏统一的行业标准和规范。这导致企业在接受 ESG 法律服务时,难以评估其服务质量和效果。例如,一些律师事务所在提供 ESG 法律服务时,可能会采用不同的评估标准和方法,导致企业在比较不同服务提供者时感到困惑。因此,建立统一的行业标准和规范,提升 ESG 法律服务的专业化水平,已成为当前亟待解决的问题。

尽管存在上述挑战,但律师业务在 ESG 领域的参与度正在逐步提升。许多律师事务所已经开始重视 ESG 业务的发展,通过组建专业的 ESG 法律团队,提供全方位的法律服务。例如,一些大型律师事务所设立了专门的 ESG 法律部门,配备了具备跨学科背景的律师,为企业提供从战略规划到具体实施的全过程法律支持。一些中小型律师事务所也开始涉足 ESG 领域,通过与专业机构合作,提升自身的服务能力。

总体而言,律师业务在 ESG 领域的参与度仍有很大的提升空间。未来,随着 ESG 理念的不断普及和深入,律师在这一领域的角色将更加重要。律师不仅需要不断提升自身的专业知识和技能,还需要加强与企业、政府、非政府组织等多方面的合作,共同推动 ESG 事业的发展。

### 六、ESG 对律师业务提出的新挑战

#### (一)专业知识结构的更新需求

ESG(环境、社会和治理)的兴起对律师的专业知识结构提出了新的要求。传统的法律服务主要集中在合同法、公司法、知识产权法等领域,而 ESG 的引入意味着律师需要掌握更多跨学科的知识。例如,环境保护法规涉及环境科学、生态学等领域的知识;社会责任则涵盖了劳动法、消费者权益保护法、社区发展等多个方面;公司治理则需要律师了解公司内部治理结构、董事会运作、股东权益保护等。这些新的知识领域不仅要求律师具备扎实的法律基础,还需要他们具备一定的跨学科知识,以便更好地为客户提供全面的法律服务。

ESG 的复杂性还要求律师能够理解和应用国际标准和最佳实践。例如,国际标准化组织(ISO)发布的 ISO 26000 社会责任指南、全球报告倡议组织(GRI)的可持续发展报告标准等,都是律师在处理 ESG 相关事务时需要参考的重要文件。[①] 这些标准和指南不仅为企业的 ESG 实践提供了指导,也为律师在提供法律服务时提供了重要的参考依据。

#### (二)跨领域合作能力的提升

ESG 的多维度特性决定了律师在处理相关事务时需要具备跨领域合作的能力。传统

---

① 　郑秉文、李辰、庞茜:《养老基金 ESG 投资的理论、实践与趋势》,《经济研究参考》2022 年第 3 期,第 19 页。

的法律服务往往由单一领域的律师独立完成,而 ESG 的复杂性要求律师能够与其他领域的专业人士密切合作,共同解决客户的复杂问题。例如,在处理环境保护事务时,律师需要与环境科学家、工程师、政策分析师等专业人士合作,共同制定符合法律要求和科学标准的解决方案;在处理社会责任事务时,律师需要与人力资源专家、社区发展专家、消费者权益保护组织等合作,确保企业的社会责任实践符合法律法规和社会期望;在处理公司治理事务时,律师需要与公司管理层、董事会成员、股东等合作,确保公司的治理结构和运营符合法律要求和最佳实践。

跨领域合作不仅能够提高律师的专业能力,还能够提升客户的满意度。通过与其他领域的专业人士合作,律师可以为客户提供更加全面、系统的法律服务,帮助客户更好地应对 ESG 带来的挑战。跨领域合作还能够促进不同领域的知识交流和创新,为律师业务的发展提供新的动力。

### (三)对法律风险的全新评估

ESG 的引入对律师在法律风险评估方面提出了新的要求。传统的法律风险评估主要集中在合同违约、知识产权侵权、公司治理不善等传统法律风险上,而 ESG 的引入意味着律师需要对新的法律风险进行评估。例如,环境保护法规的不合规可能导致企业面临罚款、停产等法律风险;社会责任的缺失可能导致企业声誉受损、消费者流失等风险;公司治理的不完善可能导致股东纠纷、管理层失职等风险。

ESG 的法律风险评估需要律师具备更高的专业素养和更全面的知识结构。律师不仅需要了解相关法律法规,还需要了解企业的实际运营情况,以便准确评估企业在 ESG 方面的法律风险。律师需要协助企业在传统供应链管理的基础上,引入 ESG 要素,识别、评估和管理整条供应链上潜在的 ESG 风险。供应链合规包括环境合规、ESG 合规、碳合规、数据合规等方面,在提供法律服务时,要确保企业及其供应链上下游的合规性。随着全球化和市场竞争的加剧,供应链环境不断变化,律师需要增强适应性和灵活性,及时调整法律支持策略,确保企业能够持续适应国内外新的市场环境和法律要求,通过掌握专业的风险识别与评估方法,为企业提供有效的法律支持。律师还需要关注国际和国内的政策动态,及时了解新的法律法规和政策要求,确保企业在 ESG 方面的合规性。

为了更好地应对 ESG 带来的法律风险,律师需要采用系统化的评估方法。例如,可以采用风险矩阵法,将法律风险分为不同的等级,根据风险的严重程度和发生概率制定相应的应对措施;可以采用情景分析法,模拟不同的情景,评估企业在不同情景下的法律风险;可以采用专家咨询法,邀请相关领域的专家评估,确保评估的准确性和全面性。

ESG 的兴起对律师业务提出了新的挑战,要求律师不断更新专业知识结构,提升跨领域合作能力,对法律风险进行全新评估。只有这样,律师才能更好地应对 ESG 带来的挑战,为客户提供更加全面、专业的法律服务。

### 七、律师业务在 ESG 领域的创新策略

#### (一)法律服务产品的创新设计

随着 ESG 理念在全球范围内的普及,律师业务需要不断创新,以适应企业和社会对可持续发展的需求。在法律服务产品的设计上,律师可以结合 ESG 的核心要素,提供更加全面和专业的服务。例如,律师可以为企业提供 ESG 合规审查服务,帮助企业在环境保护、社会责任和公司治理方面达到国际标准。律师还可以设计专门的 ESG 法律培训课程,帮助企业高层管理人员和员工了解 ESG 相关法律法规和最佳实践,提升企业的 ESG 管理水平。

在具体的服务产品设计中,律师可以考虑以下几个方面:一是 ESG 合规审查。律师可以通过对企业在环境保护、社会责任和公司治理方面的现有政策和实践进行详细审查,识别潜在的法律风险和改进空间。审查内容可以包括企业的环境影响报告、员工福利政策、供应链管理等。通过这一过程,律师可以帮助企业制定更加合规和可持续的 ESG 战略。二是 ESG 法律培训。律师可以为企业提供定制化的 ESG 法律培训,内容涵盖最新的 ESG 法律法规、国际标准和行业最佳实践。培训可以采取线上和线下相结合的方式,确保企业各级员工都能参与并受益。律师还可以为企业提供 ESG 相关的法律咨询,解答企业在实际操作中遇到的具体问题。三是 ESG 报告编制与审核。律师可以协助企业编制 ESG 报告,确保报告内容符合相关法律法规和国际标准。在报告编制过程中,律师可以提供专业的法律意见,帮助企业准确披露 ESG 信息,提升报告的透明度和可信度。律师还可以对企业的 ESG 报告进行审核,确保报告内容的合法性和合规性。四是 ESG 争议解决。律师可以为企业提供 ESG 相关的争议解决服务,包括但不限于环境保护诉讼、劳工纠纷、股东权益争议等。通过专业的法律服务,律师可以帮助企业有效应对 ESG 相关的法律挑战,保护企业的合法权益。

#### (二)跨领域合作模式的探索

ESG 涉及环境保护、社会责任和公司治理等多个领域,律师在提供法律服务时需要与不同领域的专家和机构合作,以提供更加全面和专业的服务。跨领域合作模式的探索不仅可以提升律师的业务能力,还可以为企业提供更加综合的 ESG 解决方案。

一是与环保机构合作。律师可以与环保机构合作,共同为企业提供环境保护方面的法律服务。环保机构在环境监测、污染治理等方面具有丰富的经验和专业知识,律师可以借助这些资源,为企业提供更加科学和有效的环境保护法律建议。例如,律师可以与环保机构合作,为企业制定环境影响评估报告,帮助企业识别和管理环境风险。

二是与社会服务机构合作。律师可以与社会服务机构合作,共同为企业提供社会责任方面的法律服务。社会服务机构在劳工权益保护、社区发展等方面具有丰富的经验和专业知识,律师可以借助这些资源,为企业提供更加全面的社会责任法律建议。例如,律师可以与社会服务机构合作,为企业制定员工福利政策,帮助企业提升员工满意度和忠诚度。

三是与公司治理专家合作。律师可以与公司治理专家合作,共同为企业提供公司治理方面的法律服务。公司治理专家在董事会运作、股东权益保护等方面具有丰富的经验和专业知识,律师可以借助这些资源,为企业提供更加专业的公司治理法律建议。例如,律师可以与公司治理专家合作,为企业制定董事会运作规范,帮助企业提升公司治理水平。

四是与国际组织合作。律师可以与国际组织合作,共同为企业提供 ESG 方面的法律服务。国际组织在 ESG 标准制定、国际法律协调等方面具有丰富的经验和专业知识,律师可以借助这些资源,为企业提供更加国际化的 ESG 法律服务。例如,律师可以与国际组织合作,为企业提供国际 ESG 标准的培训和咨询,帮助企业在全球范围内提升 ESG 管理水平。

### (三)数字化工具在 ESG 法律服务中的应用

随着数字化技术的不断发展,律师可以利用各种数字化工具提升 ESG 法律服务的效率和质量。数字化工具不仅可以帮助律师更高效地处理 ESG 相关的法律事务,还可以为企业提供更加精准和个性化的法律服务。[①]

一是 ESG 数据平台。律师可以利用 ESG 数据平台,收集和分析企业的 ESG 数据,为企业提供更加精准的法律建议。ESG 数据平台可以整合来自多个渠道的数据,包括企业的环境报告(如碳排放量、能源消耗等)、社会责任报告(如员工权益、社区关系等)、公司治理报告(如董事会结构、股东权益等)。通过这些数据,律师可以全面了解企业的 ESG 表现,为企业提供更加有针对性的法律服务。

二是法律科技工具。律师可以利用法律科技工具,如合同管理系统、法律文件自动生成工具等,提升 ESG 法律服务的效率。例如,律师可以使用合同管理系统,帮助企业管理和审查 ESG 相关的合同,确保合同内容符合相关法律法规和国际标准。律师还可以使用法律文件自动生成工具,帮助企业快速生成 ESG 报告、合规审查报告等法律文件,提升工作效率。

三是人工智能应用。律师可以利用人工智能技术,提升 ESG 法律服务的智能化水平。例如,律师可以使用自然语言处理技术,自动分析企业的 ESG 报告,识别潜在的法律风险,如环境事件、社会责任纠纷等,并提前制定应对策略,在风险发生时,律师可以依据数字化工具提供的数据和信息,迅速制定应对方案,降低风险对企业的影响。同时,律师可以使用数字化工具实时监测企业的 ESG 合规情况,包括环境法规遵守情况、社会责任履行情况以及公司治理结构的合规性等,通过设置预警阈值,当企业的 ESG 表现低于预设标准时,人工智能会及时发出预警,提醒律师和企业采取相应的措施进行改进。律师还可以使用机器学习技术,预测 ESG 相关的法律趋势,为企业提供前瞻性的法律建议。

四是在线法律服务平台。律师可以利用在线法律服务平台,为企业提供更加便捷和高效的 ESG 法律服务。在线法律服务平台可以提供 24 小时在线咨询、法律文件下载、法律知

---

① 谭浩:《大数据时代法律服务的变革与转向》,《温州大学学报(社会科学版)》2020 年第 2 期,第 59 页。

识库等服务,帮助企业随时获取 ESG 相关的法律支持。律师还可以通过在线法律服务平台,与企业远程沟通和协作,提升服务的灵活性和便捷性。

通过上述创新策略,律师可以在 ESG 领域提供更加专业和全面的法律服务,帮助企业实现可持续发展。

## 八、提升律师 ESG 业务能力的建议

### (一)加强 ESG 相关法律知识培训

在 ESG(环境、社会和治理)领域,律师需要具备跨学科的知识和技能,以应对日益复杂的法律问题。因此,加强 ESG 相关法律知识的培训显得尤为重要。律师事务所可以与高校、研究机构合作,定期举办 ESG 法律知识的专题讲座和研讨会。这些活动可以邀请环境科学、社会学、经济学等领域的专家,为律师提供全面的 ESG 知识培训,帮助他们理解 ESG 的核心理念和最新发展动态。

律师事务所内部可以设立专门的 ESG 培训项目,涵盖环境保护法规、社会责任法律框架、公司治理中的 ESG 要素等内容。通过系统化的培训,律师可以更好地掌握 ESG 相关的法律法规和国际标准,提高他们在实际业务中的应用能力。培训项目还可以包括案例分析和实操演练,帮助律师在具体情境中应用所学知识,增强实战能力。

律师事务所还可以利用在线学习平台,为律师提供灵活多样的培训资源。这些平台可以提供丰富的 ESG 法律课程和资料,律师可以根据自己的需求和时间安排,自主学习和提升。通过持续的培训和学习,律师可以不断更新自己的知识体系,更好地应对 ESG 领域的法律挑战。

### (二)建立 ESG 业务专业团队

ESG 业务的复杂性和综合性要求律师事务所建立专门的 ESG 业务专业团队。这个团队应该由具备不同专业背景的律师组成,包括环境法、公司法、劳动法、知识产权法等领域的专家。团队成员需要具备跨学科的知识和技能,能够从多个角度分析和解决 ESG 相关的法律问题。

律师事务所可以通过内部选拔和外部招聘,组建一支高素质的 ESG 业务团队。选拔过程中,应注重候选人的专业背景和实践经验,确保团队成员具备处理复杂 ESG 问题的能力。团队成员需要具备良好的团队合作精神和沟通能力,能够在多学科协作中发挥积极作用。

ESG 业务团队需要定期进行内部交流和知识分享。通过定期的团队会议和案例讨论,团队成员可以分享各自的专业知识和实践经验,共同提升团队的整体水平。团队可以建立知识管理系统,记录和整理 ESG 相关的法律案例和研究成果,为团队成员提供便捷的知识支持。

ESG 业务团队需要与客户保持密切的沟通和合作。通过与客户的深度交流,团队可以更好地了解客户的 ESG 需求和挑战,提供更加精准和有效的法律服务。团队可以积极参与

客户的 ESG 项目,为其提供全程的法律支持,帮助客户实现可持续发展目标。

### (三)拓展 ESG 业务国际合作与交流

随着 ESG 理念在全球范围内的普及,律师事务所需要拓展 ESG 业务的国际合作与交流,以提升自身的国际竞争力。律师事务所可以与国际知名的 ESG 研究机构和专业组织建立合作关系,参与国际 ESG 项目的合作研究和实践。通过与国际伙伴的交流与合作,律师可以获取最新的 ESG 研究成果和实践经验,提升自身的专业水平。

律师事务所可以积极参与国际 ESG 会议和论坛,与全球范围内的 ESG 专家和同行交流。这些活动不仅可以帮助律师了解国际 ESG 的最新动态和趋势,还可以拓展律师的国际视野,增强他们在国际 ESG 领域的影响力。通过参与国际会议和论坛,律师可以建立广泛的国际人脉网络,为未来的国际合作打下坚实的基础。

律师事务所可以探索与国际律师事务所的合作机会,共同开展 ESG 业务。通过建立战略合作伙伴关系,律师事务所可以共享资源和信息,提升自身的 ESG 业务能力。国际合作伙伴可以为律师事务所提供更多的业务机会,帮助其拓展国际市场。通过多方面的国际合作与交流,律师事务所可以在全球 ESG 领域中发挥更大的作用,为客户提供更加全面和专业的法律服务。

## 九、推动 ESG 与律师业务的深度融合

### (一)ESG 将成为企业发展的重要驱动力

ESG(环境、社会和治理)标准在企业界的影响力日益增强,已经成为企业可持续发展的重要驱动力。[①] 随着全球气候变化、社会不平等和治理问题的日益突出,越来越多的投资者、消费者和监管机构开始关注企业的 ESG 表现。这种趋势不仅推动了企业内部的变革,还促使企业在战略规划、风险管理、品牌建设和市场定位等方面做出相应的调整。

在环境方面,企业通过减少碳排放、提高能源效率、采用可再生能源等措施,不仅能够降低运营成本,还能提升品牌形象,吸引更多关注可持续发展的客户。在社会方面,企业通过改善员工福利、促进多元化和包容性、支持社区发展等举措,能够提高员工满意度和忠诚度,增强企业的社会影响力。在治理方面,企业通过建立健全的内部控制体系、提高透明度和责任感,能够降低法律风险,提升股东信任。

ESG 标准的普及还为企业带来了新的商业机会。例如,绿色金融、可持续供应链管理、社会责任投资等领域的发展,为企业提供了新的市场和收入来源。随着 ESG 标准的不断成熟和普及,企业将更加注重长期价值的创造,而不仅仅是短期的财务表现。这将促使企业在决策过程中更加综合和全面地考虑各种因素,从而实现可持续发展。

---

① 王珍贵:《可持续发展理念下企业实施 ESG 的研究》,《中国科技信息》2022 年第 24 期,第 147 页。

### (二)律师业务在 ESG 领域的角色升级

随着 ESG 标准的广泛采用,律师在 ESG 领域的角色也在不断升级。传统的法律服务主要集中在合同审查、合规咨询和诉讼支持等方面,而 ESG 的兴起要求律师具备更广泛的法律知识和专业技能,以应对复杂多变的 ESG 挑战。

律师需要深入了解环境保护法规、劳动法、公司治理法规等与 ESG 相关的法律框架。这些法规不仅涉及企业内部的合规问题,还涉及企业在供应链管理、产品设计、市场推广等各个环节的法律风险。律师需要帮助企业识别和评估这些风险,并提供相应的法律建议和解决方案。

律师需要具备跨领域的合作能力。ESG 的实施涉及多个部门和利益相关者,包括企业内部的环境、社会和治理部门,以及外部的监管机构、投资者、非政府组织等。律师需要与这些部门和利益相关者有效沟通和协调,确保企业在 ESG 方面的各项举措符合法律要求,并能够得到广泛的支持和认可。

律师需要不断创新法律服务模式,以满足企业在 ESG 领域的多样化需求。例如,律师可以通过提供定制化的 ESG 法律培训、开展 ESG 合规审计、参与 ESG 标准的制定和推广等方式,帮助企业建立和完善 ESG 管理体系。律师还可以利用数字化工具,如人工智能和大数据分析,提高法律服务的效率和质量,为企业提供更加精准和高效的法律支持。

### (三)推动 ESG 生态系统建设的法律支持

ESG 的实施不仅需要企业自身的努力,还需要一个良好的生态系统来支持和促进。在这个生态系统中,律师可以发挥重要的作用,通过提供法律支持,推动 ESG 标准的普及和实施。

律师可以通过参与 ESG 标准的制定和推广,促进 ESG 标准的规范化和标准化。目前,国际上已经有一些成熟的 ESG 标准和框架,如联合国可持续发展目标(SDGs)、全球报告倡议组织(GRI)标准、国际综合报告委员会(IIRC)框架等。律师可以参与这些标准和框架的制定和修订,确保其具有法律效力和可操作性。律师还可以通过撰写法律意见书、发表专业文章等方式,提高 ESG 标准的透明度和公信力,促进其在企业界的广泛应用。

律师可以通过提供法律咨询和培训,帮助企业建立和完善 ESG 管理体系。企业在实施 ESG 标准过程中,可能会遇到各种法律问题,如环境保护法规的遵守、劳动法的执行、公司治理的完善等。律师可以为企业提供专业的法律咨询,帮助企业解决这些法律问题。律师还可以通过举办 ESG 法律培训,提高企业管理人员和员工的法律意识和合规能力,确保企业在 ESG 方面的各项举措符合法律要求。

律师可以通过参与 ESG 相关的诉讼和争议解决,维护企业和利益相关者的合法权益。随着 ESG 标准的普及,企业可能会面临更多的法律诉讼和争议,如环境保护诉讼、劳工权益争议、公司治理纠纷等。律师可以为企业提供诉讼支持,帮助企业在法律框架内维护自己的合法权益。律师还可以通过参与调解和仲裁,促进争议的和平解决,维护企业和利益相关者之间的和谐关系。

律师在推动 ESG 生态系统建设中发挥着不可或缺的作用。通过提供专业的法律支持,律师不仅能够帮助企业实现可持续发展,还能够促进 ESG 标准的普及和实施,为建设一个更加绿色、公平和透明的社会做出贡献。